计算机专业·任务驱动应用型教材

Windows Server 操作系统

赵传兴　徐　艳　王　戈　主　编

李　贤　殷建艳　王举俊　副主编

電子工業出版社
Publishing House of Electronics Industry
北京•BEIJING

内 容 简 介

本书以项目教学的方式，循序渐进地讲解 Windows Server 操作系统的基本原理和具体应用的方法与技巧。全书分为 9 个项目，具体内容为：Windows Server 2022 概述、计算机系统管理、域服务的配置与管理、组策略的配置与管理、DNS 的配置与管理、DHCP 的配置与管理、Web 的配置与管理、FTP 的配置与管理、网络管理。

本书实例丰富、内容翔实，操作方法简单易学，不仅适合作为高等职业院校计算机与软件工程相关专业教材，也可供从事 Windows Server 应用相关工作的专业人士参考。

本书附有电子课件等资源，以及实例操作过程的录屏动画，供读者学习使用。

图书在版编目（CIP）数据

Windows Server 操作系统 / 赵传兴，徐艳，王戈主编. —北京：电子工业出版社，2023.4

ISBN 978-7-121-45281-9

Ⅰ. ①W… Ⅱ. ①赵… ②徐… ③王… Ⅲ. ①Windows 操作系统－网络服务器－教材 Ⅳ. ①TP316.86

中国国家版本馆 CIP 数据核字（2023）第 050232 号

责任编辑：左　雅　　　　特约编辑：田学清

印　　刷：中煤（北京）印务有限公司

装　　订：中煤（北京）印务有限公司

出版发行：电子工业出版社

北京市海淀区万寿路 173 信箱　　　邮编 100036

开　　本：787×1 092　1/16　印张：12　字数：307 千字

版　　次：2023 年 4 月第 1 版

印　　次：2023 年 4 月第 1 次印刷

定　　价：45.00 元

凡所购买电子工业出版社图书有缺损问题，请向购买书店调换。若书店售缺，请与本社发行部联系，联系及邮购电话：（010）88254888，88258888。

质量投诉请发邮件至 zlts@phei.com.cn，盗版侵权举报请发邮件至 dbqq@phei.com.cn。

本书咨询联系方式：（010）88254580，zuoya@phei.com.cn。

Windows Server 是 Microsoft Windows Server System（WSS）的核心，是 Windows 的服务器操作系统。Windows Server 是一个平台，用于构建连接的应用程序、网络和 Web 服务的基础结构，包括从工作组到数据中心。

本书以由浅入深、循序渐进的方式展开讲解，以合理的结构和经典的范例对 Windows Server 的基本原理和实用功能进行了详细的介绍，具有极高的实用价值。通过本书的学习，读者不仅可以掌握 Windows Server 的基本知识和应用技巧，而且可以灵活利用 Windows Server 进行各种工程开发。

一、本书特点

☑ **实例丰富**

本书结合大量的 Windows Server 应用实例，详细地讲解了 Windows Server 原理与应用知识要点，使读者在学习案例的过程中潜移默化地掌握 Windows Server 操作系统应用技巧。

☑ **突出提升技能**

本书从全面提升 Windows Server 实际应用能力的角度出发，结合大量的案例来讲解如何使用 Windows Server，使读者了解 Windows Server 基本原理的同时能够独立地完成各种 Windows Server 应用操作。

本书的 Windows Server 开发项目案例经过作者精心提炼和改编，不仅能够帮助读者理解知识点，更重要的是能够帮助读者掌握实际的操作技能，同时培养 Windows Server 应用实践能力。

☑ **技能与思政教育紧密结合**

党的二十大报告提出要实施科教兴国战略，强化现代化建设人才支撑。强调要深化教育领域综合改革，加强教材建设和管理。为了响应党中央的号召，我们在充分进行调研和论证的基础上，精心编写了这本教材。在介绍 Windows Server 操作系统专业知识的同时，紧密结合思政教育主旋律，从专业知识角度触类旁通地引导学生提升相关思政品质。

☑ **项目式教学，实操性强**

本书的编者是拥有多年 Windows Server 教学研究经验的一线人员，具有丰富的教学实践经验与教材编写经验，前期出版的一些相关书籍获得读者广泛认可。编者总结多年的开发经验及教学的心得体会，准确地把握学生的心理与实际需求，经过长时间的精心准备，力求全面、细致地展现 Windows Server 开发应用领域的各种功能和使用方法。

全书采用项目式教学，将 Windows Server 理论知识分解并融入多个实践操作的训练项目中，增强了本书的实用性。

二、本书的配套资源

本书由赵传兴、徐艳、王戈担任主编，李贤、殷建艳、王举俊担任副主编。为了满足教学需要，随书附赠电子课件等资源，以及实例操作过程录屏动画，另外附赠大量其他实例素材，供读者学习使用。读者可以登录华信教育资源网（http://www.hxedu.com.cn）注册后免费下载。

编　者

2023.3

目　录

项目一　Windows Server 2022 概述 1

任务 1　虚拟机 2

任务引入 2

知识准备 2

任务 2　Windows Server 2022 的安装与配置 5

任务引入 5

知识准备 5

项目总结 17

项目实战 17

项目二　计算机系统管理 18

任务 1　用户和组的管理 19

任务引入 19

知识准备 19

任务 2　磁盘的管理 24

任务引入 24

知识准备 24

任务 3　共享资源的管理 43

任务引入 43

知识准备 43

任务 4　打印机的管理 50

任务引入 50

知识准备 51

项目总结 55

项目实战 55

项目三　域服务的配置与管理 57
任务 1　域服务概述 58
任务引入 58
知识准备 58
任务 2　安装域服务器 59
任务引入 59
知识准备 59
任务 3　将 Windows 计算机加入域 66
任务引入 66
知识准备 67
任务 4　创建组织单位和域用户账户 71
任务引入 71
知识准备 71
任务 5　创建域组账户 73
任务引入 73
知识准备 73
项目总结 77
项目实战 77
项目四　组策略的配置与管理 79
任务 1　组策略 80
任务引入 80
知识准备 80
任务 2　本地组策略的配置与管理 81
任务引入 81
知识准备 81
任务 3　域组策略的配置与管理 88
任务引入 88
知识准备 88
项目总结 95
项目实战 95
项目五　DNS 的配置与管理 97
任务 1　DNS 概述 98
任务引入 98
知识准备 98
任务 2　安装 DNS 服务 100
任务引入 100

知识准备 100
任务 3 创建 DNS 辅助区域 114
任务引入 114
知识准备 114
任务 4 测试 DNS 客户端 117
任务引入 117
知识准备 117
项目总结 118
项目实战 119
项目六 DHCP 的配置与管理 120
任务 1 DHCP 概述 121
任务引入 121
知识准备 121
任务 2 DHCP 的安装与配置 123
任务引入 123
知识准备 123
任务 3 保留 IP 地址给客户端 132
任务引入 132
知识准备 132
项目总结 133
项目实战 133
项目七 Web 的配置与管理 135
任务 1 Web 服务 136
任务引入 136
知识准备 136
任务 2 添加 Web 服务器 137
任务引入 137
知识准备 137
任务 3 创建 Web 站点虚拟目录 143
任务引入 143
知识准备 143
任务 4 创建不同的 Web 站点 147
任务引入 147
知识准备 147
项目总结 150
项目实战 151

项目八　FTP 的配置与管理 152

任务 1　FTP 概述 153

任务引入 153

知识准备 153

任务 2　安装 FTP 服务器 154

任务引入 154

知识准备 154

任务 3　FTP 站点的配置和管理 156

任务引入 156

知识准备 157

任务 4　配置 FTP 隔离用户 163

任务引入 163

知识准备 163

项目总结 169

项目实战 169

项目九　网络管理 171

任务 1　路由的配置 172

任务引入 172

知识准备 172

任务 2　配置 VPN 178

任务引入 178

知识准备 179

项目总结 184

Windows Server 2022 概述

思政目标

- 了解 Windows Server 的界面组成，对其发展历史有较清楚的认识，培养探究精神
- 逐步培养读者勤于思考、努力钻研的学习习惯

技能目标

- 掌握虚拟机的功能及安装方法
- 掌握 Windows Server 2022 的功能和角色
- 掌握在 Vmware Workstation 中安装 Windows Server 2022 的方法

项目导读

Windows Server 是 Windows 的服务器操作系统，能够帮助企业搭建功能强大的网络，方便其他计算机用户有效地共享网络资源，同时也能够方便企业简化网站与服务器的管理，改善资源的可用性，减少成本。Windows Server 有多种安装方式，适用于不同的环境和需求，本节将介绍使用 VMware 虚拟机安装 Windows Server 2022 的方法。

任务1 ▶ 虚拟机

任务引入

小明是一名 IT 人员，领导安排他为公司的一台计算机安装 Windows Server 2022 版的操作系统，同时保留计算机原有的操作系统。小明决定先安装一个虚拟机软件，然后在虚拟机上安装新的操作系统，具体如何实现呢？

知识准备

一、虚拟机简介

虚拟机是一种特殊的软件，通过它能够模拟若干个计算机。这些虚拟的计算机有各自的 CPU、内存、硬盘、光驱、网卡等“硬件”设备，可以独立运行，互不影响，并且可以安装各自的操作系统和软件等。用户可以像操作物理计算机一样对虚拟机进行操作。虚拟计算机系统有以下几个概念需要说明。

- VM（Virtual Machine）：虚拟机，指利用 Vmware 软件模拟处理的一台虚拟计算机，也可以说是逻辑上的一台计算机。
- Host OS：主操作系统，指在物理计算机上运行的操作系统。
- Guest OS：指在虚拟机中运行的操作系统。

目前比较常用的虚拟软件有 Virtual Box、VMware、Virtual PC 等，它们都能够在 Windows 系统上虚拟出多台计算机。其中 VMware 能够在主系统平台上同时运行多个操作系统，并且支持多种操作系统，如 Windows、DOS、LINUX 等系统，VMware 最常用的产品是 VMware Workstation。

二、VMware 虚拟机安装

VMware Workstation 虚拟机在安装有 Windows 系统的计算机上运行，可以模拟标准的计算机硬件系统环境，接下来以 VMware Workstation 16 版本为例，介绍 VMware Workstation 的安装过程。

（1）双击 VMware Workstation 安装程序，打开安装向导界面，如图 1-1 所示。

（2）单击“下一步”按钮，在如图 1-2 所示的界面中勾选“我接受许可协议中的条款”复选框。

（3）单击“下一步”按钮，在自定义安装选项中更改安装位置，如图 1-3 所示。

（4）单击“下一步”按钮，弹出“用户体验设置”界面，这里我们选择不勾选任意选项，如图 1-4 所示。

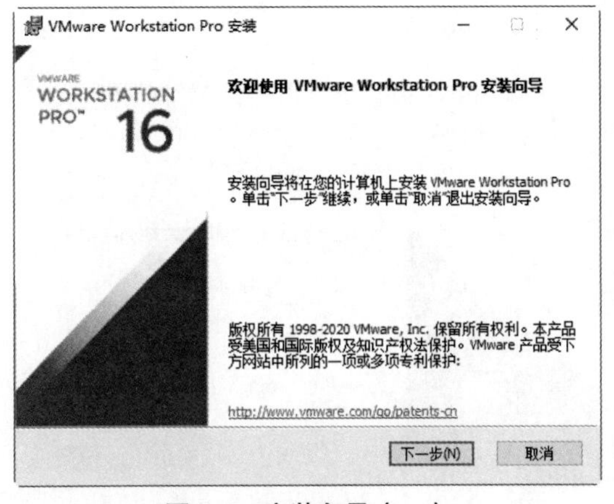

图 1-1　安装向导（一）

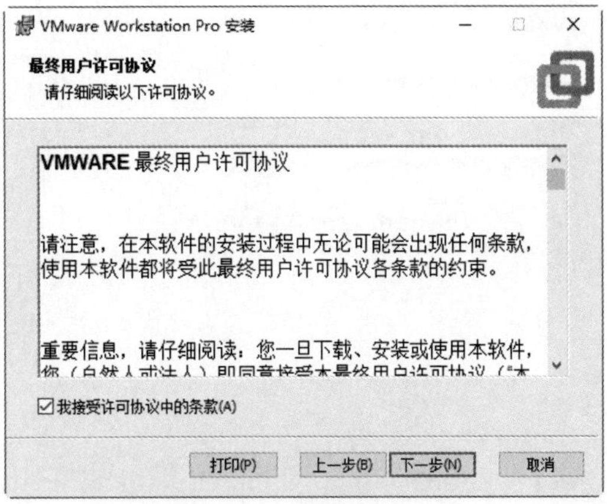

图 1-2　安装向导（二）

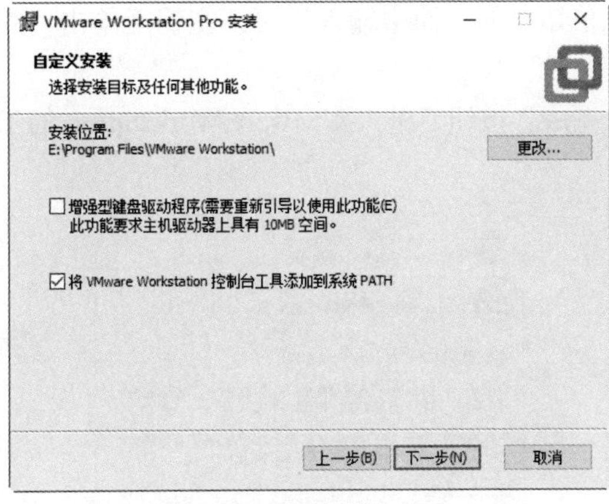

图 1-3　安装向导（三）

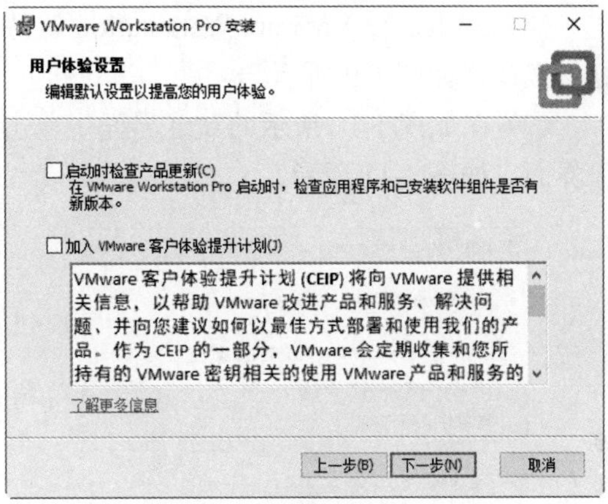

图 1-4　安装向导（四）

（5）单击“下一步”按钮，弹出“快捷方式”选择界面，勾选全部选项，如图 1-5 所示。

（6）单击“下一步”按钮，在如图 1-6 所示的界面中单击“安装”按钮。进入软件安装界面，如图 1-7 所示。

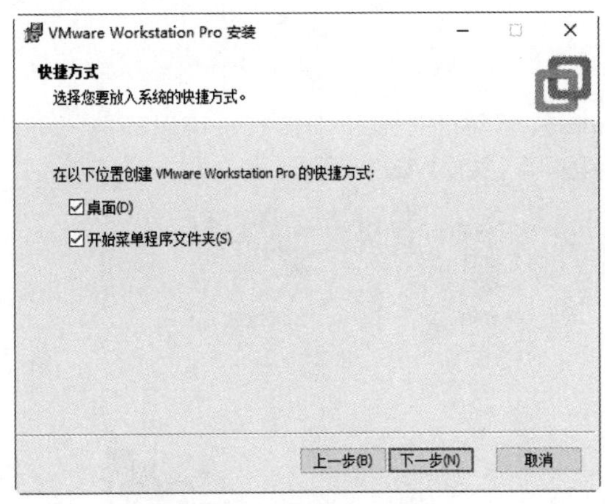

图 1-5　安装向导（五）

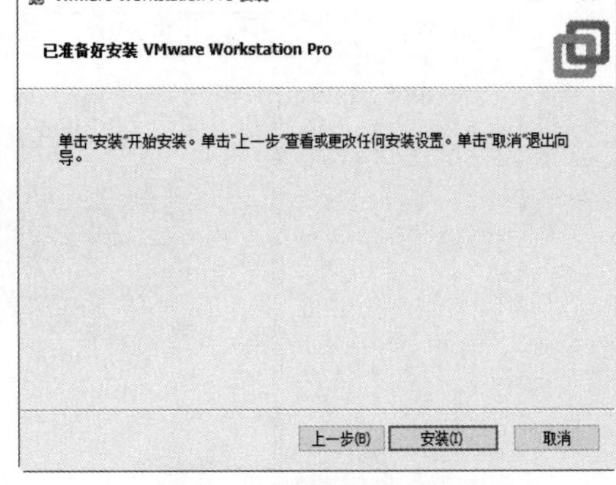

图 1-6　安装向导（六）

（7）等待软件安装完成后，单击“完成”按钮关闭界面，如图 1-8 所示。

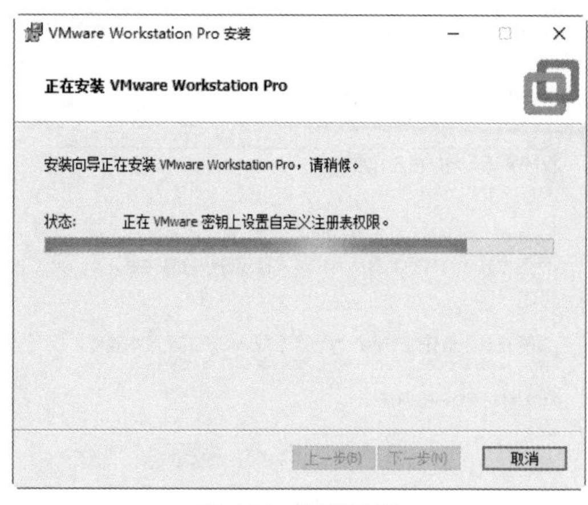

图 1-7 安装过程

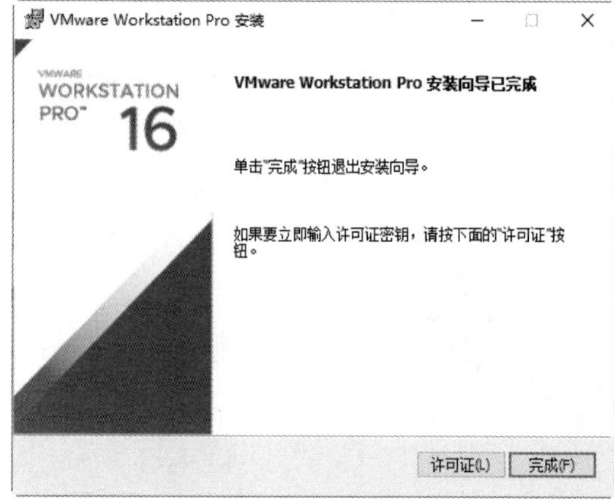

图 1-8 安装完成

（8）双击运行 VMware Workstation 软件，在弹出的界面中输入许可证密钥后单击“继续”按钮，如图 1-9 所示。

（9）在如图 1-10 所示的欢迎界面中单击“完成”按钮，进入 VMware Workstation 的工作界面，如图 1-11 所示。

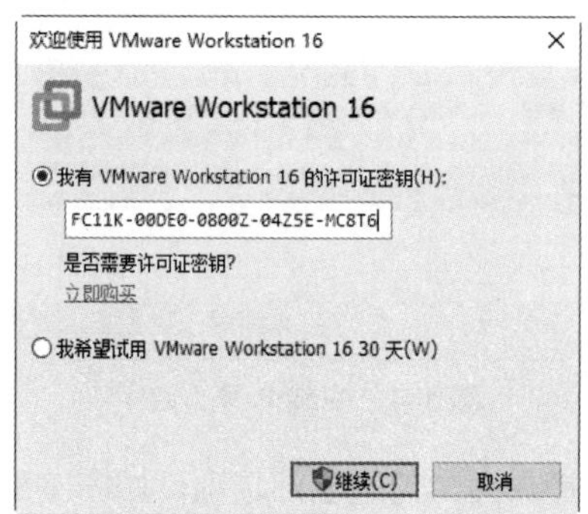

图 1-9 输入许可证密钥

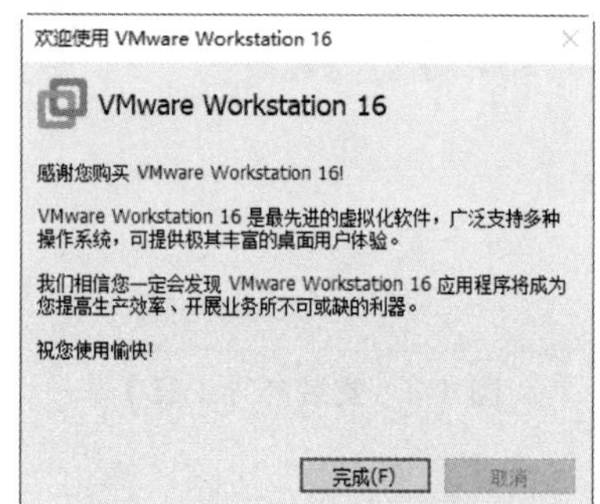

图 1-10 欢迎界面

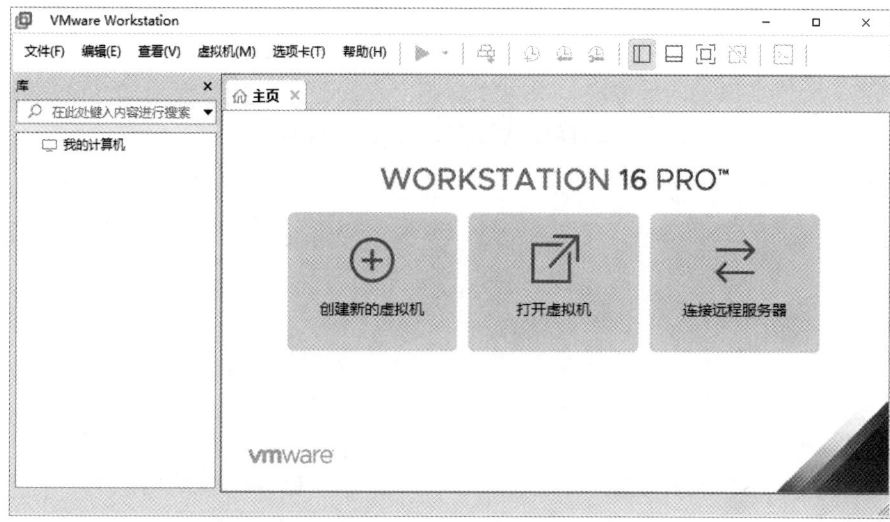

图 1-11 VMware Workstation 的工作界面

任务 2 ▸ Windows Server 2022 的安装与配置

任务引入

小明完成 VMware Workstation 虚拟机软件的安装后，接下来计划在虚拟机中安装 Windows Server 2022 操作系统。

知识准备

虚拟机软件安装完成后，即可创建虚拟机，设置虚拟机的处理器、内存等硬件参数，然后在创建的虚拟机中安装 Windows Server 2022 操作系统。

（1）首先是下载 Windows Server 2022 ISO 映像。

（2）打开 VMware Workstation，单击“文件”→“新建虚拟机”命令创建一个虚拟机，也可以单击窗口中的“创建新的虚拟机”图标，如图 1-12 所示。

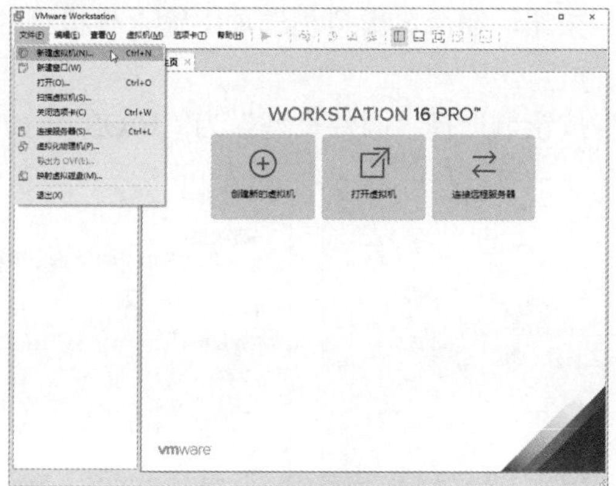

图 1-12 创建新的虚拟机

（3）进入新建虚拟机向导界面，选择“自定义（高级）”选项，如图 1-13 所示。

（4）单击“下一步”按钮，选择默认设置，如图 1-14 所示。

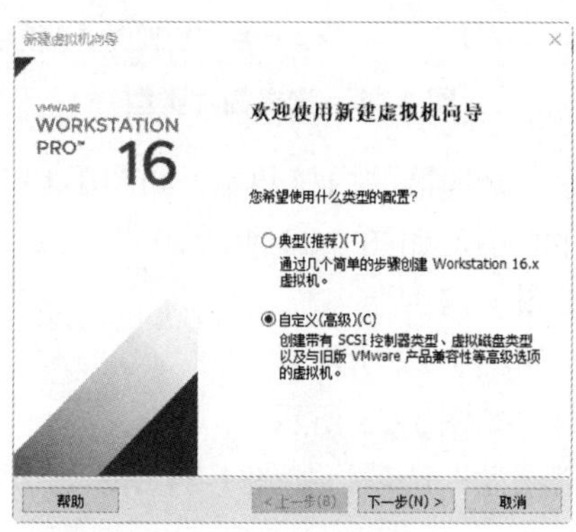

图 1-13 新建虚拟机向导（一）

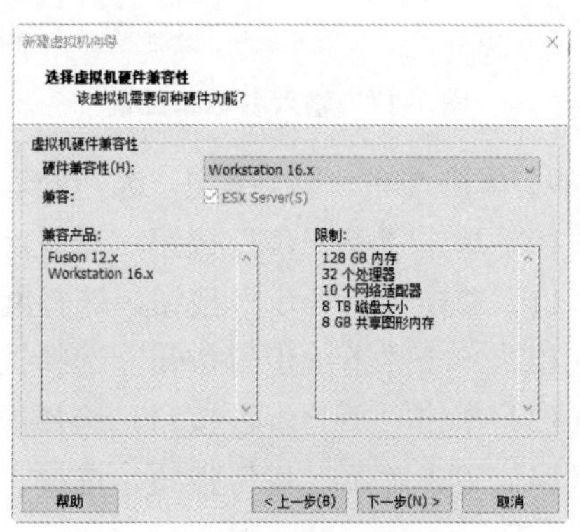

图 1-14 新建虚拟机向导（二）

（5）单击“下一步”按钮，在弹出的界面中选择“安装程序光盘映像文件”选项，单击“浏览”按钮选择映像文件，如图 1-15 所示。

（6）单击“下一步”按钮选择操作系统类型和版本，如图 1-16 所示。

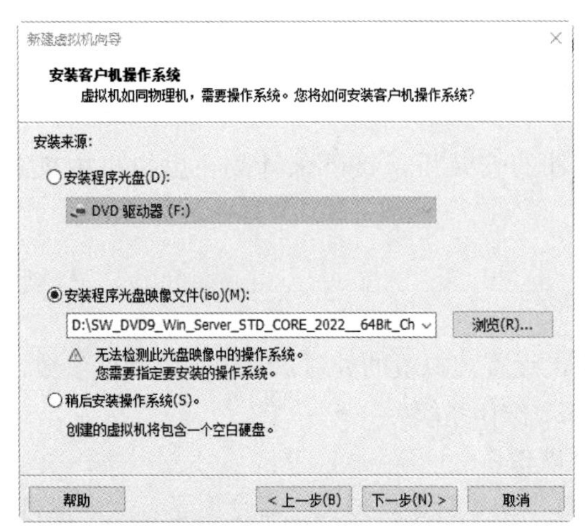

图 1-15　选择镜像文件

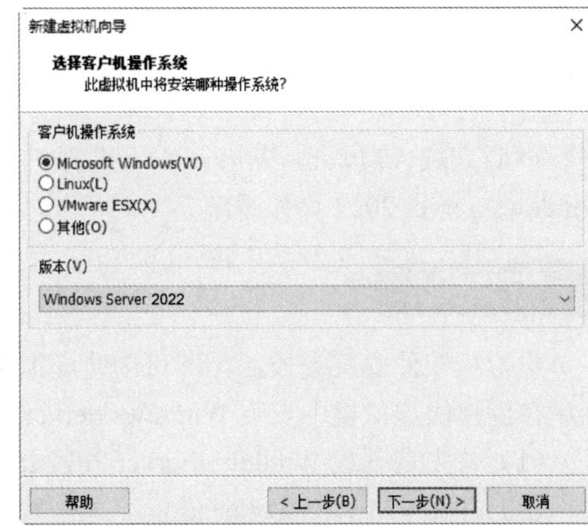

图 1-16　选择操作系统类型和版本

（7）单击“下一步”按钮，在命名虚拟机选项中输入虚拟机的名称并选择安装位置，如图 1-17 所示。

（8）单击“下一步”按钮，选择“固件类型”为“BIOS”，如图 1-18 所示。

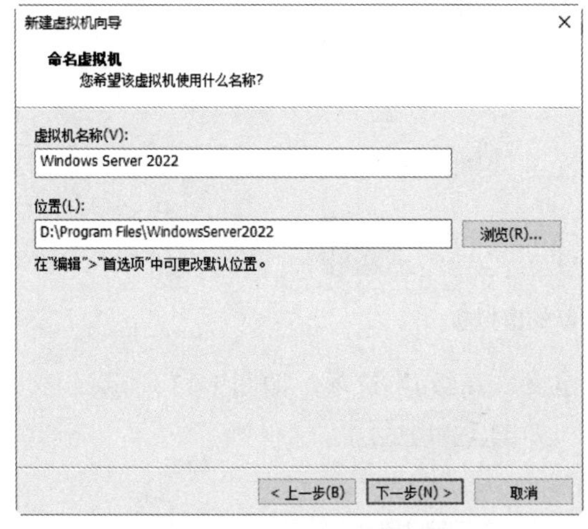

图 1-17　输入名称和位置

图 1-18　选择固件类型

（9）单击“下一步”按钮，选择处理器数量和每个处理器的内核数量，如图 1-19 所示。

（10）单击“下一步”按钮，设置虚拟机的内存大小，如图 1-20 所示。

（11）单击“下一步”按钮，选择网络类型，如图 1-21 所示。

（12）单击“下一步”按钮，选择控制器类型，如图 1-22 所示。

（13）单击“下一步”按钮，选择虚拟磁盘类型，如图 1-23 所示。

（14）单击“下一步”按钮，选择“创建新虚拟磁盘”选项，如图 1-24 所示。

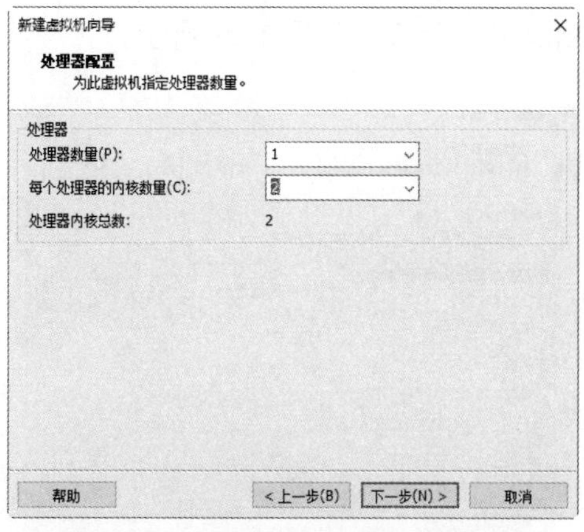

图 1-19　选择处理器数量和内核数量

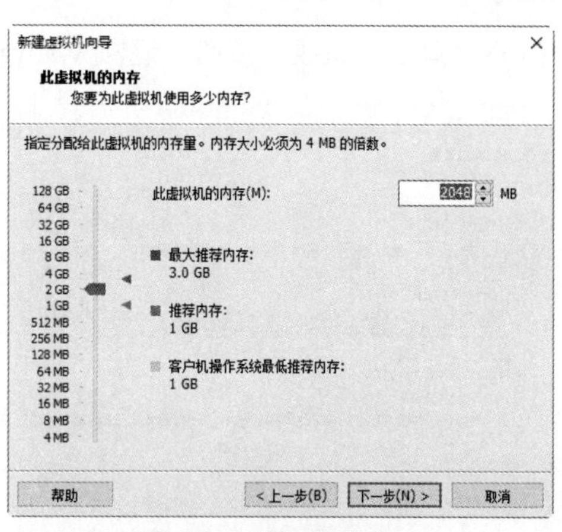

图 1-20　设置内存大小

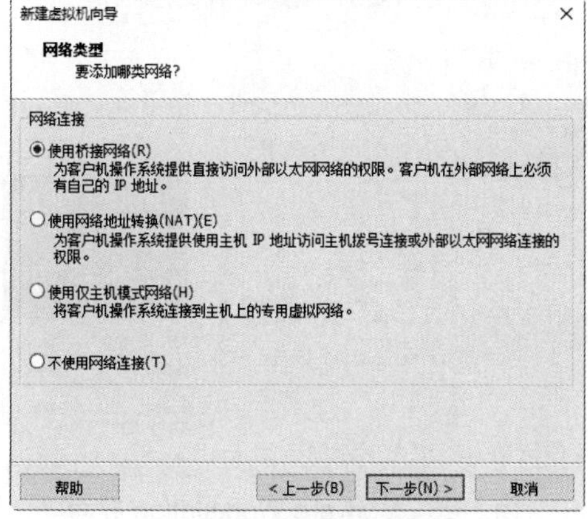

图 1-21　选择网络类型

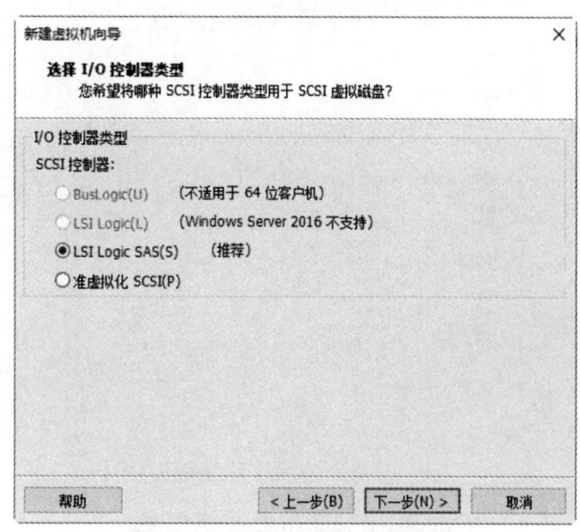

图 1-22　选择控制器类型

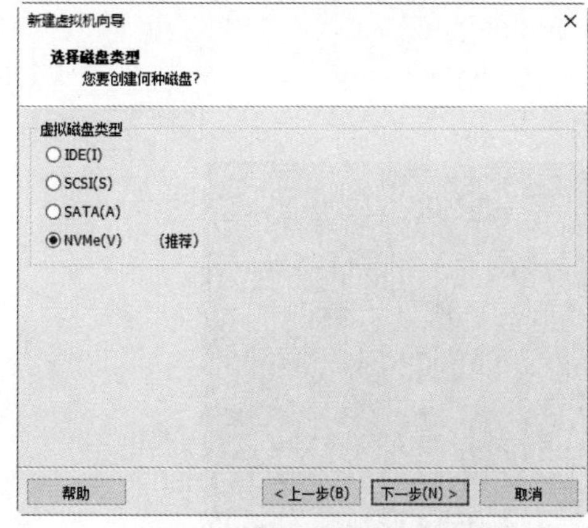

图 1-23　选择虚拟磁盘类型

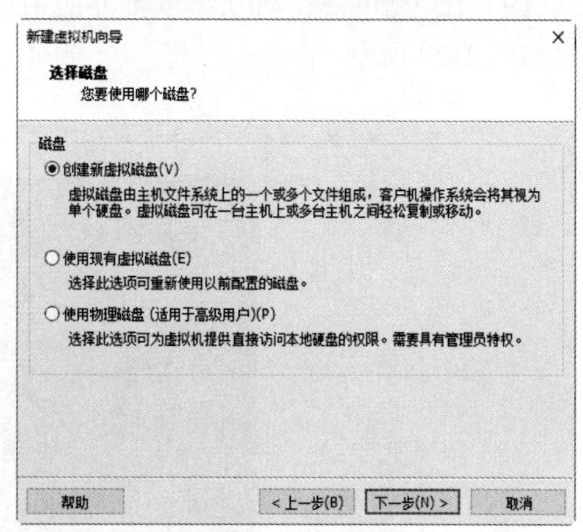

图 1-24　选择磁盘

（15）单击“下一步”按钮，设置磁盘大小，选择“将虚拟磁盘存储为单个文件”选项，如图 1-25 所示。

（16）单击“下一步”按钮，指定磁盘文件，如图 1-26 所示。

（17）单击“下一步”按钮，在界面中显示虚拟机的信息，如图 1-27 所示。

（18）单击“完成”按钮，返回 VMware Workstation 界面，如图 1-28 所示。

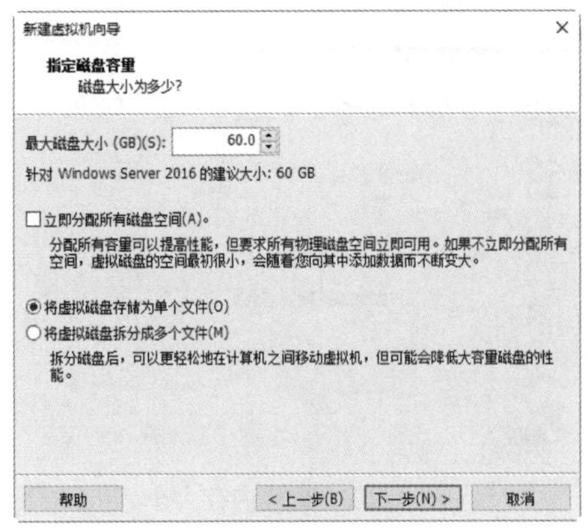

图 1-25　选择磁盘大小

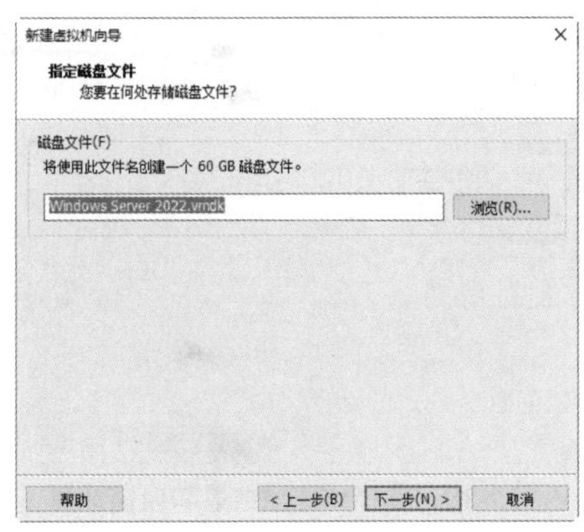

图 1-26　指定磁盘文件

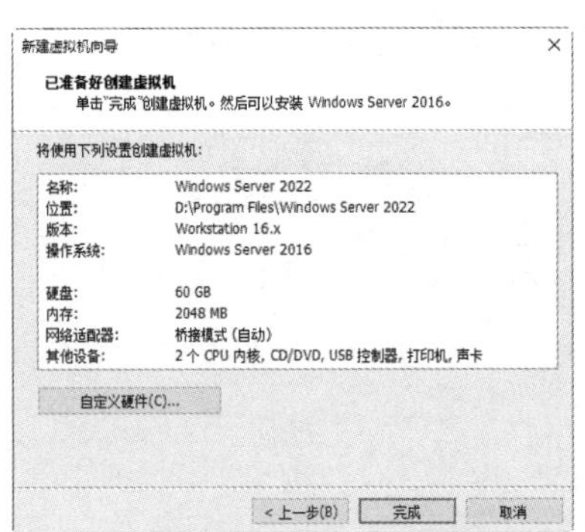

图 1-27　显示虚拟机信息

图 1-28　VMware Workstation 界面

（19）在 VMware Workstation 界面中单击“开启此虚拟机”按钮，进入安装的准备界面，如图 1-29 所示。

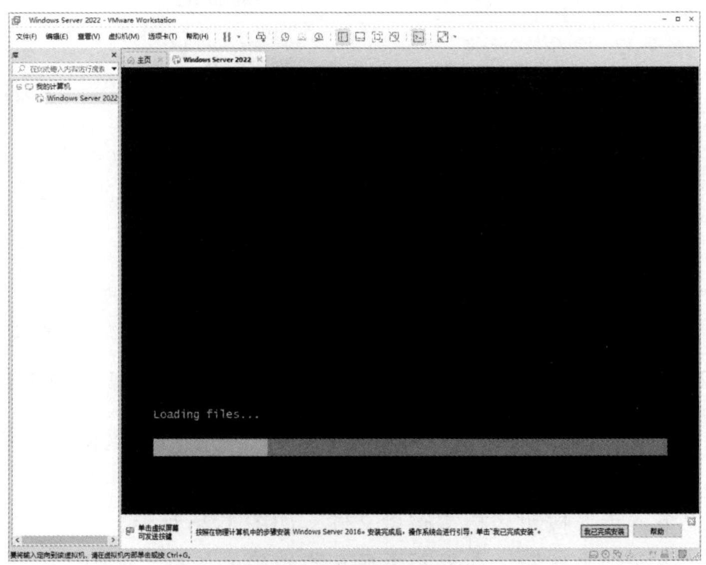

图 1-29　安装准备界面

（20）准备就绪后，在弹出的界面中选择语言和其他首选项，如图 1-30 所示。

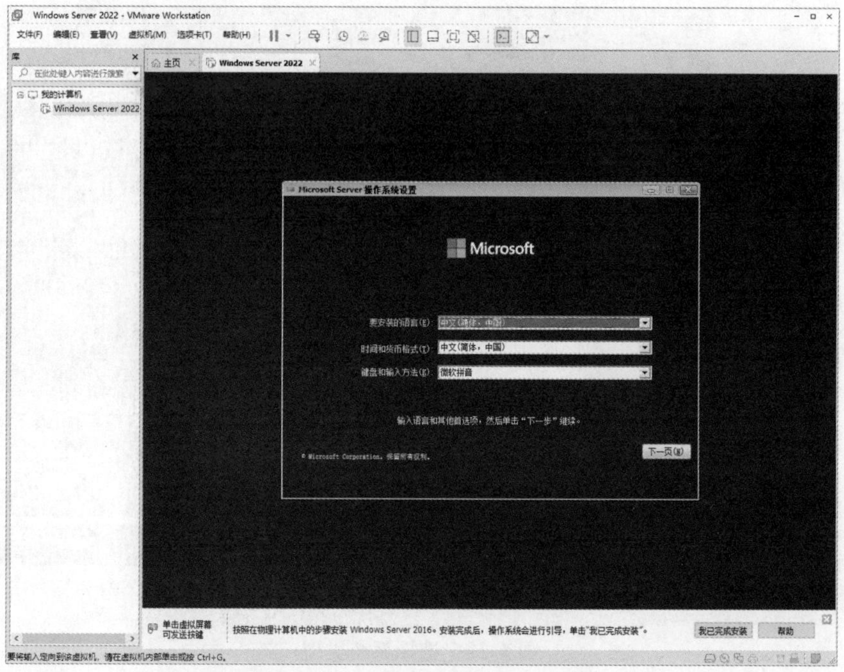

图 1-30　设置语言和其他首选项

（21）单击“下一页”按钮，在如图 1-31 所示的界面中单击“现在安装”按钮。弹出操作系统设置界面，选择要安装的系统类型，如图 1-32 所示。

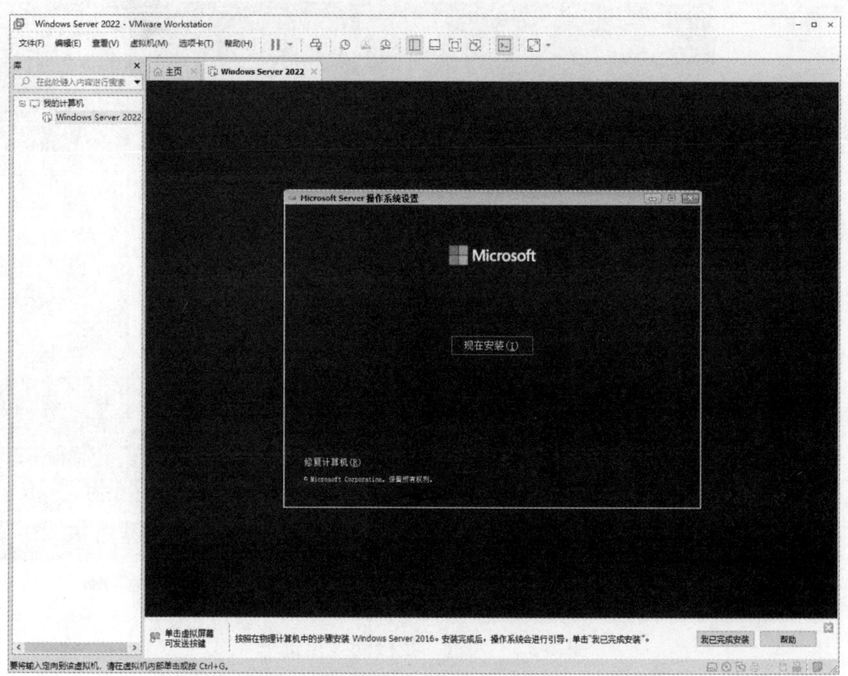

图 1-31　准备安装界面

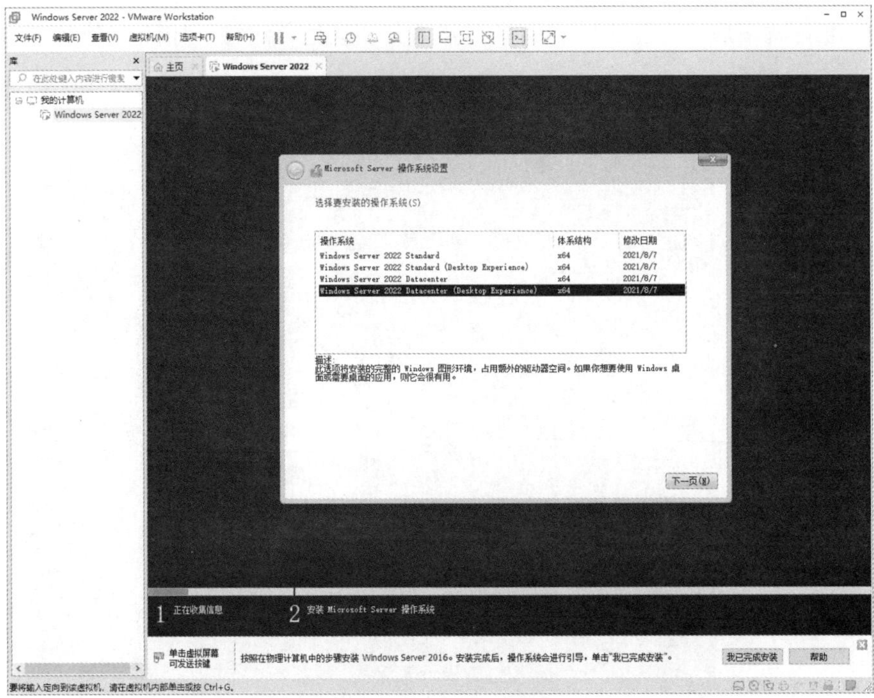

图 1-32　选择系统类型

（22）单击“下一页”按钮，勾选“我接受”复选框，如图 1-33 所示。

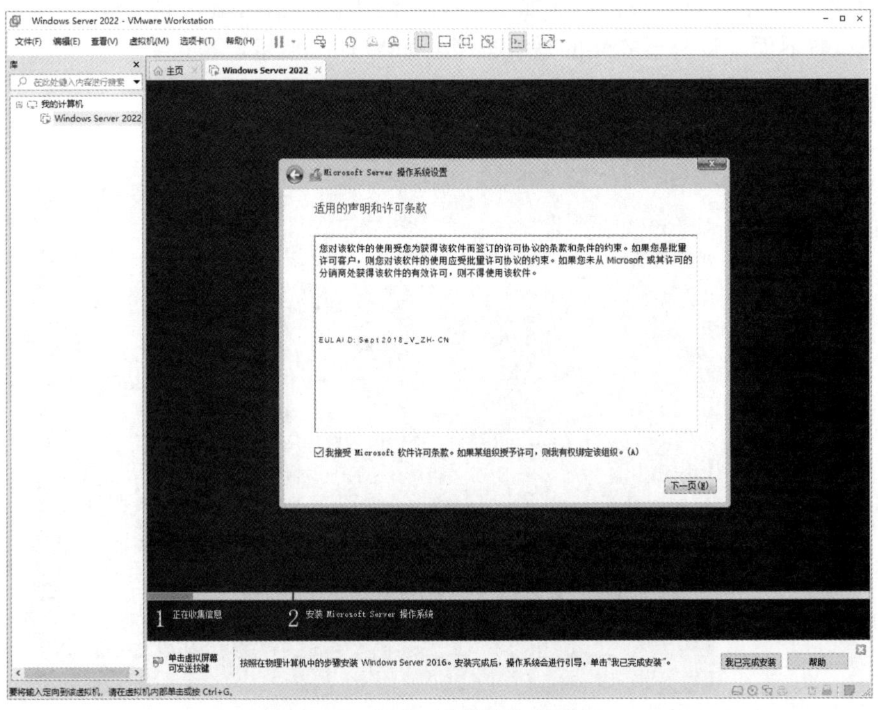

图 1-33　勾选“我接受”复选框

（23）单击“下一页”按钮，选择“自定义”安装类型，如图 1-34 所示。

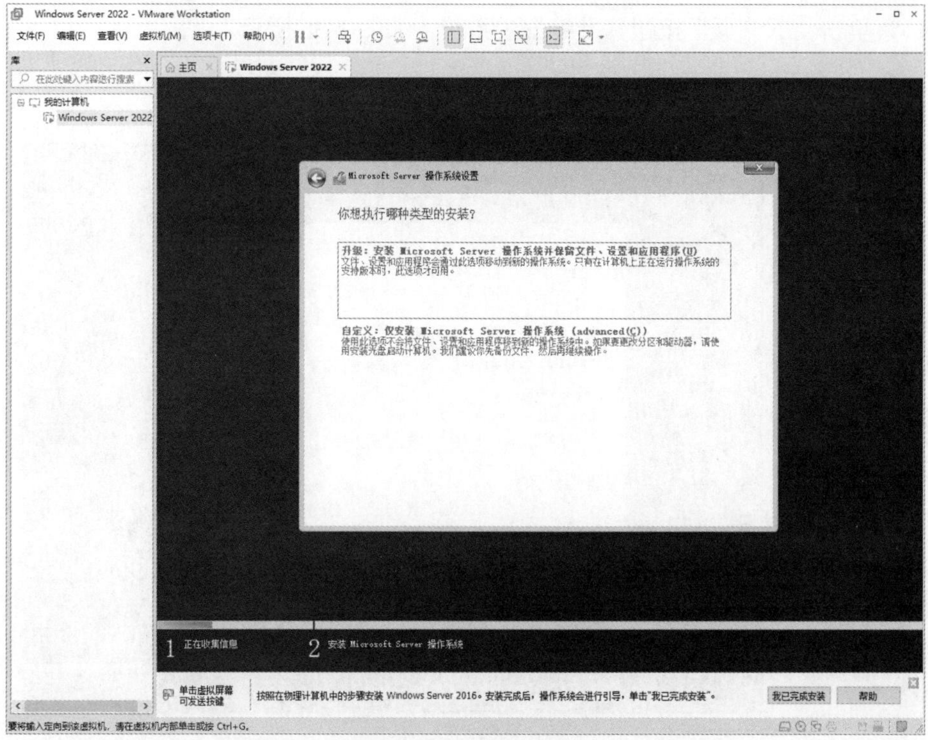

图 1-34 选择安装类型

（24）显示操作系统的安装位置，如图 1-35 所示。

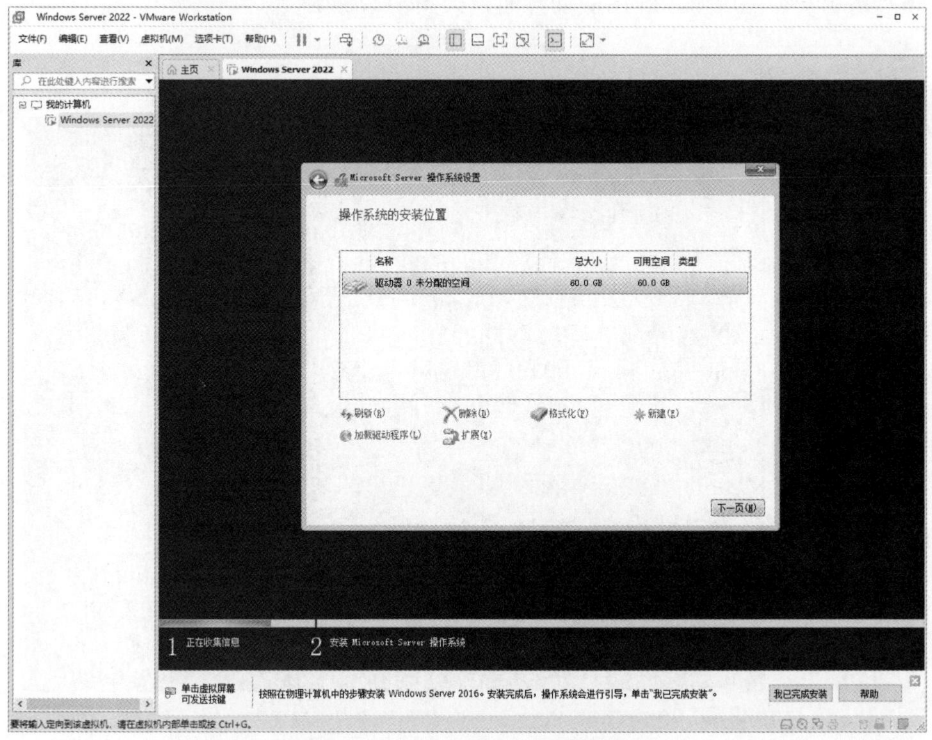

图 1-35 显示操作系统的安装位置

（25）单击“下一页”按钮，继续安装系统，如图 1-36 所示。

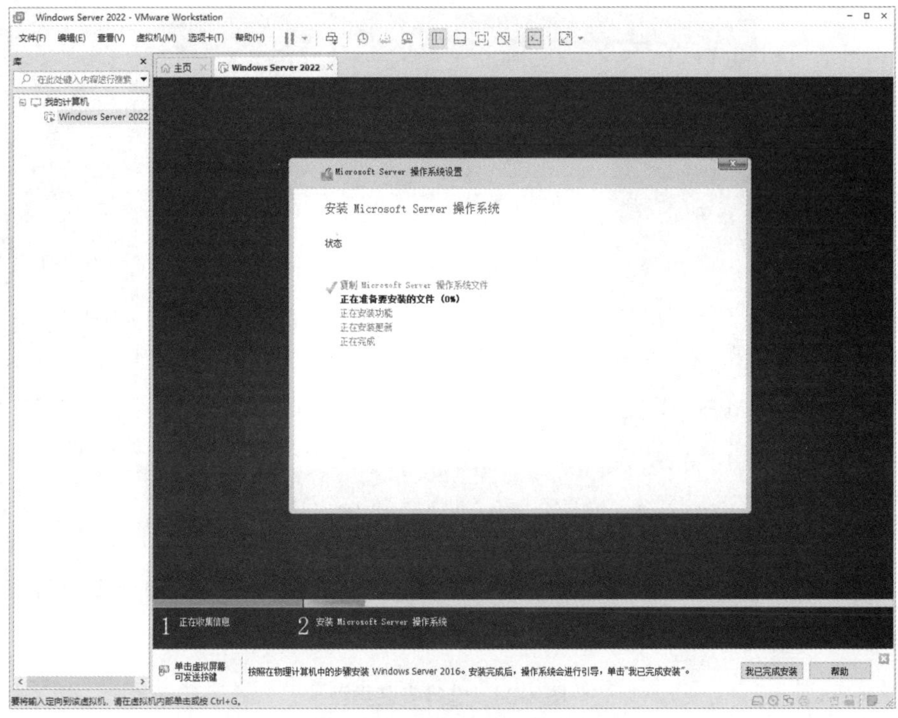

图 1-36　操作系统的安装界面

（26）系统安装完成后，弹出启动界面，如图 1-37 所示。

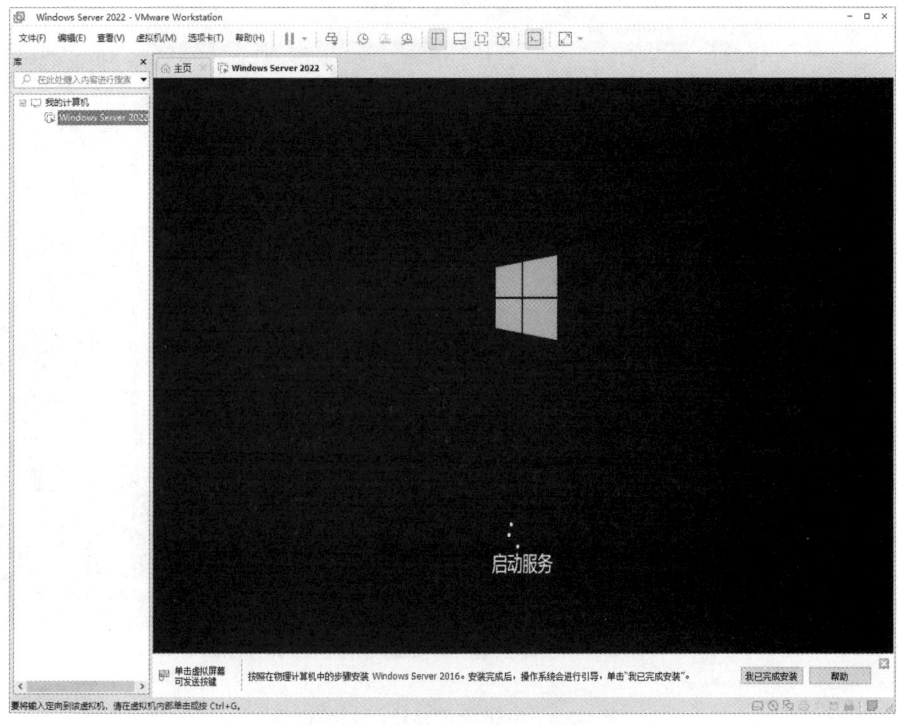

图 1-37　操作系统的启动界面

（27）启动系统，设置管理员密码，然后单击“我已完成安装”按钮。如图 1-38 所示。

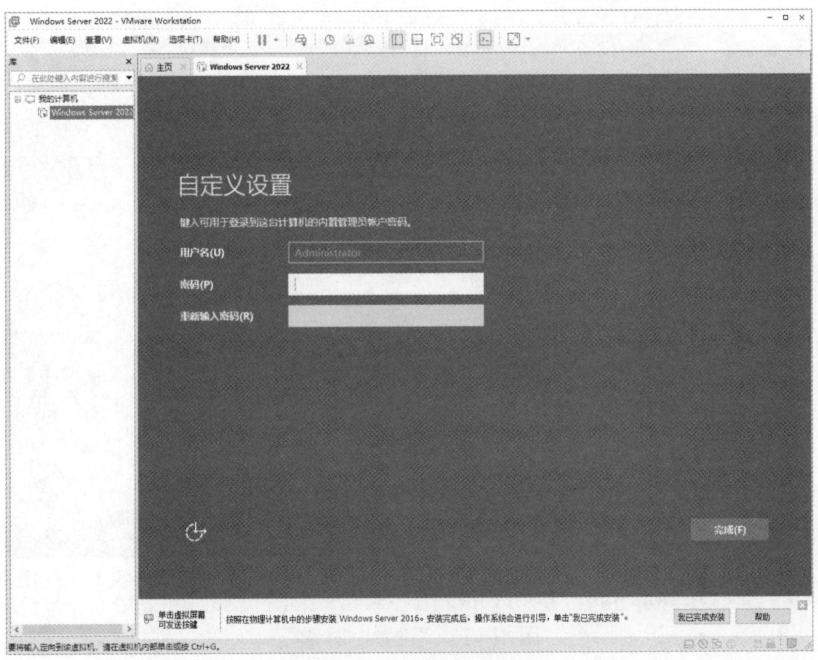

图 1-38　设置登录密码

（28）直接按 Ctrl + Alt + Del 快捷键访问 Windows Server 2022，输入密码进入系统，如图 1-39 所示。

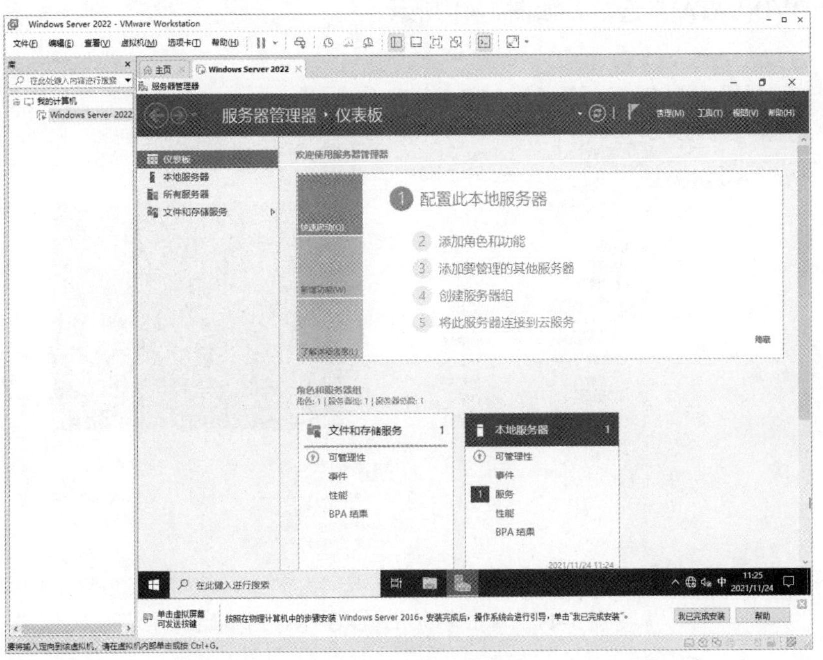

图 1-39　进入系统

（29）打开“设置”对话框，选择“关于”选项，查看系统的安装版本，如图 1-40 所示。

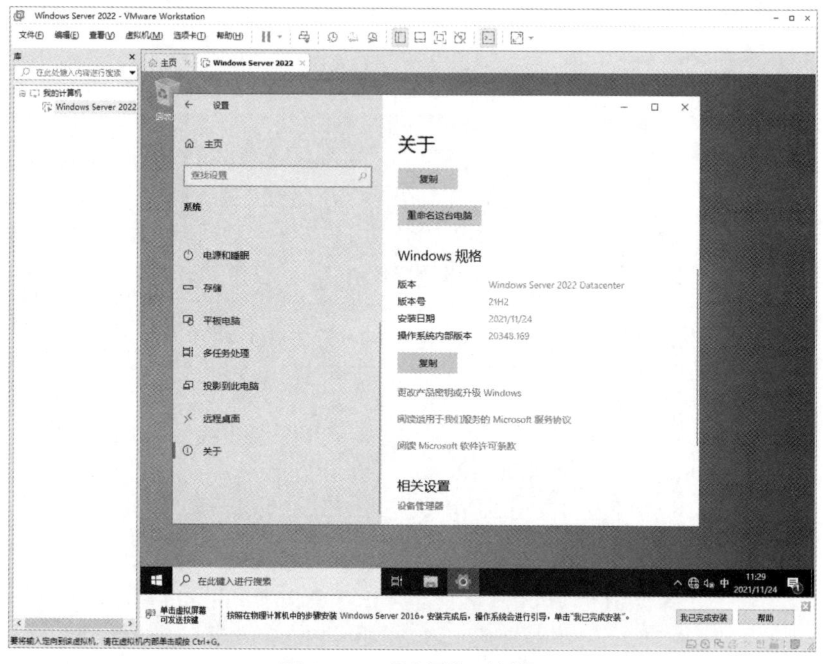

图 1-40 “设置”对话框

接下来安装 VMware Tools，它允许物理机和虚拟机之间进行更大程度的交互，并具有共享文件夹、回收站、复制和粘贴等功能，安装步骤如下。

（1）在 VMware Workstation 主界面单击要安装 Tools 的虚拟机 Windows Server 2022，单击“CD/DVD(SATA)”选项，如图 1-41 所示。

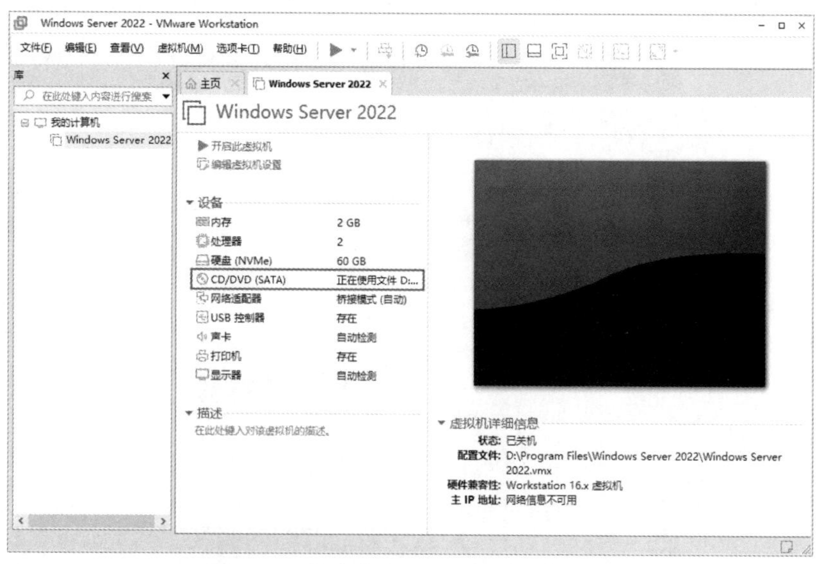

图 1-41 单击【CD/DVD(SATA)】选项

（2）选择“使用 ISO 映像文件”选项，单击“浏览”按钮，浏览 VMware 软件的安装目录，找到 Windows.iso，表示支持 Windows 环境的 Tools，如图 1-42 所示。

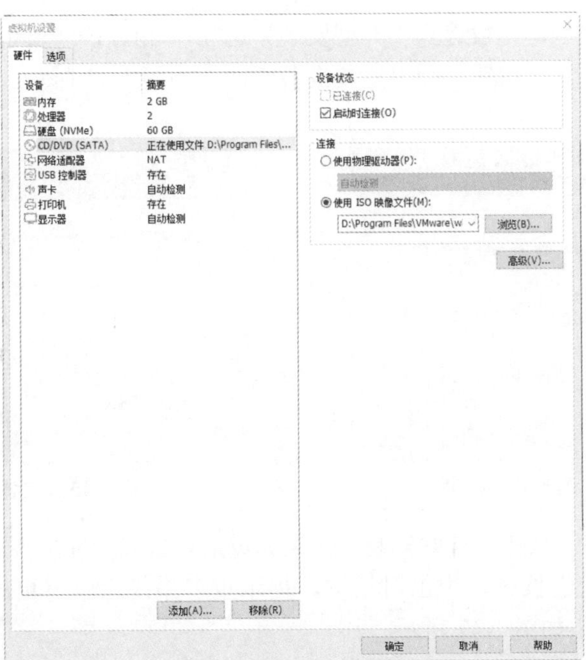

图 1-42　选择 ISO 映像文件

（3）开启虚拟机，选择菜单中的“虚拟机”→“安装 VMware Tools”命令，如图 1-43 所示，进入 VMware Tools 安装程序界面。

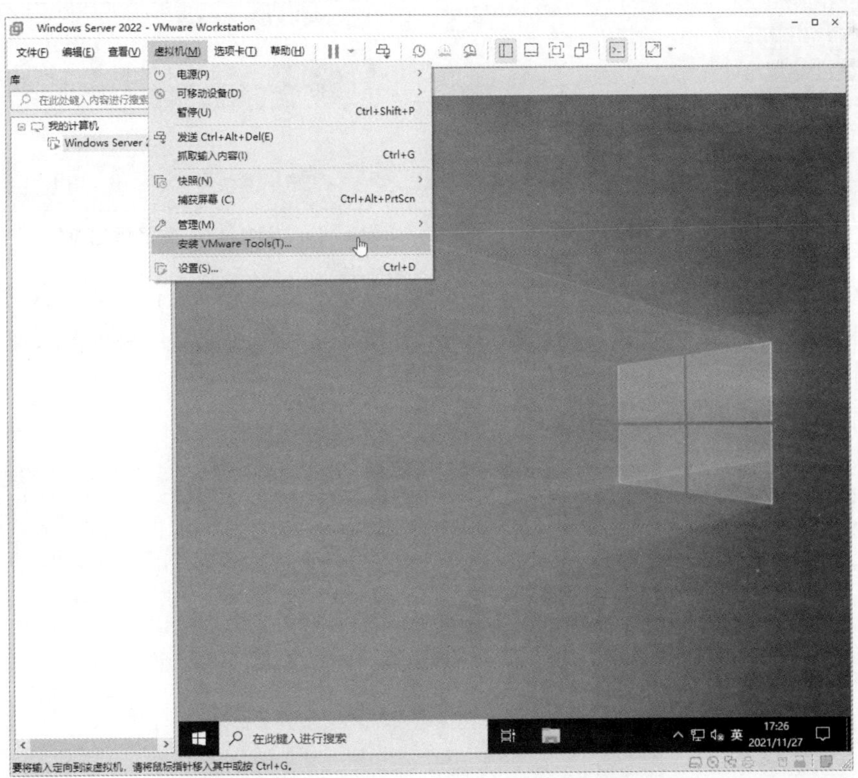

图 1-43　VMware Tools 安装程序界面

（4）选择安装类型，一般选择“典型安装”选项，如图 1-44 所示。

（5）单击“下一步”按钮，弹出安装准备界面，如图 1-45 所示。

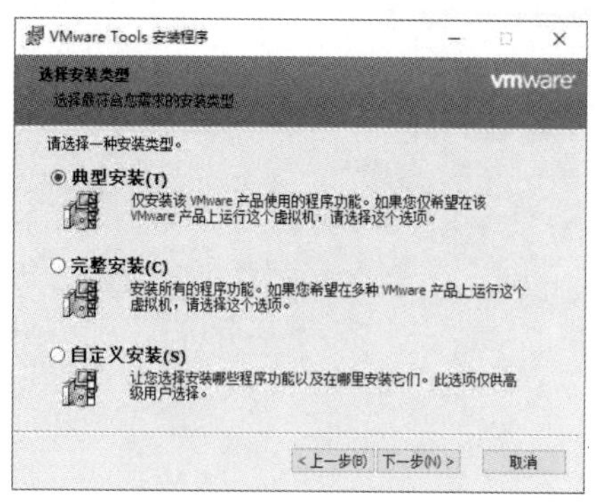

图 1-44　选择安装类型

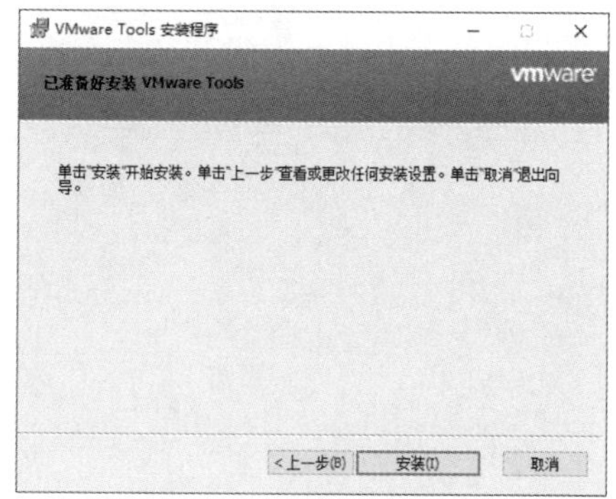

图 1-45　安装准备界面

（6）单击“安装”按钮，开始安装，安装完成后弹出安装完成界面，如图 1-46 所示。

（7）单击“完成”按钮，弹出对话框，提示重启系统后配置更改才可以生效，单击“是”按钮重启系统，如图 1-47 所示。

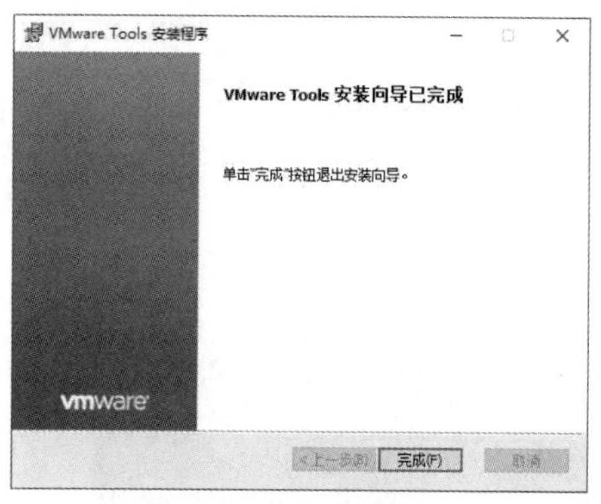

图 1-46　安装完成界面

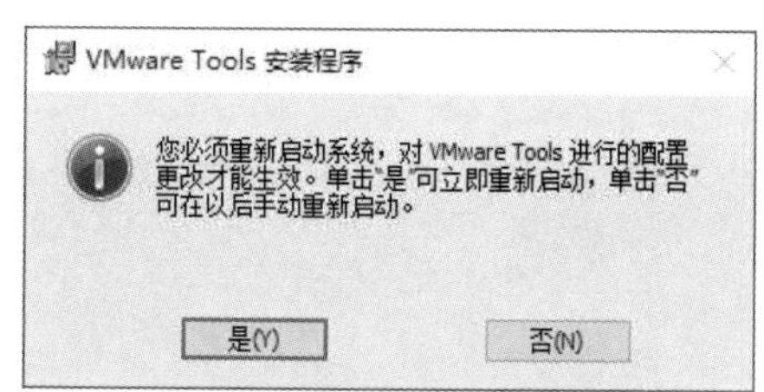

图 1-47　选择重启系统

Windows Server 2022 安装完成后，需要利用激活工具对系统进行激活。启动系统后打开下载的激活工具，首先选择智能激活方式进行激活，如果不成功，再选择其他方式进行激活，如图 1-48 所示。

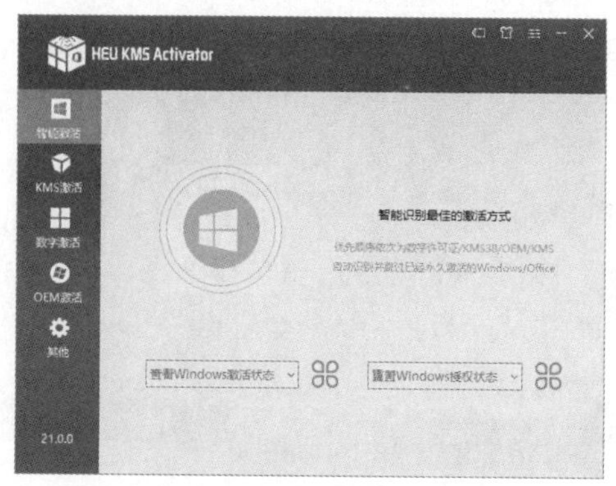

图 1-48　选择激活方式

项目总结

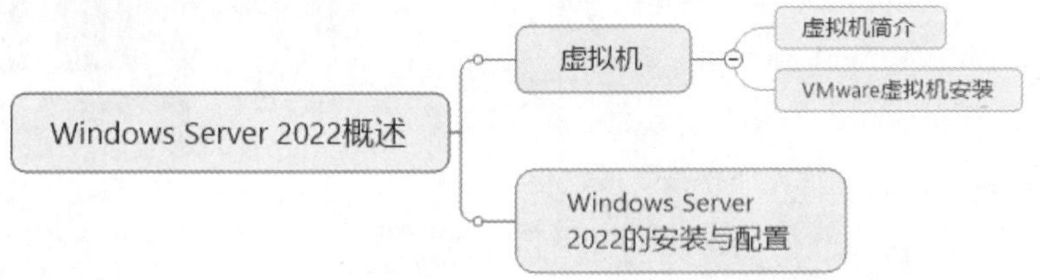

项目实战

实战一　安装虚拟机软件 VMware Workstation 16

（1）安装软件之前，先规划好软件的安装目录，确保内存容量充足。

（2）运行安装程序，打开安装向导，按照提示进行设置。

（3）设置完成，单击“安装”按钮开始安装，等待安装完成。

（4）输入许可证密钥，进入工作界面。

实战二　在虚拟机软件上安装 Windows Server 2022

（1）首先创建虚拟机，检查硬盘容量，设置内存大小。

（2）关闭杀毒软件，开启虚拟机开始安装。

（3）最后安装 VMware Tools，便于物理机和虚拟机之间进行交互。

计算机系统管理

思政目标

- 提高读者的职业素养，培养良好的职业习惯，合理规划和管理工作
- 树立员工的网络安全意识，提高对公司保密制度的警觉性

技能目标

- 掌握用户和组的创建及管理方法
- 掌握基本磁盘和动态磁盘的管理方法
- 掌握共享资源的设置及访问方法
- 掌握打印机的共享及访问方法

项目导读

用户在登录计算机时需要输入账户名和密码，而且并不是所有用户都可以登录指定的计算机。如果能够利用创建组来管理用户权限，可以减轻管理员的工作负担。计算机的数据存储在磁盘中，因此妥善地管理磁盘，合理利用磁盘来存储宝贵的数据，确保数据的安全性尤为重要，同时也可以通过设置共享文件夹来将资源分享给其他用户。通过使用打印机的共享管理功能，方便用户打印文件。

任务1 ▶ 用户和组的管理

任务引入

公司打算组建一个新的部门，招聘若干名员工，部门相关资料都存放在特定的计算机上。为了保护数据的安全性，同时方便新员工查询资料，需要小明为新招聘的员工分别设置登录账户，同时为新成立的部门设置一个组账户。

知识准备

一、内置的本地用户账户和组

1. 内置的本地用户账户

Windows Server 2022 安装完成后，系统会自动创建一些默认的本地用户账户，如图 2-1 所示，管理员也可以根据需要创建其他的本地用户账户。

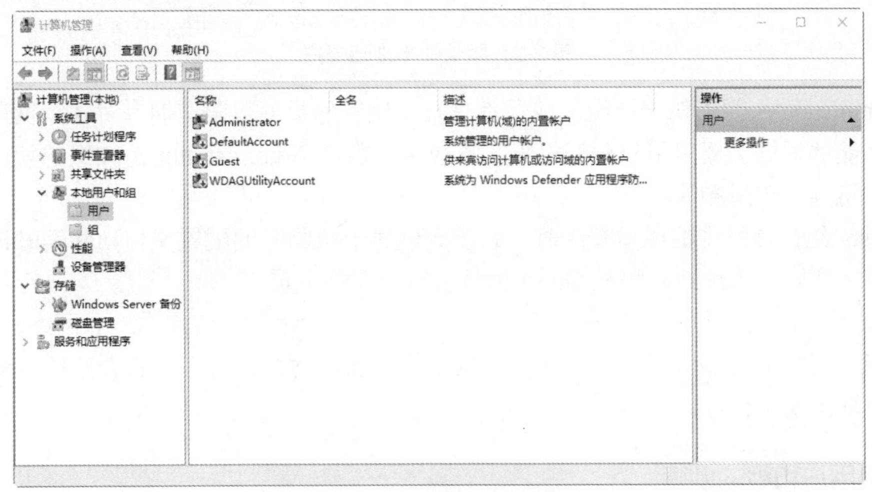

图 2-1 默认的本地用户账户

其中有两个重要的本地用户账户。

Administrator（系统管理员）：该账户具有最高的管理权限，可以进行整台计算机的设置工作，例如管理用户与组账户、设置用户权限等。该账户的名称可以修改，但不能删除。

Guest（客户）：该账户供没有计算机账户的临时用户使用，默认情况下，Guest 为禁用状态，Guest 组中的成员可以登录计算机，但是其他权限需要由 Administrators 组中的成员授予。

本地用户账户是建立在本地安全账户数据库内的账户，只能在本地计算机使用，访问本地计算机的资源，不能访问网络资源。

2. 内置的本地组账户

Windows Server 2022 安装完成后，系统会自动创建一些默认的本地组账户，如图 2-2 所示，这些组账户本身被赋予了一些权限，如果用户加入某个组，即具有该组账户具有的权限，其中最主要的有三个组，分别是 Administrators 组、Guests 组和 Users 组。

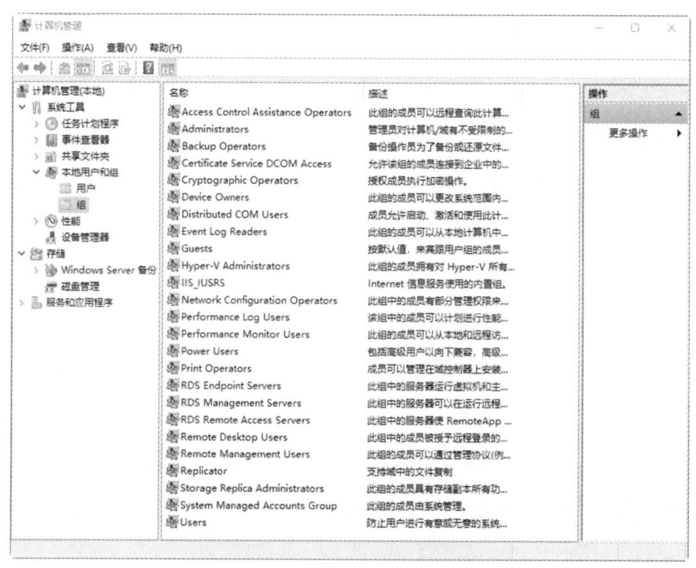

图 2-2　默认的本地组账户

Administrators 组：属于该组的成员都具有系统管理员的权限，拥有对计算机最大的控制权限，能够根据需要向用户分配权限。本地用户账户 Administrator 是该组的默认成员，并且无法将其从该组删除。

Guests 组：该组内的成员登录时，系统会创建一个临时的配置文件，注销时该配置文件也会随之删除，本地用户账户 Guest 也是该组的默认成员。

Users 组：该组成员只拥有一些基本权限，如执行应用程序，使用本地和网络打印机等，但是不能与网络上的其他用户共享文件，也不能创建本地打印机。所有新建的本地用户账户都会自动隶属于该组。

二、本地用户和组的创建

1. 创建本地用户账户

在“计算机管理”对话框中，利用“本地用户和组”选项可以创建本地用户账户，创建步骤如下。

（1）执行“服务器管理器”→“工具”→“计算机管理”命令，打开“计算机管理”对话框。

（2）选择“本地用户和组”→“用户”选项，右击并在弹出的快捷菜单中选择“新用户”命令，打开“新用户”对话框，如图 2-3 所示。

（3）在“新用户”对话框中设置用户名、全名和密码，“描述”为“用户”，选择“用户不能更改密码”和“密码永不过期”选项，单击“创建”按钮，完成用户账户的创建。

注意

设置本地用户名和密码时需要注意以下几点：

（1）用户名不能与被管理计算机上的其他用户名和组名相同；

（2）用户名最长为 20 个字符，不能使用特殊字符“ /\[ ] : ; | = , + * ? < > @;

（3）用户密码最多不能超过 127 位，最好使用复杂密码；

（4）复杂密码至少有 7 个字符，至少包含 A ~ Z、a ~ z、0 ~ 9、非字母数字等四组中的 3 组。

2. 创建本地组账户

在“计算机管理”对话框中，利用“本地用户和组”选项可以创建本地组账户，创建步骤如下。

（1）执行“服务器管理器”→“工具”→“计算机管理”命令，打开“计算机管理”对话框。

（2）选择“本地用户和组”→“组”选项，右击并在弹出的快捷菜单中选择“新建组”命令，打开“新建组”对话框，如图 2-4 所示。

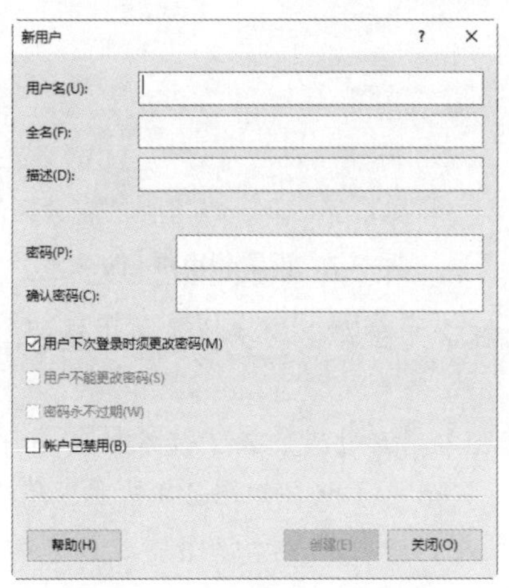

图 2-3 “新用户”对话框

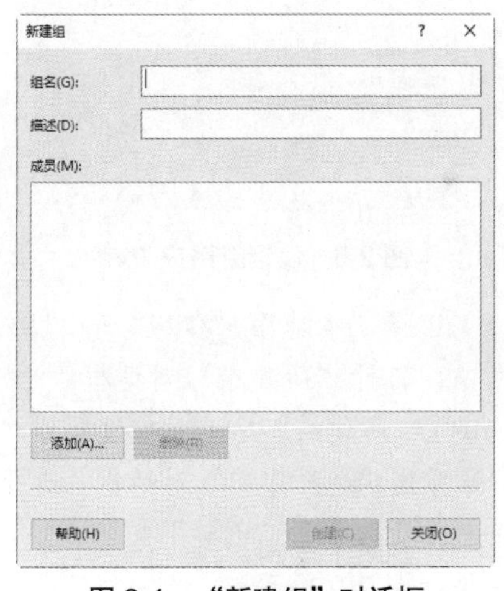

图 2-4 “新建组”对话框

（3）在“新建组”对话框中设置组名和描述选项，单击“添加”按钮弹出“选择用户”对话框，如图 2-5 所示，选择要添加的用户，单击“确定”按钮，最后单击“创建”按钮，完成用户组的创建。

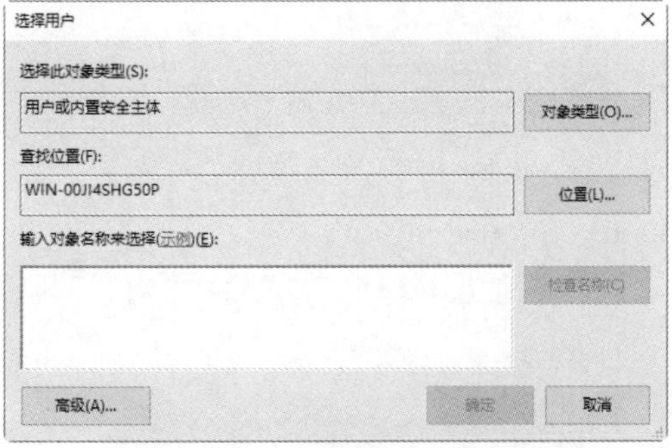

图 2-5 “选择用户”对话框

案例——将用户添加到组中

创建本地用户 Tom、Lily 和本地组 Tec，并将这两个用户添加至“Tec”组。操作步骤如下。

（1）执行“服务器管理器”→“工具”→“计算机管理”命令，打开“计算机管理”对话框。

（2）选择“本地用户和组”→“用户”选项，右击并在弹出的快捷菜单中选择“新用户”命令，打开“新用户”对话框。

（3）在“新用户”对话框中设置用户名、全名和密码，“描述”为“组长”，选择“密码永不过期”选项，如图 2-6 所示，单击“创建”按钮，完成用户 Tom 的创建。

（4）继续执行上述操作，创建用户 Lily，如图 2-7 所示。

图 2-6　设置新用户 Tom

图 2-7　设置新用户 Lily

（5）选择“本地用户和组”→“用户”选项，右击并在弹出的快捷菜单中选择“新建组”命令，打开“新建组”对话框。

（6）在“新建组”对话框中设置组名“Tec”，描述为“该组成员属于技术科”，单击“添加”按钮弹出“选择用户”对话框，选择创建的用户 Tom 和 Lily，如图 2-8 所示，单击“确定”按钮，最后单击“创建”按钮，完成用户组的创建，同时将属于该组的成员添加进去，最终结果如图 2-9 所示。

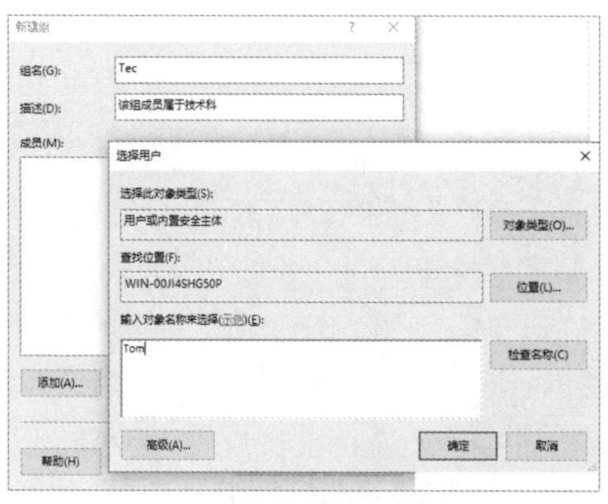

图 2-8　新建组

图 2-9　将用户添加到组

三、密码的管理

为了保护数据安全，用户需要经常对密码进行修改，若要更改某用户的密码，步骤如下。

选中某用户并右击，在弹出的快捷菜单中选择“设置密码”或者选择“所有任务”→“设置密码”命令，如图 2-10 所示，在弹出的提示对话框中单击“继续”按钮，输入新密码后单击“确定”按钮，如图 2-11 所示。

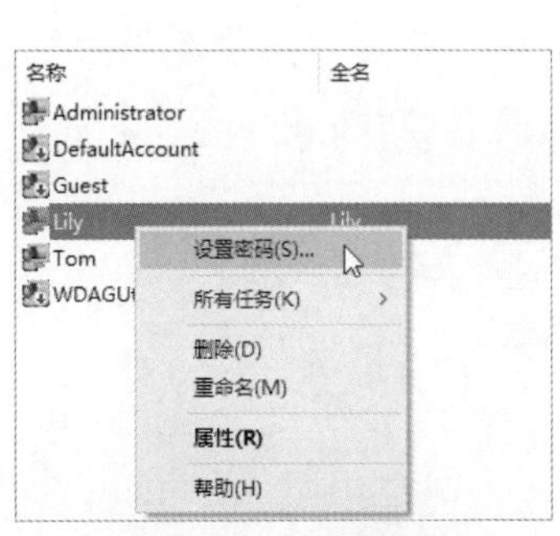

图 2-10　设置密码

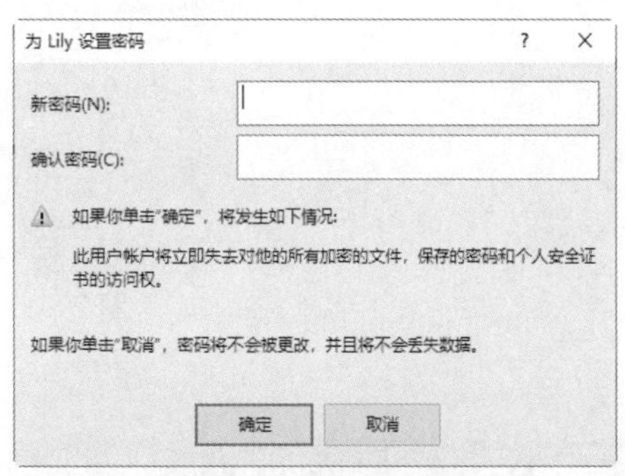

图 2-11　输入新密码

此外，用户也可以在登录计算机后按 Ctrl+Alt+Del 键，然后在弹出的界面中单击“更改密码”选项修改密码。

四、本地用户和组的管理

1. 删除或重命名本地用户和组

如果要删除本地用户和组，或者修改本地用户和组的名称，可以选中某用户或组，右击并在弹出的快捷菜单中选择“删除”或者“重命名”命令，如图 2-12 所示，即可删除指定的用户和组，或者修改其名称。

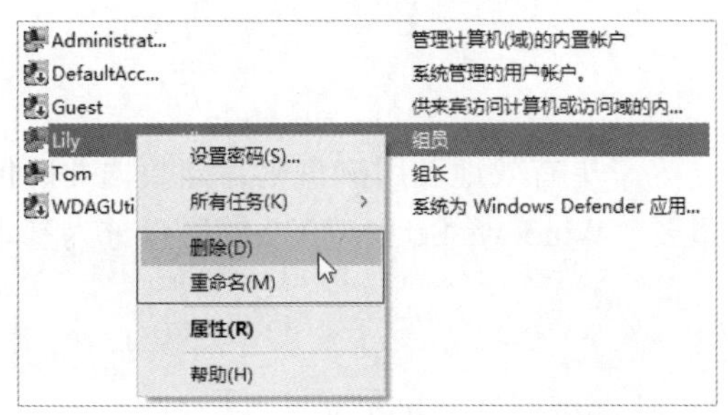

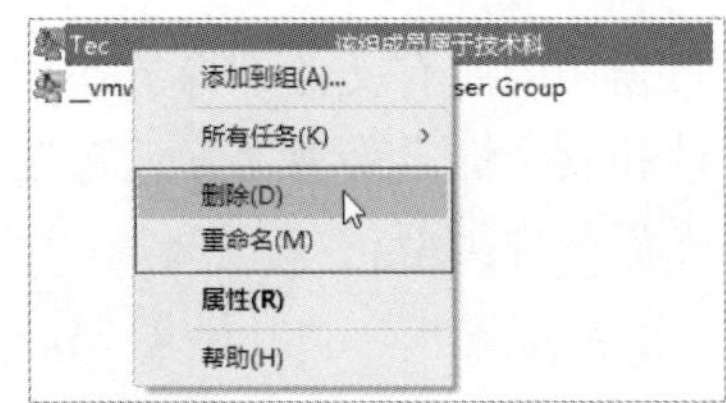

图 2-12　删除或重命名本地用户和组

2. 禁用或启用本地用户账户

选择某用户，右击并在弹出的快捷菜单中选择“属性”命令，打开“属性”对话框，选择“常规”选项卡，勾选“账户已禁用”复选框，如图 2-13 所示，依次单击“应用”和“确定”按钮，则该用户账户被禁用；取消勾选，则启用该用户账户。

图 2-13 “属性”对话框

任务 2 磁盘的管理

任务引入

公司有一台服务器，由于存储的数据越来越多，反应速度变慢，经常出现卡顿现象。小明作为网络管理员，需要增加服务器的硬盘容量，同时根据数据存储的要求对磁盘进行合理分配。磁盘一般分为基本磁盘和动态磁盘两种类型，那么小明应该如何对磁盘进行转换，不同的磁盘如何进行分区管理呢？

知识准备

一、磁盘概述

服务器中的所有文件都存放在磁盘上，为了更有效地利用磁盘来存储数据并确保数据的完整性和安全性，妥善地管理磁盘尤为重要。Windows Server 2022 的磁盘分为基本磁盘和动态磁盘两种类型。

1. 基本磁盘

安装在 Windows Server 2022 系统中的硬盘默认为基本磁盘，在存储数据之前，基本磁盘必须被分割成一个或多个磁盘分区，磁盘分区包括主磁盘分区和扩展磁盘分区，两种类型的磁盘分区区别如下。

（1）主磁盘分区可以用来启动操作系统，不能再划分其他类型的分区。一个基本磁盘最多可创建 4 个主磁盘分区或 3 个主磁盘分区加 1 个扩展磁盘分区，每个主磁盘分区都可被赋予一个驱动器号（C、D、E、F 等）。

（2）扩展磁盘分区只能用于存储文件，不能用于启动操作系统，可扩展分区内可以建立多个逻辑分区。

基本磁盘内的每个主磁盘分区或逻辑分区又称为基本卷，所有磁盘分区在使用前必须先进行格式化操作。

2. 动态磁盘

动态磁盘支持多种类型的动态卷，主要有以下 5 种类型。

（1）简单卷：简单卷是动态磁盘的基本单位，相当于基本磁盘中的主磁盘分区，简单卷可以采用 FAT 或 NTFS 文件系统格式，但是扩展简单卷必须使用 NTFS 文件系统。只有一个磁盘时只能创建简单卷。

（2）跨区卷：跨区卷可以将数个（2～32 个）磁盘上的未分配空间组合成一个逻辑卷，并分配一个共同的驱动器号，也可以将其他未分配空间加入到现有的跨区卷中来扩展其容量。跨区卷不具有容错功能，其中任何一个磁盘发生故障，将会导致整个跨区卷内的数据丢失。

（3）带区卷：又称为条带卷，也是将数个（2～32 个）不同磁盘上的未分配空间组合成一个逻辑卷，并分配一个共同的驱动器号。与跨区卷不同的是，带区卷每个成员的容量大小是相同的，写入时将数据分成 64KB 大小相同的数据块，此外带区卷也不具有容错功能。

（4）镜像卷：又称为 RAID-1 卷，一个简单卷可以与另一个未分配空间组成一个镜像卷，或者将两个未分配的空间组成一个镜像卷，然后分配一个逻辑驱动号，这两个空间所存储的数据是相同的，磁盘的空间利用率只有 50%。镜像卷具有容错功能，当其中一个磁盘发生故障时，系统仍然可以读取另一个磁盘中的数据。

（5）RAID-5 卷：又叫作“廉价磁盘冗余阵列”或“独立磁盘冗余阵列”，它至少需要 3 块磁盘，最大支持 32 块磁盘，每块磁盘必须提供相同的磁盘空间。RAID-5 卷具有容错功能，在存入数据时可以根据数据内容计算出其奇偶校验信息，并将奇偶校验信息一起写入 RAID-5 卷内。当某个磁盘发生故障时，系统可以利用奇偶校验信息，推算出该故障磁盘内的数据，使系统能够继续工作。磁盘的空间利用率为（n-1）/n，n 为磁盘的数量。

计算机可以将基本磁盘转换为动态磁盘，并且不丢失任何数据，但是若要将动态磁盘转换为基本磁盘，必须先删除动态磁盘内的所有卷，使之成为空磁盘，才可以转换为基本磁盘。

二、基本磁盘的管理

1. 添加新磁盘

在进行磁盘管理之前，至少应在虚拟机中添加 3 块虚拟硬盘，为进行 RAID-5 管理做准备，方法如下。

（1）在 VMware Workstation 界面中选择虚拟机，然后在“Windows Server 2022”主界面中单击“编辑虚拟机设置”选项，如图 2-14 所示。

（2）在弹出的“虚拟机设置”对话框中选择“硬盘”选项，单击“添加”按钮，如图 2-15 所示。

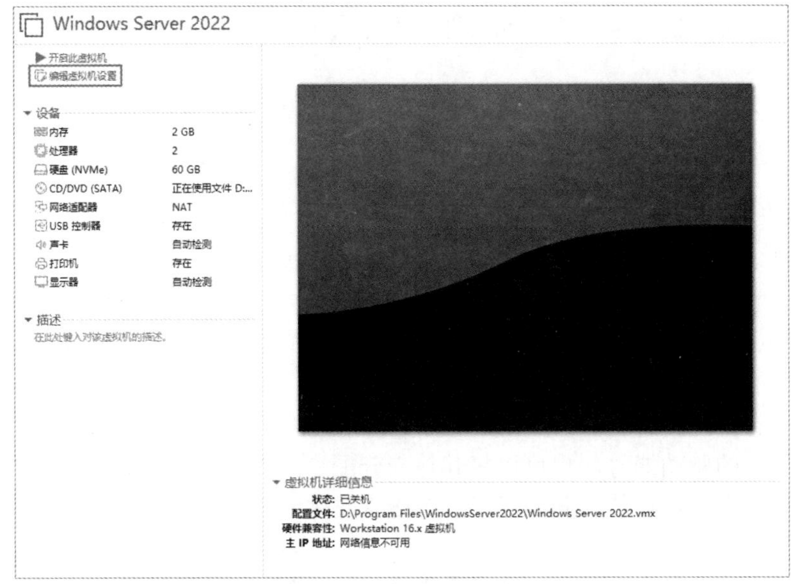

图 2-14　编辑虚拟机设置

（3）在弹出的“添加硬件向导”对话框中选择“硬件类型”为“硬盘”，如图 2-16 所示。

图 2-15　“虚拟机设置”对话框

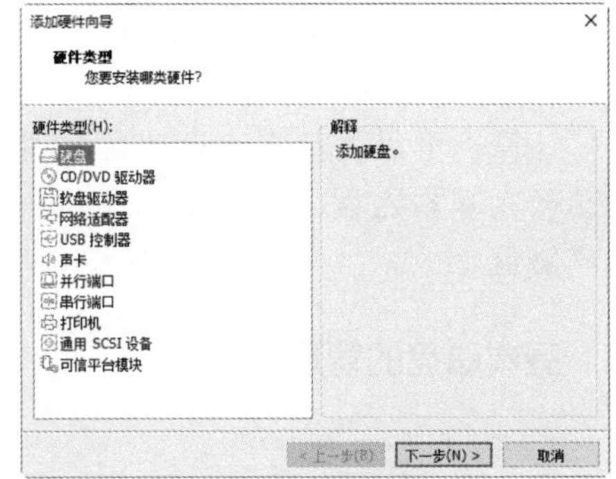

图 2-16　添加硬盘

（4）单击“下一步”按钮，弹出“选择磁盘类型”界面，选择磁盘类型为“SCSI”，如图 2-17 所示。

（5）单击“下一步”按钮，保持默认设置，继续单击“下一步”按钮，弹出“指定磁盘容量”界面，在“最大磁盘大小”数值框中输入“10.0”，如图 2-18 所示。

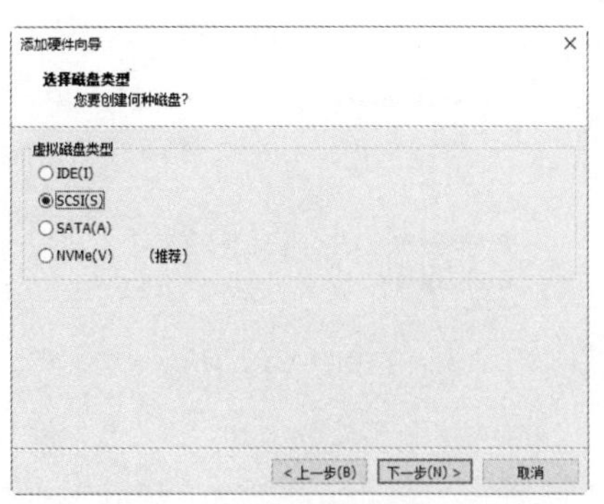

图 2-17 “选择磁盘类型”界面

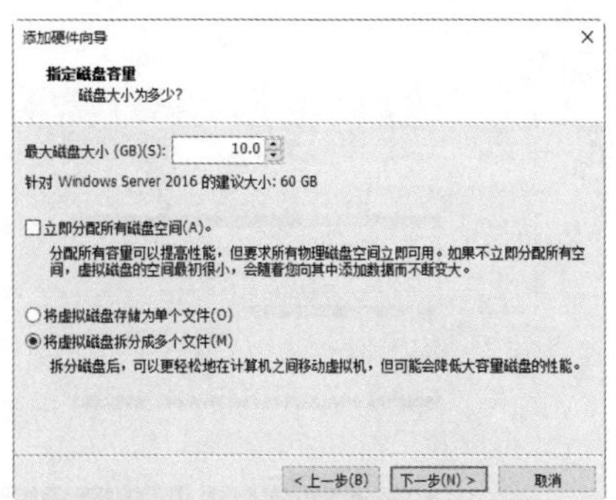

图 2-18 “指定磁盘容量”界面

（6）单击“下一步”按钮，然后单击“完成”按钮，完成磁盘的添加。

（7）采用同样的操作，再添加两块相同的磁盘，并启动虚拟机登录系统。

2. 初始化磁盘

新添加的磁盘需要经过初始化才可以使用，方法如下。

（1）开启虚拟机，使用本地管理员账号登录系统。

（2）打开“计算机管理”对话框，单击“磁盘管理”选项，在中间窗格选择新磁盘，右击并在弹出的快捷菜单中选择“联机”命令，然后再次选择该磁盘，右击并在弹出的快捷菜单中选择“初始化磁盘”命令，如图 2-19 所示。

（3）在弹出的“初始化磁盘”对话框中选择分区格式“MBR”选项，单击“确定”按钮，如图 2-20 所示。

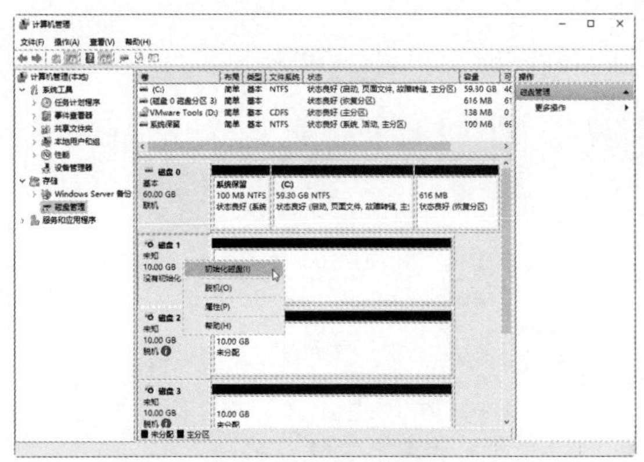

图 2-19 初始化磁盘

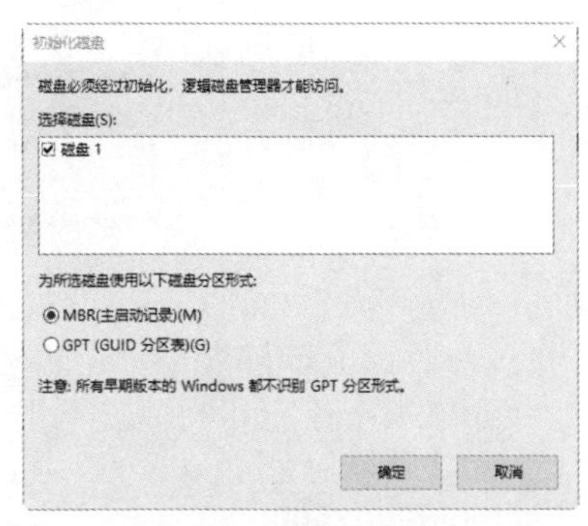

图 2-20 选择分区格式

3. 创建主磁盘分区和扩展磁盘分区

对于 MBR 磁盘来说，一个基本磁盘最多可以创建 4 个主磁盘分区或 3 个主磁盘分区和 1 个扩展磁盘分区；对于 GTP 磁盘来说，一个基本磁盘内最多可以创建 128 个主磁盘分区。首先创建主磁盘分区，步骤如下。

（1）选择任一部分未分配的空间，右击并在弹出的快捷菜单中选择“新建简单卷”，如图 2-21 所示。

（2）弹出“新建简单卷向导”对话框，直接单击“下一步”按钮。

（3）出现“指定卷大小”界面，设置“简单卷大小”为 6144MB，如图 2-22 所示。

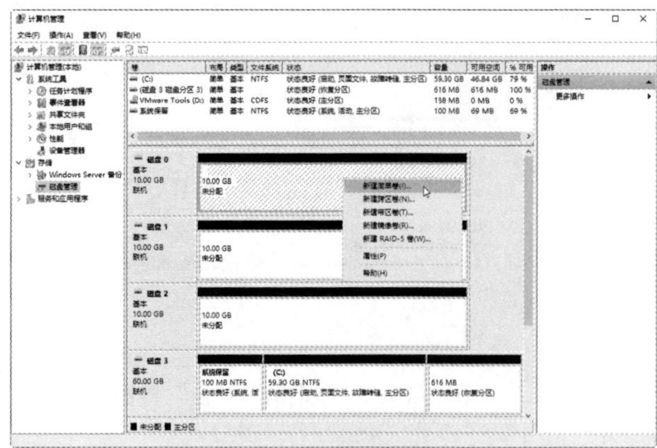
图 2-21　新建简单卷

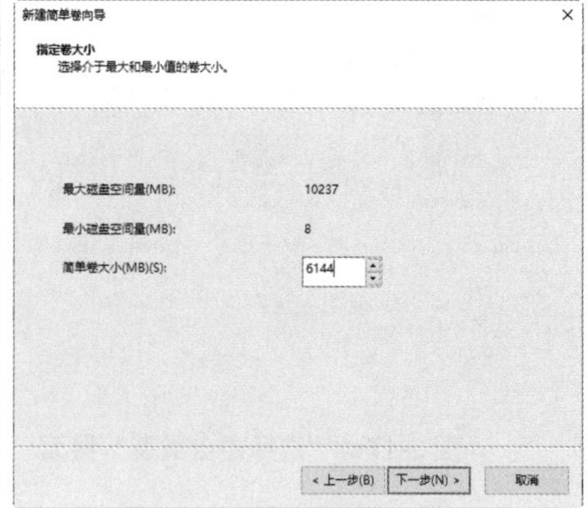

图 2-22　设置简单卷大小

（4）单击“下一步”按钮，在弹出的“分配驱动器号和路径”界面中设置驱动器号，如图 2-23 所示。

- 分配以下驱动器号：指定一个驱动器号代表此磁盘分区。
- 装入以下空白 NTFS 文件夹中：指定一个空的 NTFS 文件夹来代表此磁盘分区，例如此文件夹为 D:\Programs，则后期保存到 D:\Programs 中的所有文件都会被保存到此磁盘分区内。
- 不分配驱动器号或驱动器路径：不指定任何的驱动器号或磁盘路径。

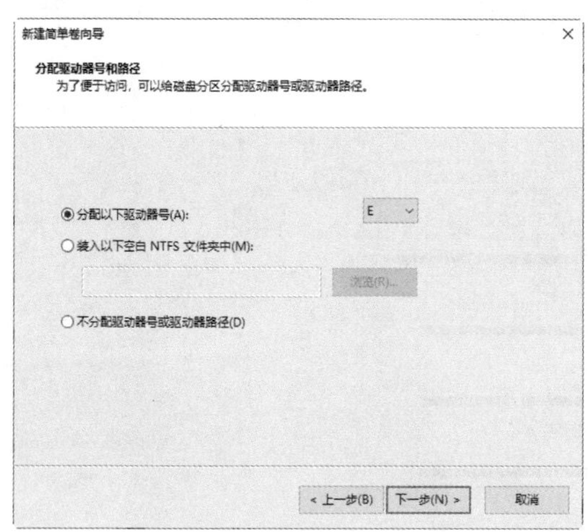

图 2-23　设置驱动器号

（5）单击“下一步”按钮，在弹出的“格式化分区”界面中选择是否要对其进行格式化，这里选择格式化，继续设置以下选项，如图 2-24 所示。

- 文件系统：可选择将其格式化为 NTFS、ReFS、exFS、exFAT、FAT32 或 FAT 格式的文件系统，注意容量小于或等于 4GB 时才可以选择 FAT。
- 分配单元大小：分配单元是磁盘的最小访问单位，一般使用默认值。
- 卷标：为磁盘分区设置一个易于识别的名称。
- 执行快速格式化：只是重新建立分区表，不会对磁盘扇区进行检查，速度快。
- 启用文件和文件夹压缩：将此分区设置为“压缩卷”，后期添加到该分区的文件或文件夹都会被自动压缩。

（6）单击“下一步”按钮，在弹出的界面中会显示设置好的参数信息，单击“完成”按钮，系统将该磁盘分区格式化，结果如图 2-25 所示。

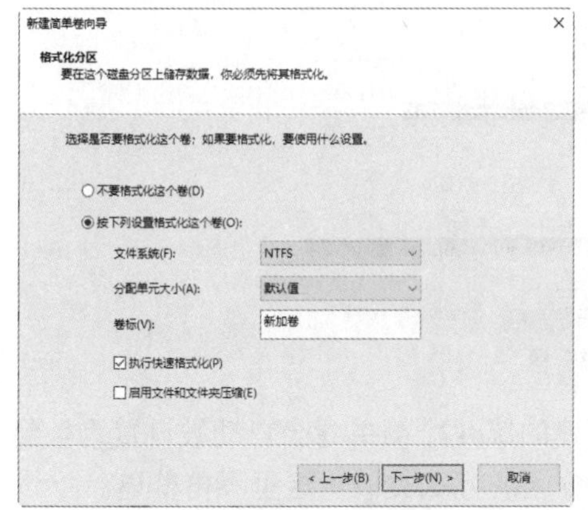

图 2-24　设置格式化参数

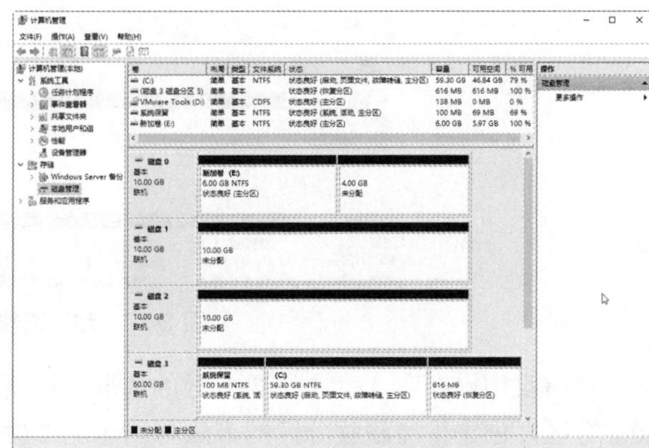

图 2-25　新建主磁盘分区

接下来创建扩展磁盘分区，对于 MBR 磁盘来说，一块基本磁盘只能创建一个扩展磁盘分区，但是该扩展磁盘分区内可以创建多个逻辑分区。Windows Server 2022 可以使用 DISKPART 命令来创建扩展磁盘分区。

（1）选择“开始”→“Windows 系统”→“命令提示符”命令，打开“命令提示符”窗口。

（2）在“命令提示符”窗口中输入“diskpart”命令后按 Enter 键。

（3）在“DISKPART>”后面输入“select disk 0”命令并按 Enter 键，选择磁盘 0。

（4）再输入“create partition extended size=1000”命令并按 Enter 键，即可在磁盘 0 上创建一个大小约 1GB 的扩展分区，如图 2-26 所示。

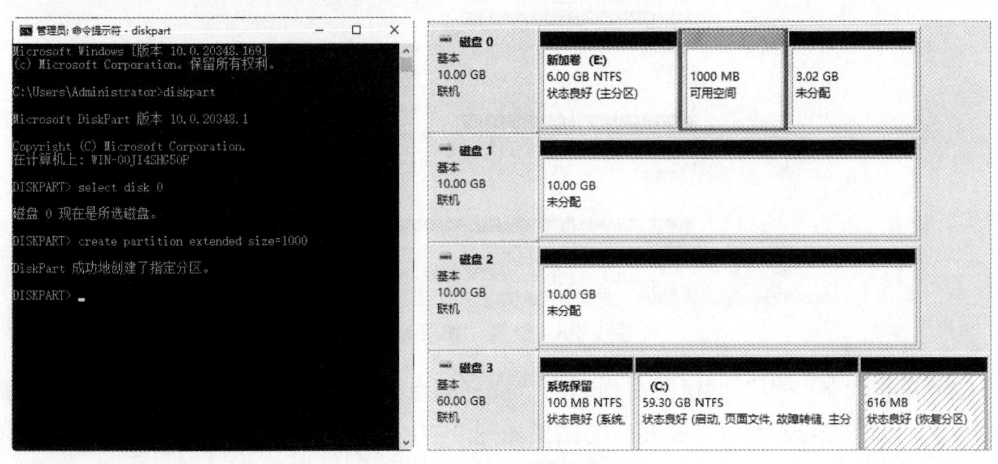

图 2-26　新建扩展磁盘分区

新建的扩展磁盘分区不能直接使用，需要在扩展磁盘分区上建立逻辑驱动器，方法为在新建的扩展磁盘分区上右击，在弹出的快捷菜单中选择“新建简单卷”命令，然后按照创建主磁盘分区的方法创建逻辑分区，结果如图 2-27 所示。

图 2-27　创建逻辑分区

在磁盘中已经有 3 个主磁盘分区的情况下，新建的第 4 个简单卷会自动被设置为扩展磁盘分区，创建扩展磁盘分区的方法与创建主磁盘分区的方法类似，这里不再赘述。

4. 分区（基本卷）的扩展

基本卷可以被扩展，来扩大其容量，有以下两点需要注意。

- 只有未被格式化或者已经被格式化为 NTFS、ReFS 文件系统的卷才可以被扩展。
- 扩展的空间必须是紧跟在该基本卷后面的未分配空间。

扩展分区的方法如下：

（1）选择要扩展的磁盘分区，右击并在弹出的快捷菜单中选择“扩展卷”命令，如图 2-28 所示。

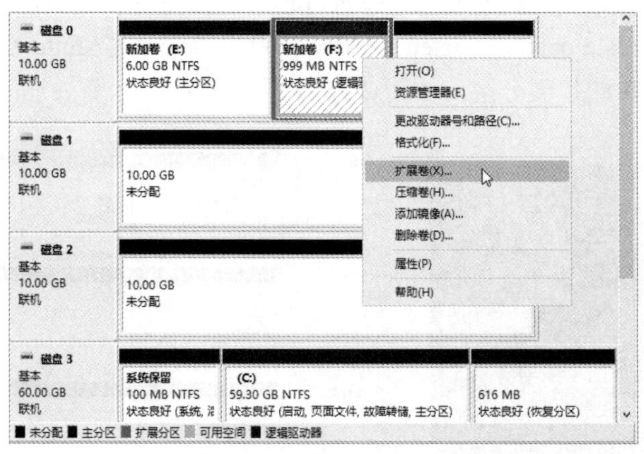

图 2-28　选择“扩展卷”

（2）单击“下一步”按钮，在弹出的“选择磁盘”界面中选择要扩展的容量和容量的来源磁盘，如图 2-29 所示，扩展后的结果如图 2-30 所示。扩展后的磁盘将由基本磁盘转换为动态磁盘。

5. 分区的删除和压缩

若要删除某个分区或卷，右击该分区或卷，在弹出的快捷菜单中选择“删除卷”命令即可，如图 2-31 所示。删除分区后，分区上的数据也会随之丢失。

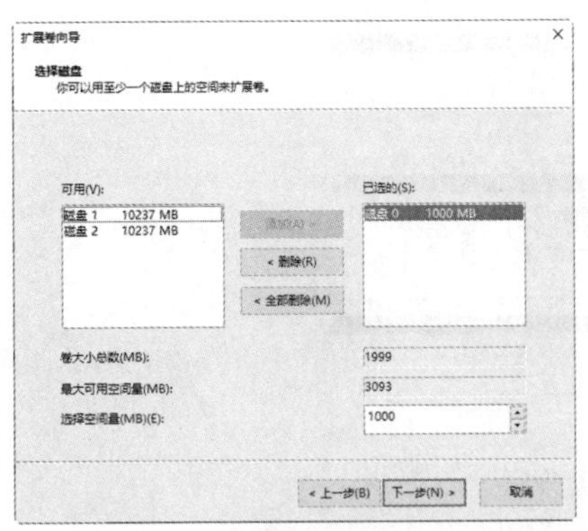

图 2-29 设置扩展的空间容量

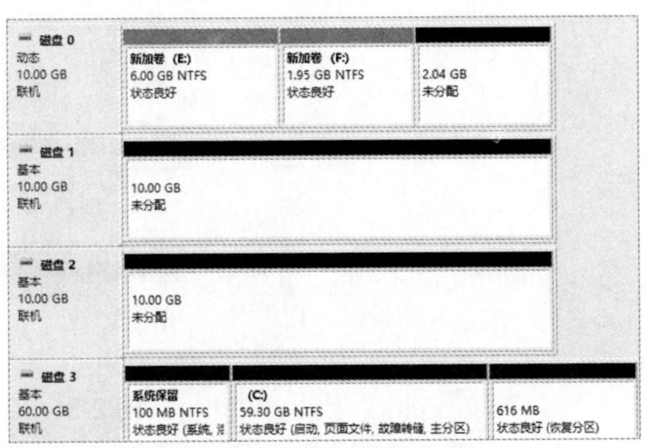

图 2-30 容量扩展结果

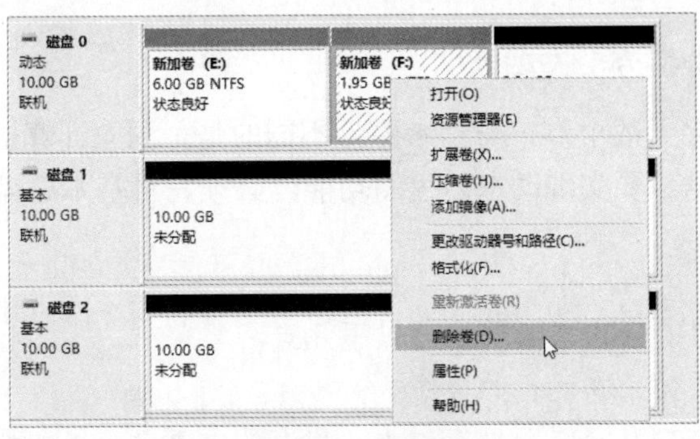

图 2-31 删除卷

若删除的分区为扩展磁盘分区，需要先删除其所有的逻辑驱动器，才能删除扩展磁盘分区。

若要压缩某个分区，右击该分区，在弹出的快捷菜单中选择“压缩卷”命令，如图 2-32 所示，然后在弹出的对话框中设置要从分区中压缩出来的空间量，单击“压缩”按钮，如图 2-33 所示。

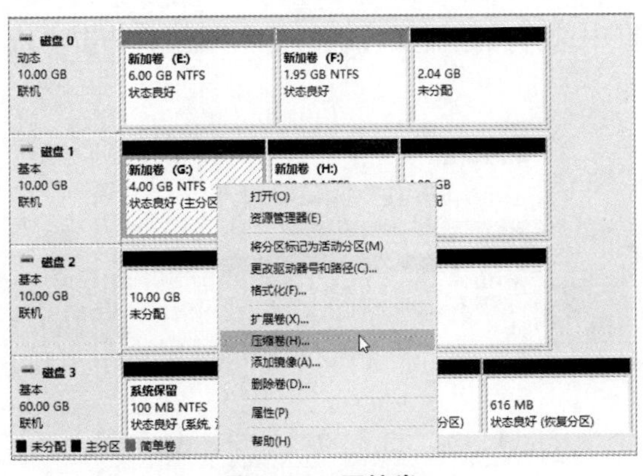

图 2-32 压缩卷

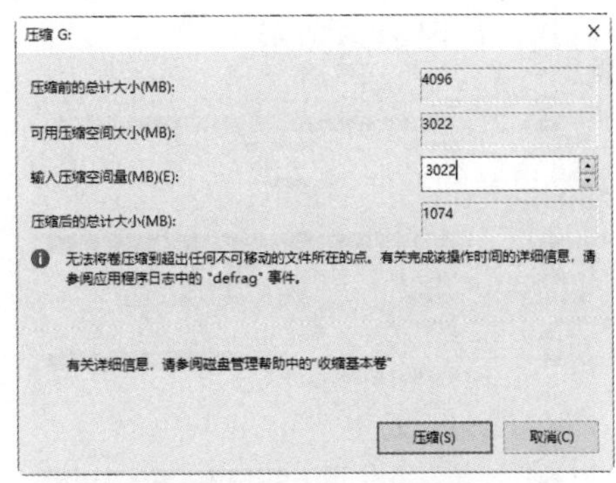

图 2-33 设置压缩空间量

将压缩出来的磁盘空间新建一个磁盘分区，如图 2-34 所示，但是该分区不能正常使用，需要选择并右击新建的磁盘分区，在弹出的快捷菜单中选择“新建简单卷”命令，按照创建主磁盘分区的方法创建逻辑分区。

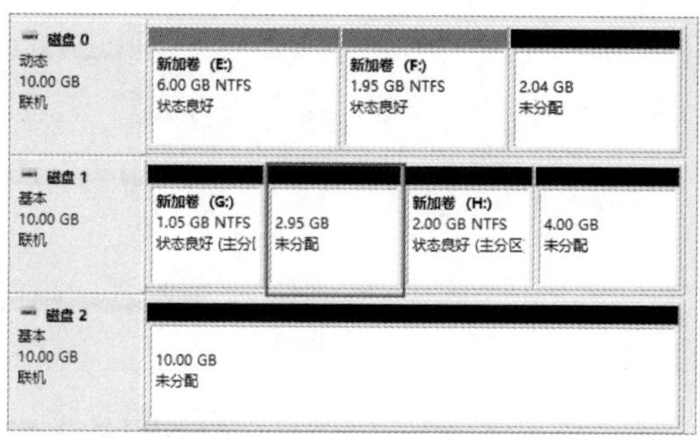

图 2-34　新建磁盘分区

三、动态磁盘的管理

1. 将基本磁盘转换为动态磁盘

动态磁盘可以包含无数个卷，与基本磁盘不同的是，同一计算机上的两个或多个动态磁盘之间可以共享数据。要实现动态磁盘的功能，必须先将基本磁盘转换为动态磁盘。

注意

将基本磁盘转换为动态磁盘需注意以下几点。

（1）转换前要关闭正在运行的程序。

（2）转换后基本磁盘将成为动态磁盘，原有的主磁盘分区和逻辑分区会自动转换成简单卷。

（3）若磁盘上安装有多个操作系统，最好不要转换磁盘类型，否则会造成其他系统无法启动或无法读取数据。

将基本磁盘转换为动态磁盘的方法如下。

（1）选择任意一个基本磁盘右击，在弹出的快捷菜单中选择“转换到动态磁盘”命令，如图 2-35 所示。

（2）在弹出的“转换为动态磁盘”对话框中选择其他需要转换的基本磁盘，单击“确定”按钮，如图 2-36 所示。

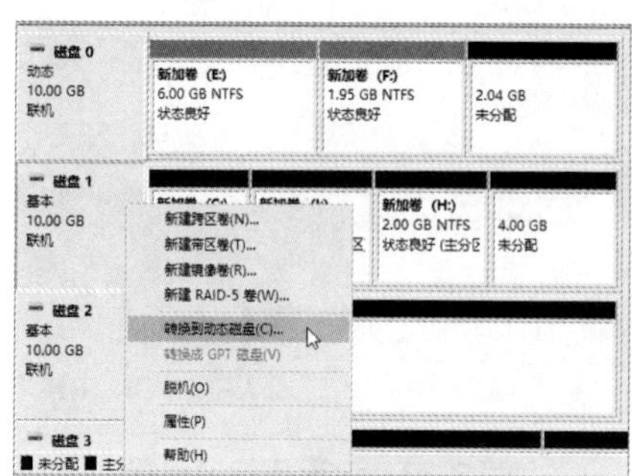

图 2-35　转换到动态磁盘

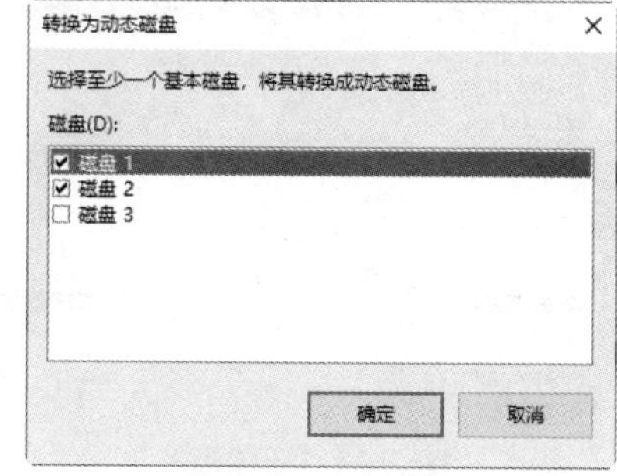

图 2-36　选择其他要转换的磁盘

（3）弹出“要转换的磁盘”对话框，单击“转换”按钮，如图 2-37 所示。

（4）此时会弹出一个提示对话框，单击“是”按钮，转换完成后，原有的基本磁盘转换为动态磁盘，如图 2-38 所示。

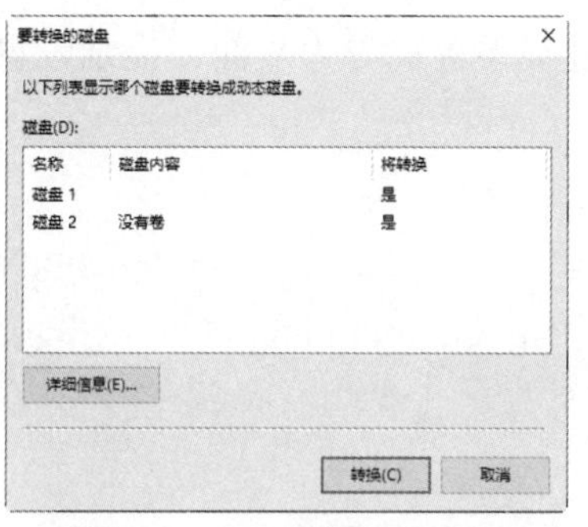

图 2-37 确认要转换的磁盘

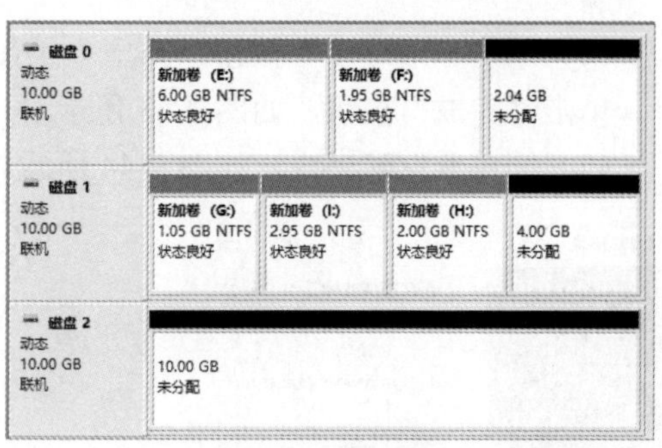

图 2-38 转换结果

2. 创建和扩展简单卷

创建简单卷的方法如下。

（1）选择一块未分配的磁盘空间，右击并在弹出的快捷菜单中选择“新建简单卷”命令，如图 2-39 所示。

（2）弹出“新建简单卷向导”对话框，单击“下一步”按钮。

（3）在弹出的“指定卷大小”界面中设置简单卷的大小，如图 2-40 所示。

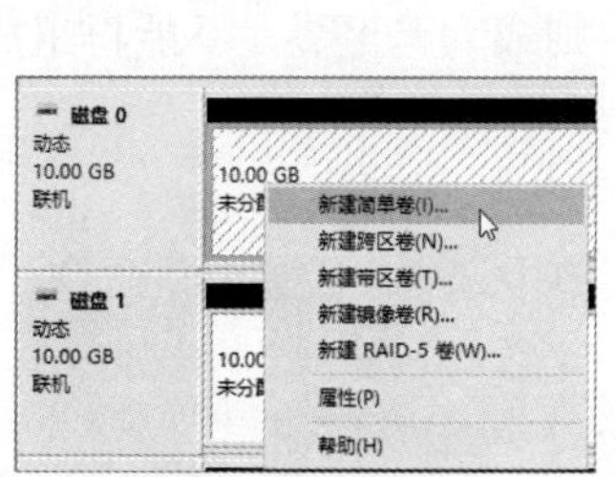

图 2-39 转换结果

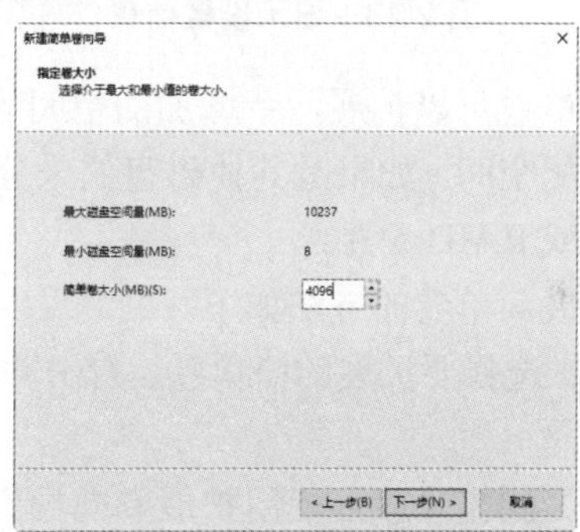

图 2-40 设置简单卷大小

（4）单击“下一步”按钮，在弹出的“分配驱动器号和路径”界面中设置驱动器号，如图 2-41 所示。

（5）单击“下一步”按钮，在弹出的“格式化分区”界面中设置格式化参数，如图 2-42 所示。

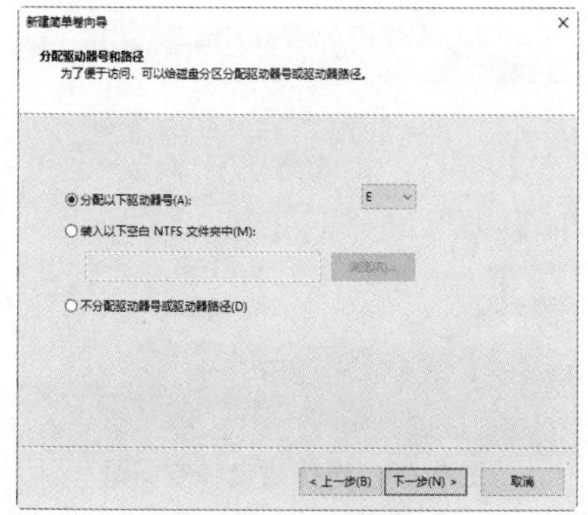

图 2-41 分配驱动器号

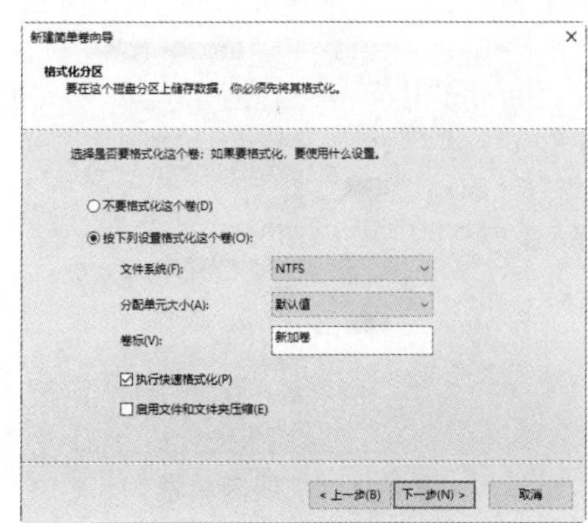

图 2-42 设置格式化参数

（6）单击“下一步”按钮，弹出“正在完成新建简单卷向导”界面，显示设置好的信息，单击“完成”按钮，如图 2-43 所示。

（7）简单卷创建完成，如图 2-44 所示。

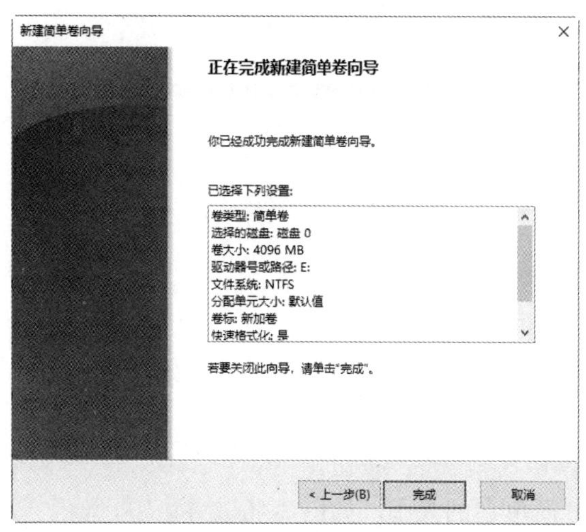

图 2-43　显示设置信息

图 2-44　新创建的简单卷

简单卷可以扩展，新增加的空间可以是同一个磁盘的未分配空间，也可以是其他磁盘的未分配空间。如果是其他磁盘的未分配空间，简单卷则成为跨区卷，不能再组成镜像卷、带区卷或 RAID-5 卷。

扩展简单卷的方法如下。

（1）选择要扩展的简单卷，右击并在弹出的快捷菜单中选择“扩展卷”命令，如图 2-45 所示。

（2）弹出“欢迎使用扩展卷向导”对话框，单击“下一步”按钮。

（3）弹出“选择磁盘”界面，选择要扩展空间的磁盘来源，然后在“选择空间量”选项中输入扩展的空间大小，单击“下一步”按钮，如图 2-46 所示。

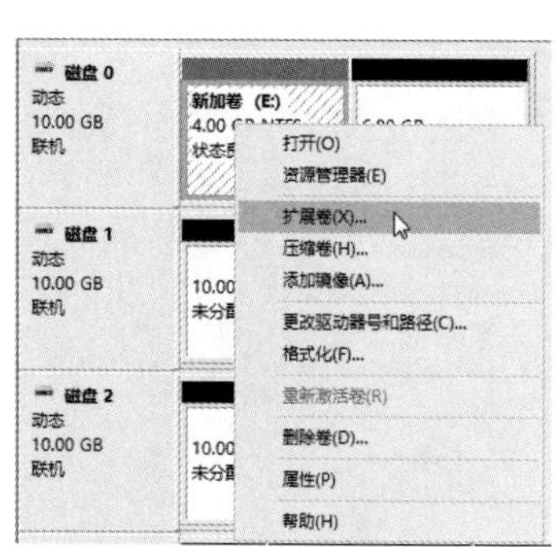

图 2-45　扩展简单卷

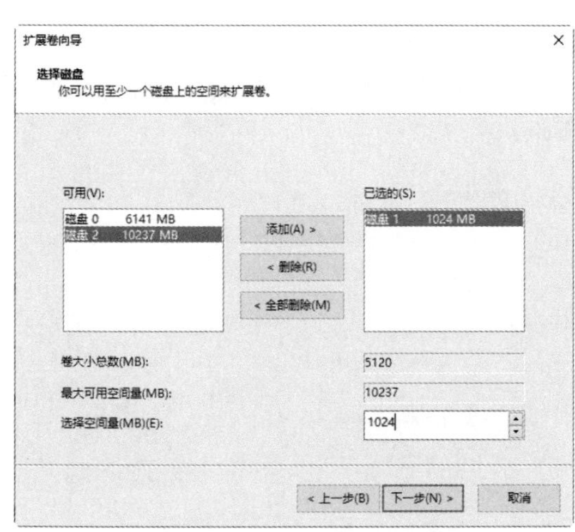

图 2-46　选择磁盘和空间量

（4）扩展后的卷如图 2-47 所示，可以发现简单卷的空间在磁盘上是不连续的。扩展后的简单卷变成了跨区卷。

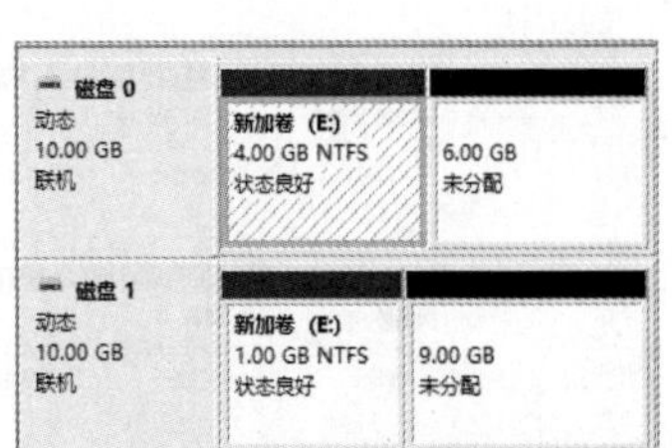

图 2-47　扩展结果

3. 创建跨区卷

创建跨区卷的方法如下。

（1）选择磁盘中的未分配空间，右击并在弹出的快捷菜单中选择“新建跨区卷”命令，如图 2-48 所示。

（2）弹出“欢迎使用新建跨区卷向导”对话框，直接单击“下一步”按钮。

（3）弹出“选择磁盘”界面，选择左侧的可用磁盘，单击“添加”按钮，将其添加至右侧的已选磁盘列表中，分别设置磁盘的“选择空间量”选项，如图 2-49 所示。

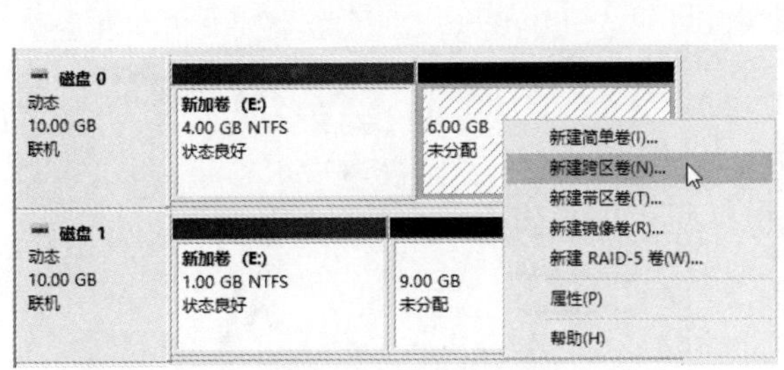

图 2-48　新建跨区卷

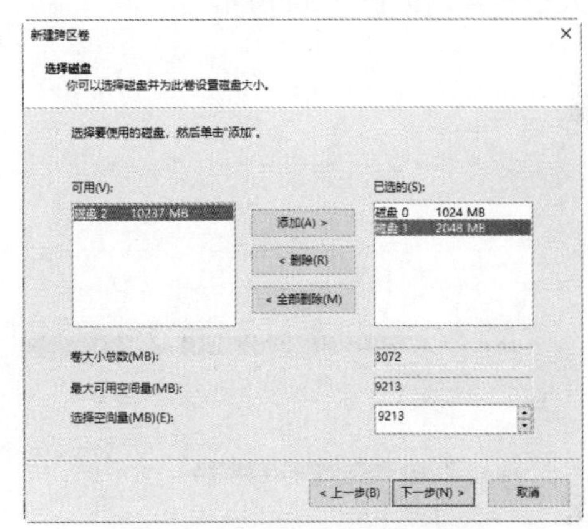

图 2-49　选择磁盘和空间容量

（4）单击“下一步”按钮，弹出“分配驱动器号和路径”界面，指定一个驱动器号，如图 2-50 所示。

（5）单击“下一步”按钮，弹出“卷区格式化”界面，设置各个参数，单击“下一步”按钮，如图 2-51 所示。

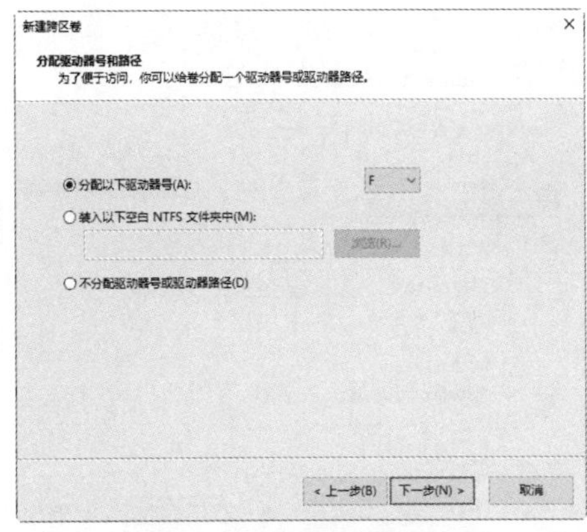

图 2-50　指定驱动器号

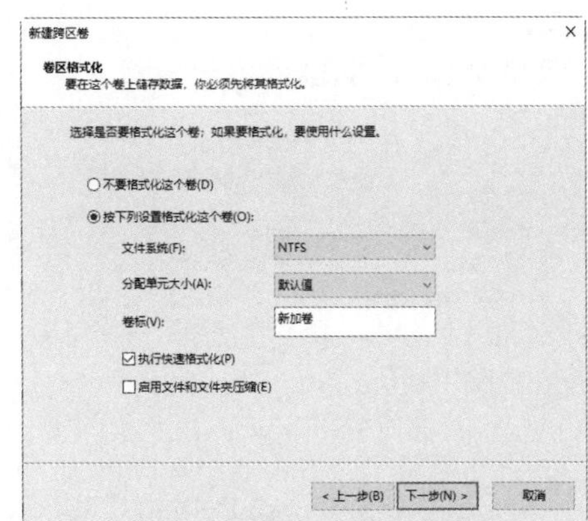

图 2-51　设置格式化参数

（6）弹出“正在完成新建跨区卷向导”界面，单击“完成”按钮。

图 2-52　跨区卷

（7）最后创建的跨区卷如图 2-52 所示，可以看到跨区卷由不同磁盘的不同空间容量组成。若要删除跨区卷，所有磁盘上的卷将同时被删除。

4. 创建带区卷

创建带区卷的方法如下。

（1）删除刚刚创建的跨区卷，选择磁盘中的未分配空间，右击并在弹出的快捷菜单中选择“新建带区卷”命令，如图 2-53 所示。

（2）弹出“欢迎使用新建带区卷向导”对话框，单击“下一步”按钮。

（3）弹出“选择磁盘”界面，添加两个磁盘，设置磁盘的“选择空间量”选项，空间大小相同，如图 2-54 所示。

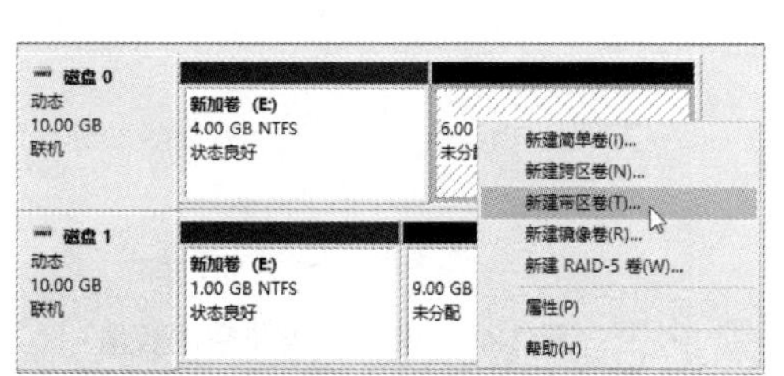

图 2-53　新建带区卷

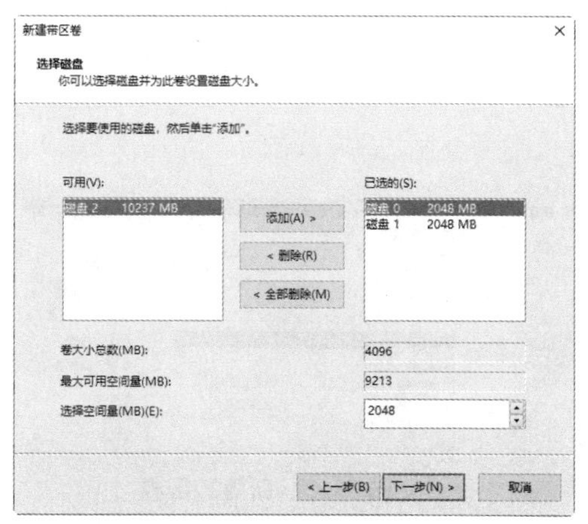

图 2-54　选择磁盘和空间容量

（4）单击“下一步”按钮，弹出“分配驱动器号和路径”界面，指定一个驱动器号，如图 2-55 所示。

（5）单击“下一步”按钮，弹出“卷区格式化”界面，设置各个参数，如图 2-56 所示。

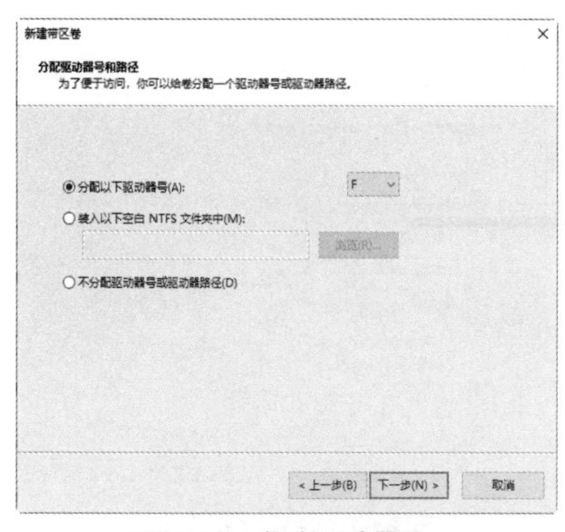

图 2-55　指定驱动器号

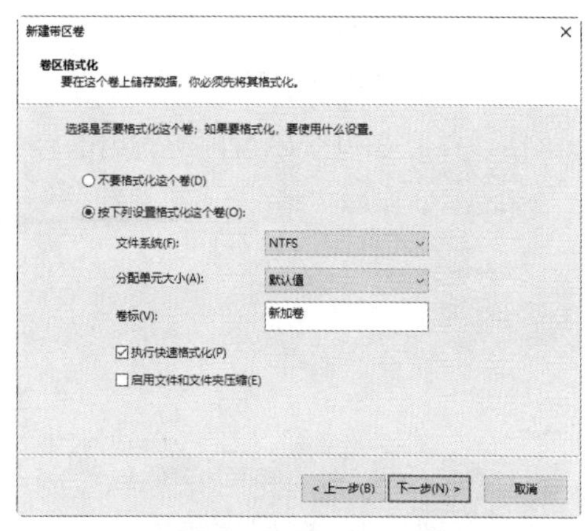

图 2-56　设置格式化参数

（6）单击“下一步”按钮，弹出“正在完成新建带区卷向导”界面，单击“完成”按钮。

（7）创建的带区卷如图 2-57 所示，可以看到带区卷分布在两个磁盘中，并且在每个磁盘内所占用的容量相同。

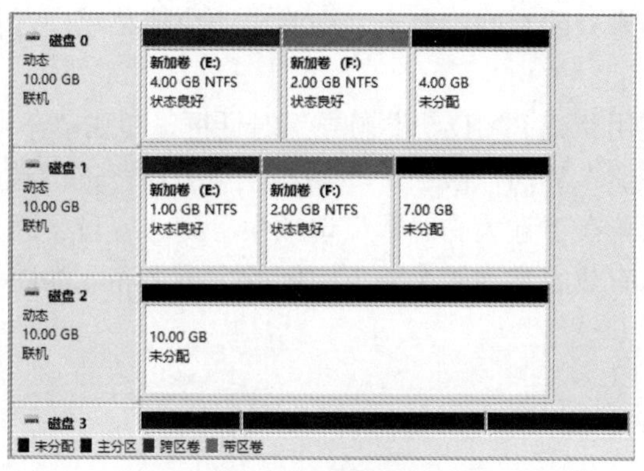

图 2-57　带区卷

5. 创建镜像卷

创建镜像卷的方法如下。

（1）选择磁盘中的简单卷，右击并在弹出的快捷菜单中选择“添加镜像”命令，如图 2-58 所示。

（2）弹出“添加镜像”对话框，为简单卷的镜像选择磁盘位置，如图 2-59 所示。

图 2-58　添加镜像

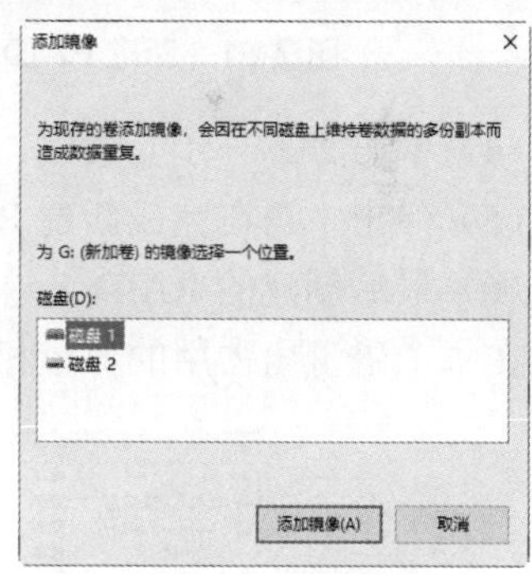

图 2-59　选择磁盘

（3）单击“添加镜像”按钮，创建的镜像卷如图 2-60 所示，可以看到镜像卷分布在两个磁盘中，并且在每个磁盘内所占用的容量相同。

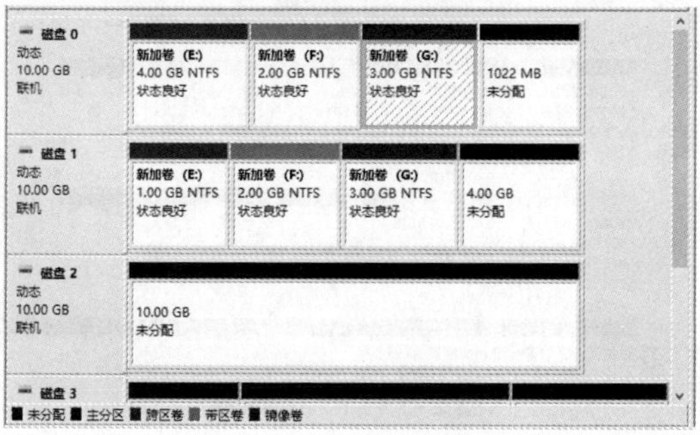

图 2-60　镜像卷

6. 创建 RAID-5 卷

创建 RAID-5 卷的方法如下。

（1）选择磁盘中的未分配空间，右击并在弹出的快捷菜单中选择“新建 RAID-5 卷”命令，如图 2-61 所示。

（2）弹出“欢迎使用新建 RAID-5 卷向导”对话框，单击“下一步”按钮。

（3）弹出“选择磁盘”界面，添加 3 个磁盘，设置磁盘的“选择空间量”选项，空间大小相同，设置完成后可在“卷大小总数”选项中看到总容量。因为需要 1/3 的容量来存储奇偶校验信息，所以有效容量为两个磁盘空间的大小之和，如图 2-62 所示。

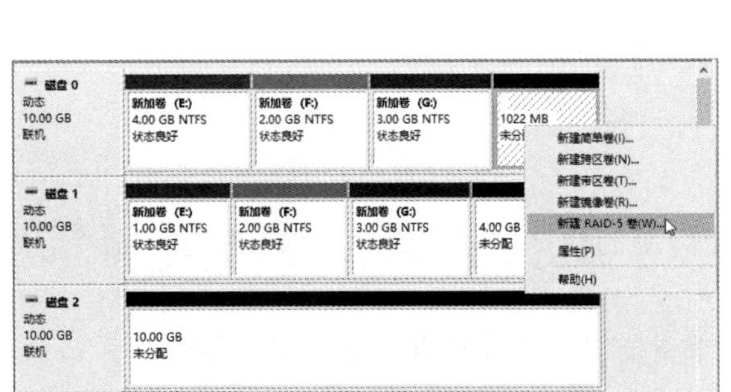

图 2-61　新建 RAID-5 卷

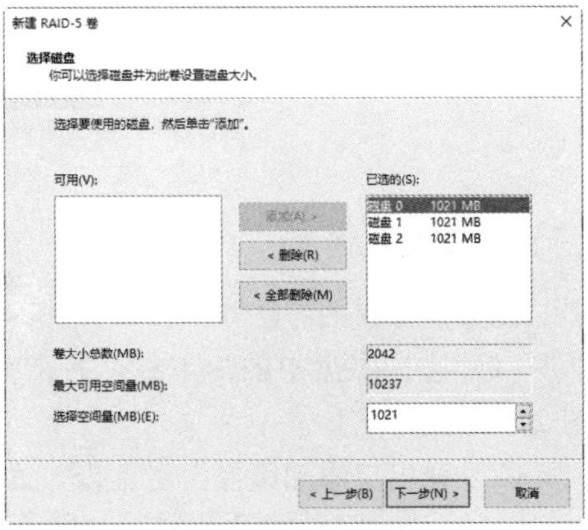

图 2-62　选择空间量

（4）单击“下一步”按钮，继续设置驱动器号和格式化参数。

（5）弹出“正在完成新建 RAID-5 卷向导”界面，单击“完成”按钮。

（6）最后创建的 RAID-5 卷如图 2-63 所示，可以看到 RAID-5 卷分布在 3 个磁盘中，并且在每个磁盘内占用的容量相同。

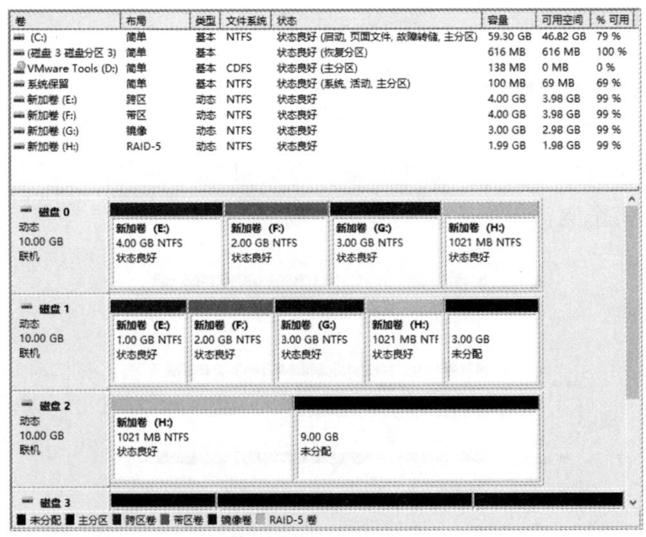

图 2-63　RAID-5 卷

四、NTFS 权限

文件和文件系统是计算机系统组织数据的集合单位。操作系统中负责管理和存储文件信息的软件机构称为文件管理系统，简称文件系统。文件系统用于对文件存储设备的空间进行组织和分配，负责文件存储并对存入的文件进行保护和检索。

NTFS 是 Windows Server 2022 所采用的独特的高性能文件系统，它支持许多新的文件安全、存储和容错功能。NTFS 文件系统具有以下特点。

（1）容量大：NTFS 可以支持的 MBR 分区（动态磁盘称为卷）最大可以达到 2TB，GPT 分区没有限制，并且随着磁盘容量的增大，文件系统的性能不会受到影响。

（2）容错性：NTFS 是一个可恢复文件系统。系统一旦崩溃，NTFS 文件系统会使用日志文件和检查点信息自动恢复文件系统的一致性。

（3）可压缩：NTFS 支持对分区、文件夹和文件进行压缩。用户可以直接读/写压缩文件，不需要利用解压软件进行解压缩，关闭或保存文件时会自动对文件进行压缩。

（4）安全性：NTFS 可以指定用户访问某一文件、文件夹或共享资源的权限。许可权限的设置不仅适用于本地计算机的用户，还同时应用于通过网络中的共享文件夹进行访问的网络用户。

（5）支持磁盘配额：磁盘配额是指管理员可以对用户使用的磁盘空间进行配额限制，这样可以提高磁盘的使用效率，避免由于磁盘空间使用失控造成系统崩溃，提高系统的安全性。

NTFS 权限分为文件和文件夹的权限，对文件可以设置完全控制、修改、读取和执行、读取和写入五种权限；对文件夹可以设置六种权限，除上面五种权限外还有一个列出文件夹内容权限。

案例——设置用户对文件的权限

某公司招聘了两名新员工 user1 和 user2，user1 需要负责统计公司的财务支出，公司的支出数据都存放在文件 zhichu.xlsx 中，user1 可以随意操作该文件，user2 只能读取该文件。设置 user1 和 user2 对 zhichu.xlsx 文件的权限操作步骤如下。

（1）选择文件 zhichu.xlsx，右击并在弹出的快捷菜单中选择“属性”命令，在弹出的属性对话框中选择“安全”选项卡，如图 2-64 所示。

（2）单击“编辑”按钮，在弹出的权限对话框中可以修改用户或组的权限，如图 2-65 所示。

（3）单击“添加”按钮，弹出“选择用户或组”对话框，如图 2-66 所示，在“输入要选择的对象名称”文本框中输入用户名 user1，再单击“检查名称”按钮进行核实，最后单击“确定”按钮。

（4）返回权限对话框，可以看到 user1 出现在“组或用户名”列表框中，选择 user1，设置其权限，单击“确定”按钮，如图 2-67 所示。

（5）使用同样的方法设置 user2 的权限，权限设置如图 2-68 所示。

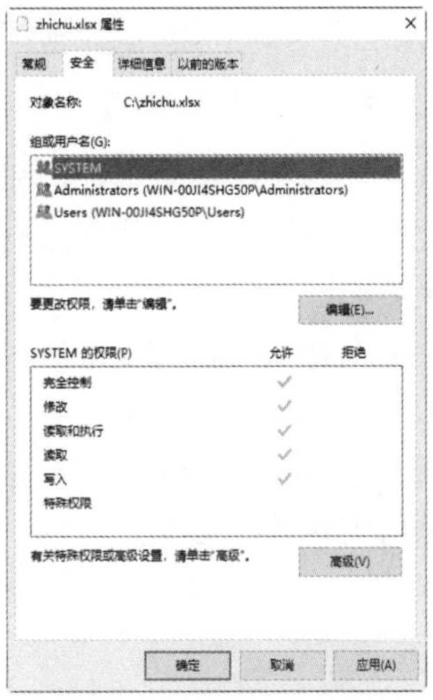

图 2-64 “属性”对话框

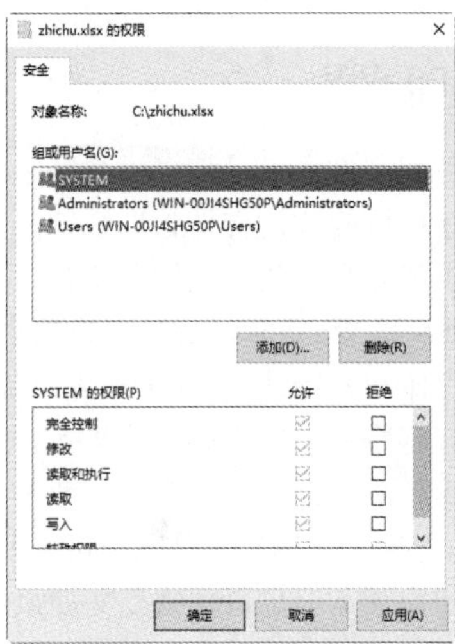

图 2-65 权限设置对话框

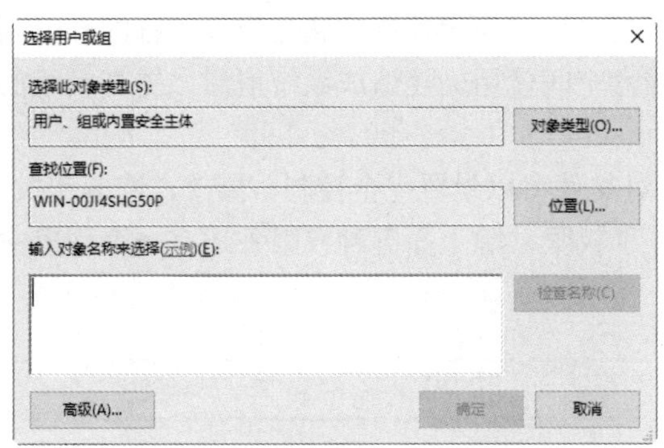

图 2-66 “选择用户或组”对话框

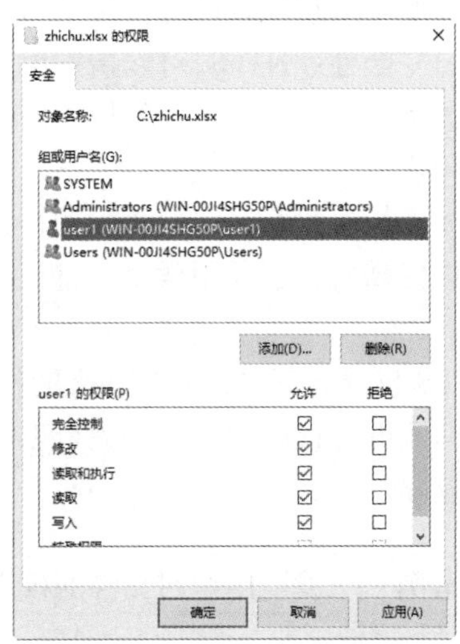

图 2-67 设置 user1 权限

图 2-68 设置 user2 权限

案例——设置用户组对文件夹的权限

某公司新组建了一个项目组 Project team，关于该项目的技术资料都存放在“Tec Documents”文件夹中，现在设置该组对此文件夹的访问权限，操作步骤如下。

（1）右击文件夹“Tec Documents”，在弹出的快捷菜单中选择“属性”命令，在弹出的“属性”对话框中选择“安全”选项卡，如图 2-69 所示，该选项卡中显示了各用户或用户组对该文件夹的 NTFS 权限。

（2）单击“编辑”按钮，在弹出的“权限”对话框中可以修改用户或组的权限，如图 2-70 所示。

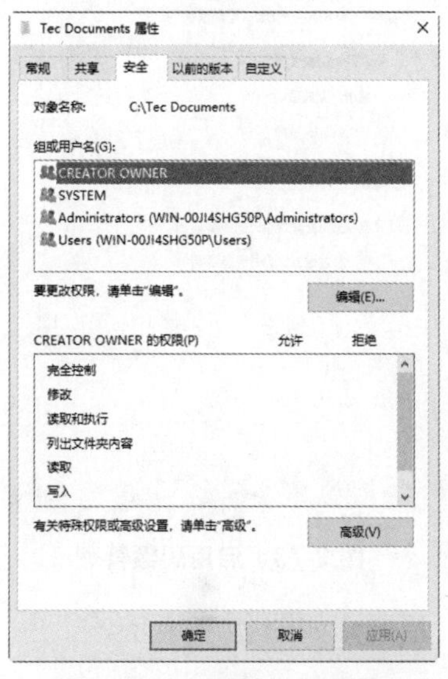

图 2-69 “属性”对话框

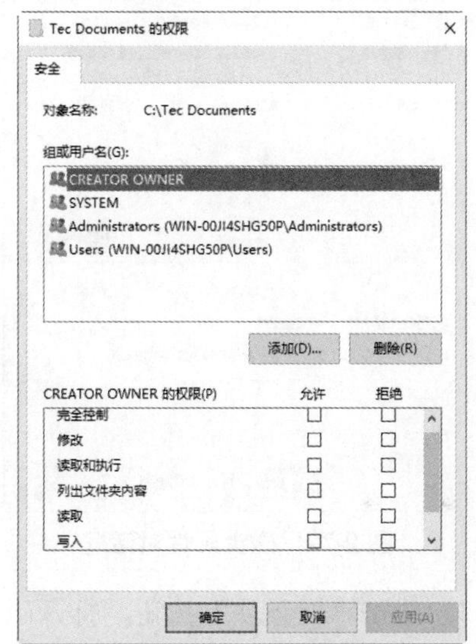

图 2-70 权限设置对话框

（3）单击“添加”按钮，弹出“选择用户或组”对话框，在“输入要选择的对象名称”文本框中输入用户组的名称 Project team，再单击“检查名称”按钮进行核实，最后单击“确定”按钮。

（4）返回权限对话框，可以看到 Project team 出现在“组或用户名”列表框中，选择 Project team，设置其权限，可以看到文件夹的权限增加了“列出文件夹内容”选项，单击“确定”按钮，如图 2-71 所示。

图 2-71 设置用户组对文件夹的权限

五、磁盘配额

磁盘配额是计算机中指定磁盘的储存限制，即管理员可以为允许用户使用的磁盘空间进行配额限制，每个用户只能使用最大配额范围内的磁盘空间。设置磁盘配额的方法如下。

（1）选择要启用磁盘配额的卷，右击并在弹出的快捷菜单中选择“属性”命令，打开对应的磁盘属性对话框，如图 2-72 所示。

（2）选择“配额”选项卡，勾选“启用配额管理”复选框，即可启用磁盘配额，如图 2-73 所示。

图 2-72　磁盘属性对话框

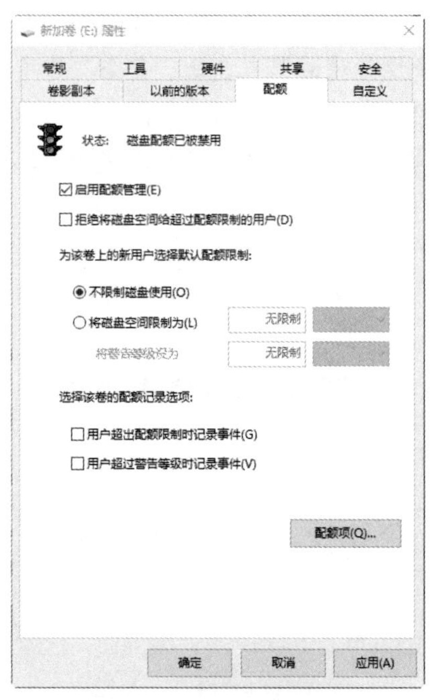

图 2-73　启用配额管理

（3）单击“配额项”按钮，打开磁盘的配额项对话框，如图 2-74 所示。

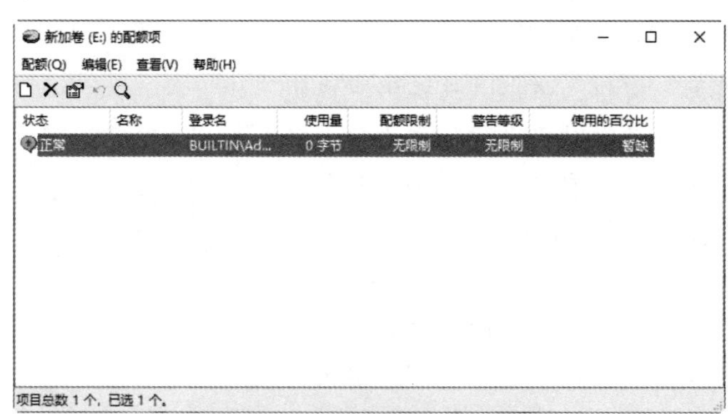

图 2-74　“配额项”对话框

（4）单击“新建配额项”按钮，打开“选择用户”对话框，在“输入要选择的对象名称”文本框中输入用户名，再单击“检查名称”按钮来检查用户名是否正确。

（5）单击“确定”按钮，打开“添加新配额项”对话框，选中“将磁盘空间限制为”单选按钮，在文本框中设置用户可以使用的磁盘空间以及警告等级，如图 2-75 所示。

（6）单击“确定”按钮，保存设置，指定用户将被添加到本地卷的配额项列表中，如图 2-76 所示。

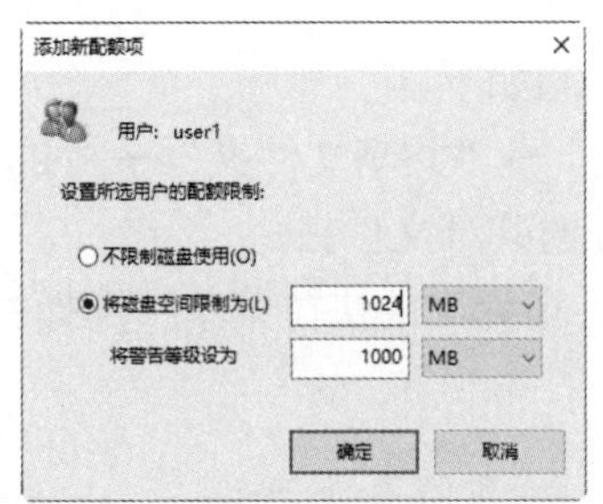

图 2-75 “添加新配额项”对话框

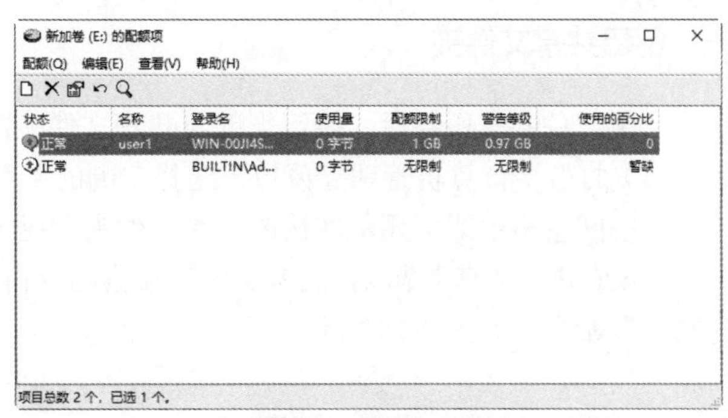

图 2-76 磁盘配额

任务 3 ▶ 共享资源的管理

任务引入

小明扩充磁盘的容量后，设置了一个分区用于存放公司的公共资料，方便公司所有员工访问。此外，小明希望能够将这些资料共享给其他计算机，允许员工在自己的计算机上进行访问，通过查阅资料，他了解到可以通过配置文件服务器实现。

知识准备

资源共享是网络的基本服务，而共享文件夹是网络资源共享的一种主要方式，允许用户通过网络远程访问共享文件夹，从而实现文件资源的共享。为了使网络中的用户能够访问共享文件夹，首先要启用文件共享服务，方法如下。

打开“控制面板”，选择“网络和 Internet”→“网络和共享中心”→“更改高级共享设置”命令，在打开的窗口中选中“启用文件和打印机共享”单选按钮，单击“保存更改”按钮，如图 2-77 所示。

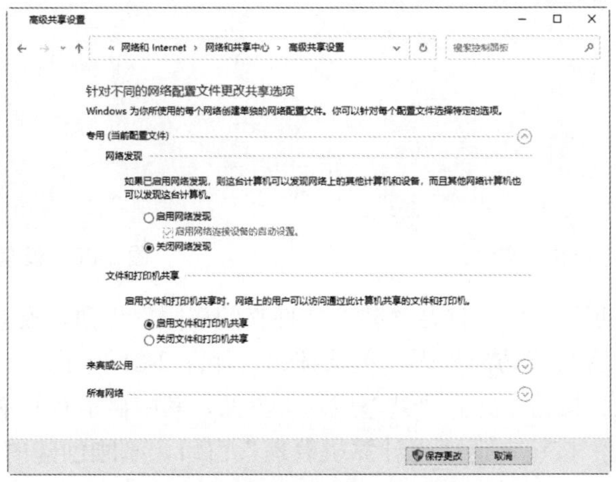

图 2-77 启用文件和打印机共享

一、创建共享文件夹

启用文件共享服务后，接下来创建共享文件夹，操作步骤如下。

（1）打开“计算机管理”窗口，选择左侧的“系统工具”→“共享文件夹”→“共享”选项，中间窗格中即可显示默认的共享文件夹和已经设置好的共享文件夹。

（2）右击“共享”选项，或者在中间窗格的空白处右击，在弹出的快捷菜单中选择“新建共享”命令，如图 2-78 所示。

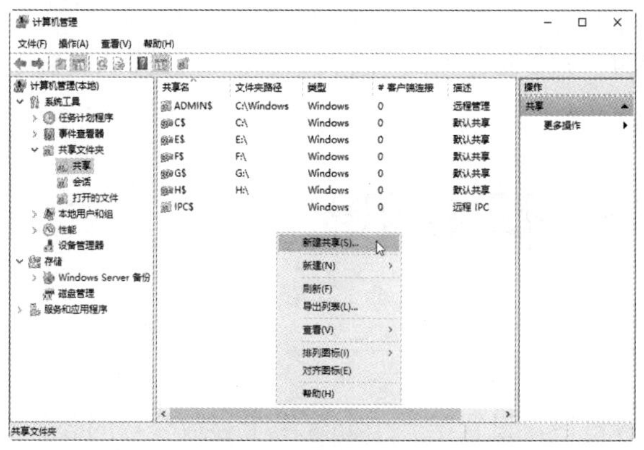

图 2-78 新建共享

（3）打开“创建共享文件夹向导”对话框，单击“下一步”按钮。

（4）打开“文件夹路径”界面，单击“浏览”按钮选择要共享的文件夹，如图 2-79 所示。

（5）单击“下一步”按钮，打开“名称、描述和设置”界面，设置共享文件夹的名称和描述信息，共享名通常设置为文件夹的名称，如图 2-80 所示。

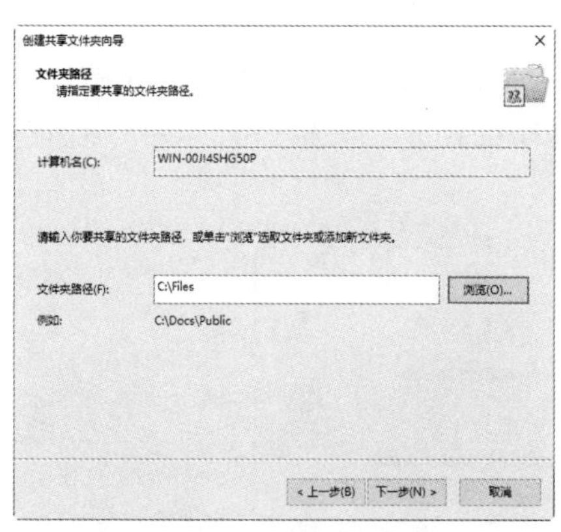

图 2-79 选择共享文件夹

图 2-80 设置共享信息

（6）单击“下一步”按钮，打开“共享文件夹的权限”界面，设置共享文件夹的权限，这里选择“所有用户有只读访问权限”单选按钮，如图 2-81 所示。

（7）单击“完成”按钮，打开“共享成功”界面，其中显示有共享文件夹的摘要信息。

（8）单击“完成”按钮，返回“计算机管理”窗口，刚刚创建的共享文件夹出现在中间窗格的列表中，如图 2-82 所示。

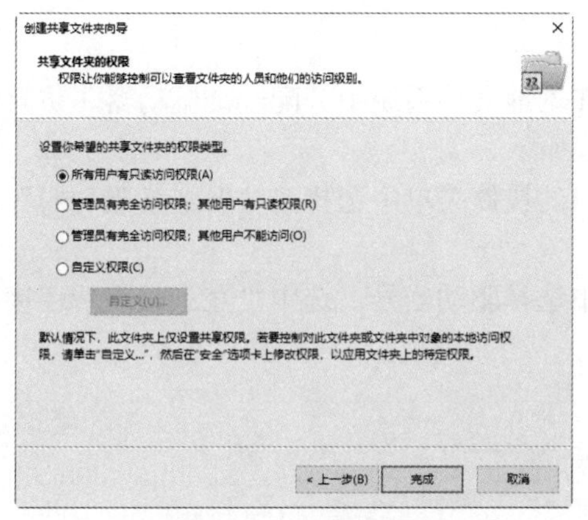

图 2-81　设置权限

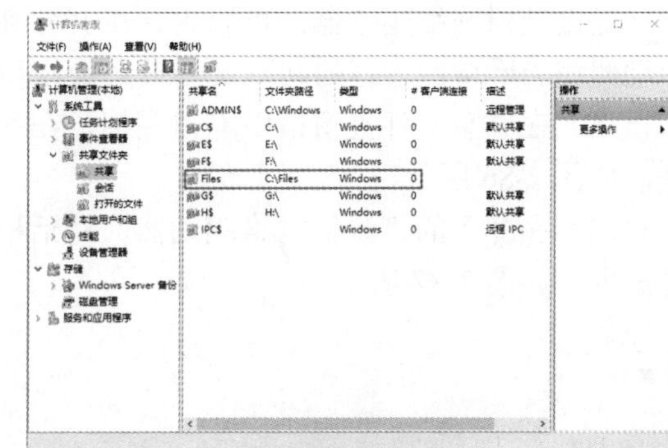

图 2-82　创建结果

如果要隐藏共享文件夹，可以在共享名的后面添加一个“＄”字符，使用户在“网络”中看不到该共享文件夹。

二、访问共享文件夹

共享文件夹设置完成后，网络用户可以在其他计算机中对其进行访问。

1. 通过“网络”访问共享文件夹

双击“网络”图标，打开“网络”窗口，如图 2-83 所示，双击要访问的计算机，在弹出的对话框中输入用户名和密码，如图 2-84 所示，单击“确定”按钮，即可访问计算机中的共享资源，如图 2-85 所示。

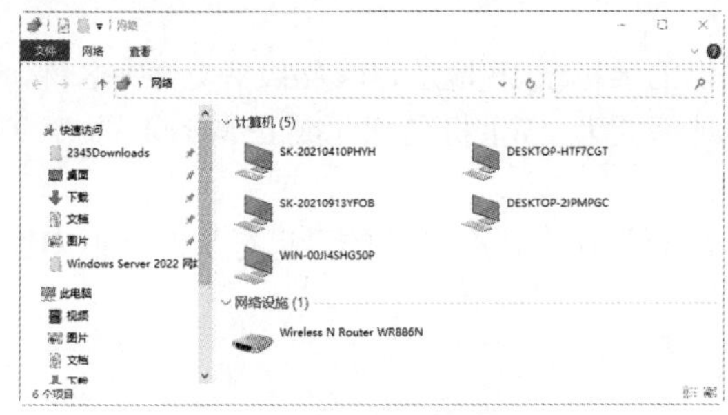

图 2-83　“网络”窗口

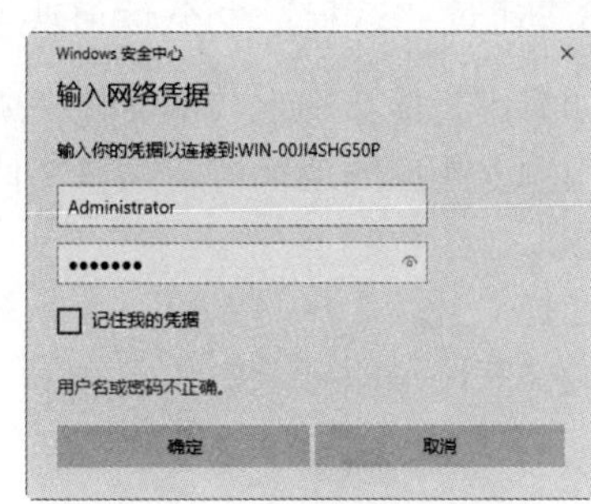

图 2-84　输入用户名和密码

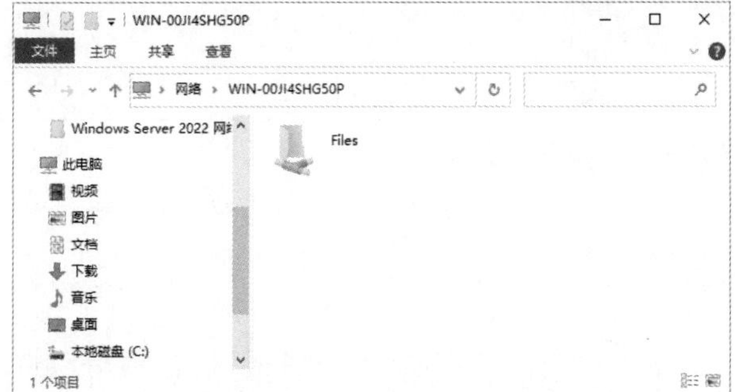

图 2-85　访问共享文件夹

2. 映射网络驱动器

通过映射网络驱动器，可以为共享文件夹在本地文件系统中分配一个驱动器，访问该驱动器相当于访问远程的共享文件夹，操作步骤如下。

（1）在共享文件夹窗口中右击图标，在弹出的快捷菜单中选择“映射网络驱动器”命令，如图 2-86 所示。

（2）在弹出的“映射网络驱动器”对话框中选择驱动器号，选中“登录时重新连接”复选框，如图 2-87 所示。

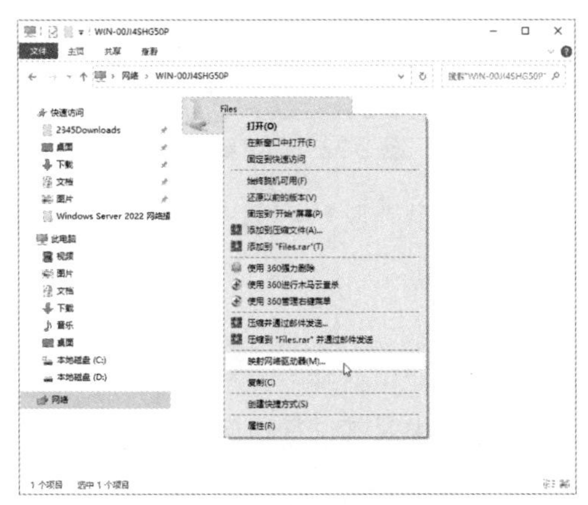

图 2-86　映射网络驱动器

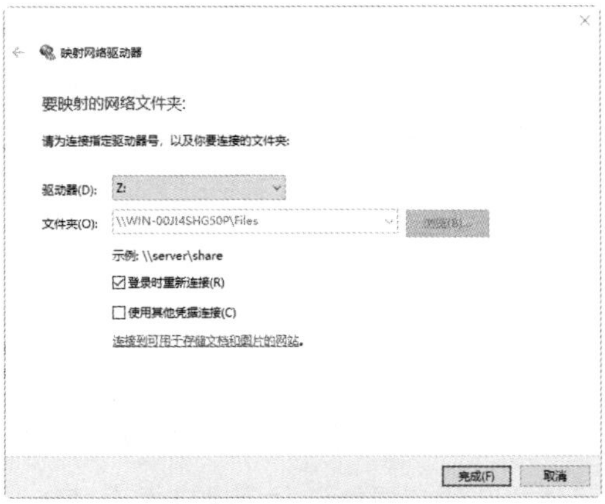

图 2-87　选择驱动器号

（3）单击“完成”按钮，“此电脑”窗口中会出现新增的驱动器图标，如图 2-88 所示，双击该图标即可访问共享文件夹。

3. 通过“运行”命令访问共享文件夹

如果用户能够确定共享文件夹所在计算机的名称或 IP 地址，以及共享文件夹名称，可以直接输入相应的地址访问共享文件夹。地址格式为“\\主机名称（或 IP 地址）\共享文件夹名称”。

选择“开始”→“Windows 系统”→“运行”命令，在打开的“运行”对话框中输入共享文件夹路径即可，如图 2-89 所示。

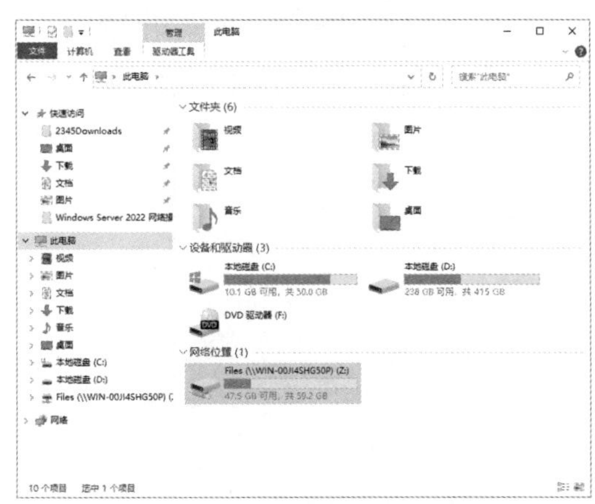

图 2-88　创建的映射网络驱动器

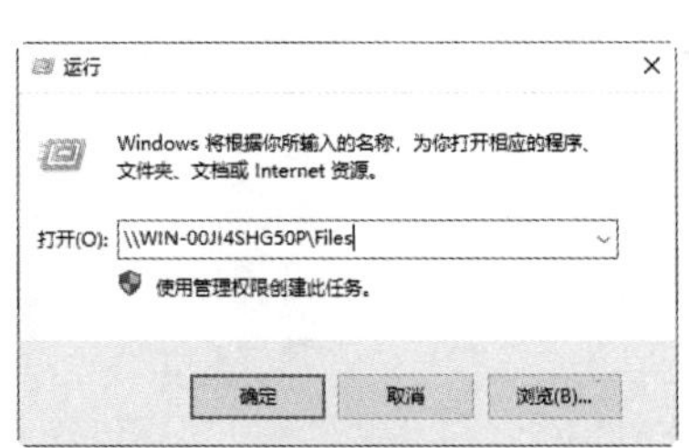

图 2-89　输入共享文件夹路径

二、配置文件服务器

在 Windows Server 2022 中还可以通过文件服务器实现资源共享，操作步骤如下。

（1）打开“服务器管理器”窗口，单击左侧窗格的“文件和存储服务”选项，如图 2-90 所示。

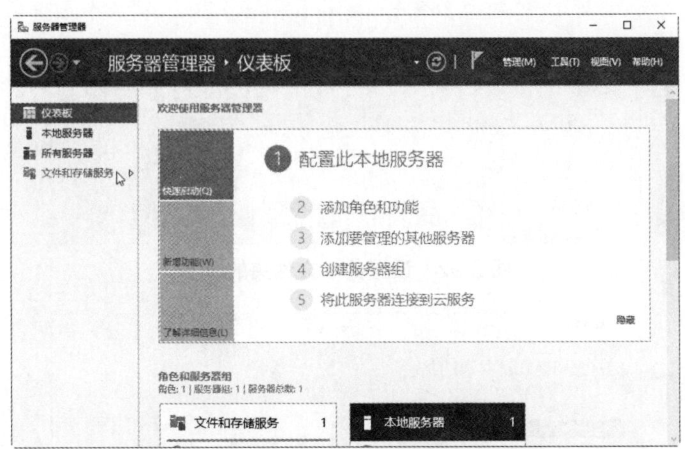

图 2-90　选择“文件和存储服务”选项

（2）弹出“共享”对话框，选择“共享”选项，打开“共享”窗格，选择“任务”下拉列表中的“新建共享”选项，如图 2-91 所示。

图 2-91　“共享”窗格

（3）弹出“新建共享向导”对话框，在“为此共享选择配置文件”界面中设置共享文件夹的属性，选择“SMB 共享-快速”配置文件，如图 2-92 所示。

（4）单击“下一步”按钮，打开“选择服务器和此共享的路径”界面，选择“共享位置”选项，选中“键入自定义路径”单选按钮，单击“浏览”按钮，选择要共享的文件夹，如图 2-93 所示。

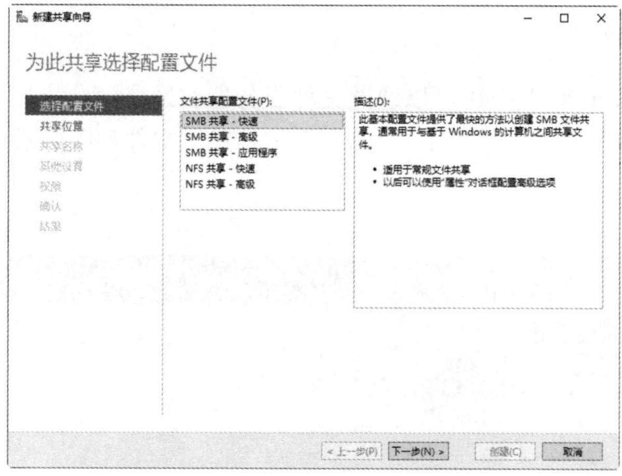

图 2-92　设置共享文件夹的属性

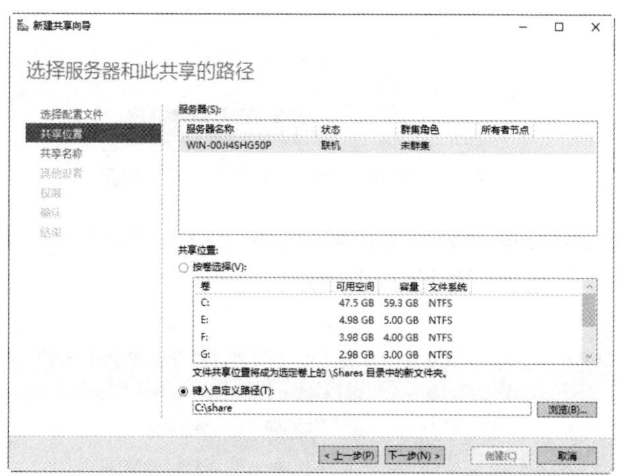

图 2-93　选择要共享的文件夹

（5）单击“下一步”按钮，打开“指定共享名称”界面，设置共享名称和描述信息，如图 2-94 所示。

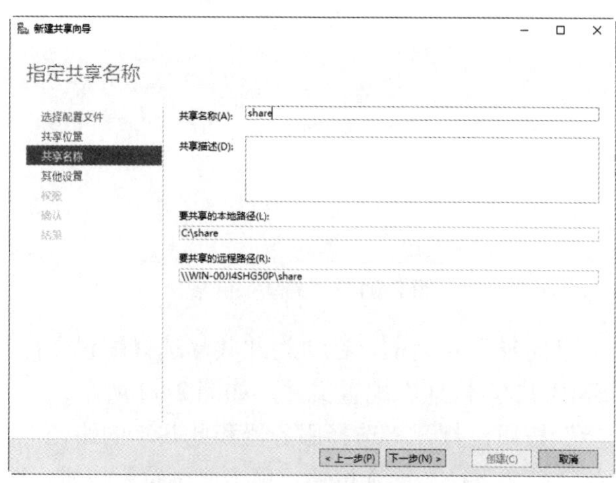

图 2-94　设置共享名称和描述信息

（6）单击“下一步”按钮，打开“配置共享设置”界面，设置共享行为，如图 2-95 所示。

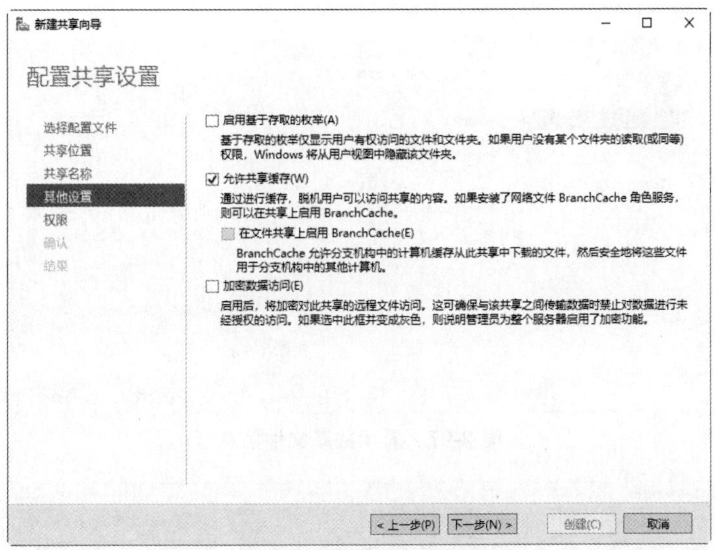

图 2-95　设置共享行为

（7）单击“下一步”按钮，打开“指定控制访问的权限”界面，设置访问权限，如图 2-96 所示。

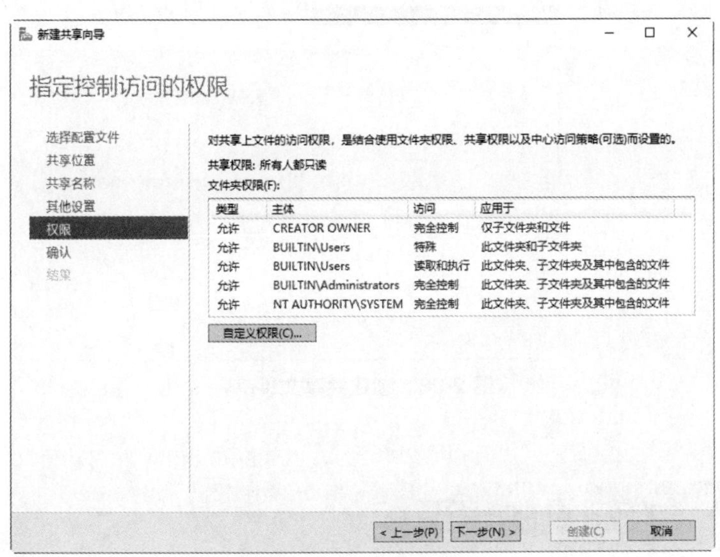

图 2-96　设置访问权限

（8）单击“下一步”按钮，打开“确认选择”界面，显示设置的共享文件的属性，如图 2-97 所示。

（9）单击“创建”按钮，完成共享文件夹的创建，“共享”窗格中将显示共享文件夹，如图 2-98 所示。

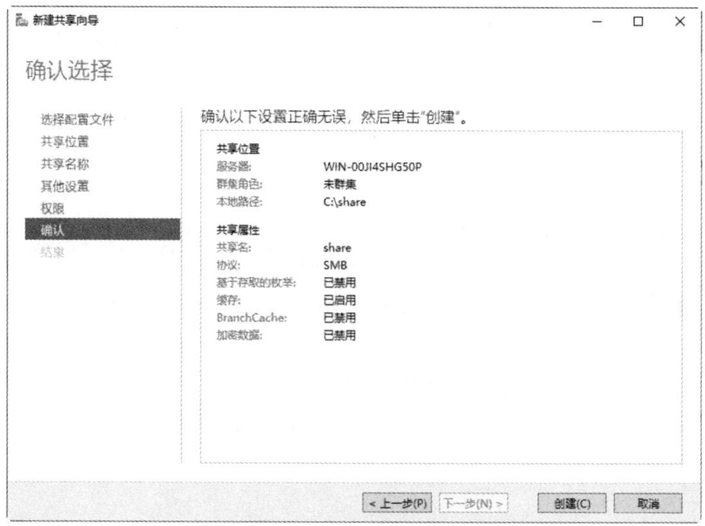

图 2-97　显示共享文件信息

图 2-98　创建共享文件夹

任务 4 ▶ 打印机的管理

任务引入

打印需求日益增多，为此公司新购置了一台打印机。为了满足所有员工的打印需求，使每一位员工都能连接到打印机，需要配置打印服务器将其共享到网络，安装本地打印机和网络打印机。

知识准备

一、打印概述

Windows Server 2022 提供了打印机的管理功能，不但可以方便用户打印文件，还可以减轻系统管理员的负担，下面介绍关于打印服务的一些术语。

打印设备：是指实际执行打印任务的物理打印机，打印设备有本地打印设备和网络打印设备两种类型。

打印机：是指介于操作系统和打印设备之间的软件接口，是逻辑上的打印机，为避免混淆，本项目用“打印设备”指代普通意义上的打印机。

打印服务器：是计算机网络中专门用于管理打印设备的计算机，为用户提供打印服务。

打印机客户端：指普通的用户或客户端计算机，打印客户端把文件提交给打印服务器。

打印机驱动程序：负责将待打印文件转换为打印设备能够识别的格式，发送给打印设备。

二、配置打印服务器

在 Windows Server 2022 系统中安装打印服务器，即可对共享打印设备进行有效管理，安装步骤如下。

（1）打开“服务器管理器”窗口，单击“添加角色和功能”链接。

（2）弹出“添加角色和功能向导”对话框，依次单击“下一步”按钮，在“选择服务器角色”界面中勾选“打印和文件服务”复选框，弹出提示对话框，如图 2-99 所示。

（3）单击“添加功能”按钮，将显示关于打印和文件服务的信息。

（4）单击“下一步”按钮，打开“选择角色服务”界面，勾选“打印服务器”复选框，如图 2-100 所示。

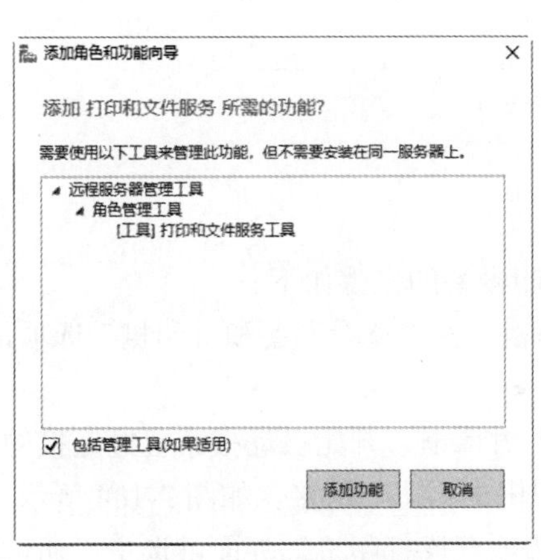

图 2-99　提示对话框

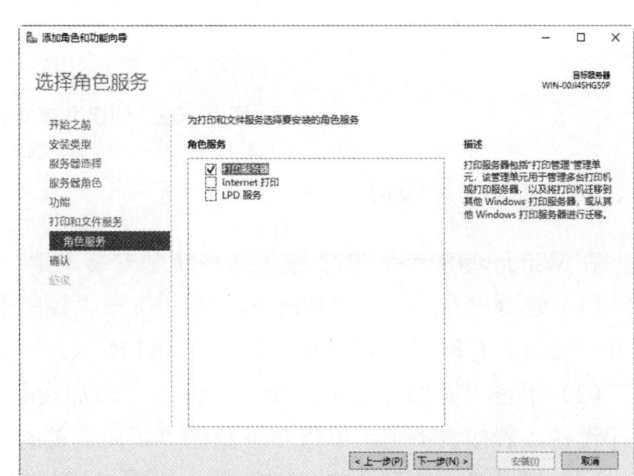

图 2-100　勾选“打印服务器”复选框

（5）单击“下一步”按钮，打开“安装进度”界面，单击“安装”按钮，开始安装打印服务器角色，如图 2-101 所示。

图 2-101　开始安装打印服务器

（6）安装成功后，出现“安装结束”界面，单击“关闭”按钮。

（7）选择“开始”→“Windows 管理工具”→“打印管理”选项，打开“打印管理”对话框，选择左侧窗格中的“打印服务器”→“WIN-00JI4SHG50P（本地）”→“打印机”选项，中间窗格中会显示已经安装的打印设备列表，如图 2-102 所示。

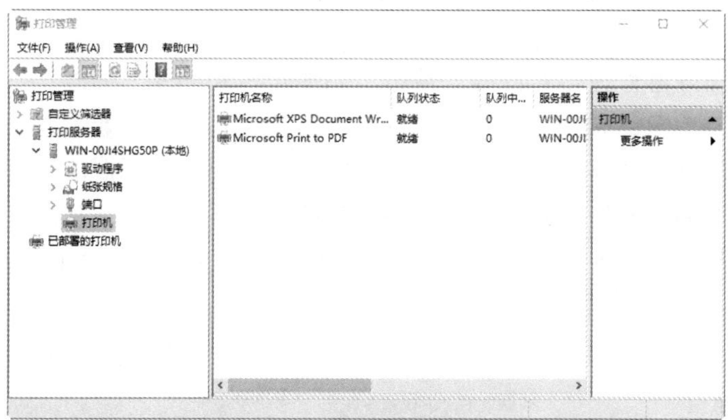

图 2-102　创建共享文件夹

三、安装本地打印设备

在 Windows Server 2022 服务器系统中安装本地打印设备的步骤如下。

（1）选择“开始”→“Windows 系统”→“控制面板”→“查看设备和打印机”选项，打开“设备和打印机”对话框，如图 2-103 所示。

（2）单击“添加打印机”命令，弹出“添加设备”对话框，开始自动搜索已经连接的打印设备，若搜索不到，单击左下角的“我所需的打印机未列出”链接，如图 2-104 所示。

（3）打开“添加打印机”对话框，出现“按其他选项查找打印机”界面，选中“通过手动设置添加本地打印机或网络打印机”单选按钮，如图 2-105 所示。

（4）单击“下一步”按钮，打开“选择打印机端口”界面，选中“使用现有的端口”单选按钮，从右侧下拉列表中选择打印设备的端口，如图 2-106 所示。

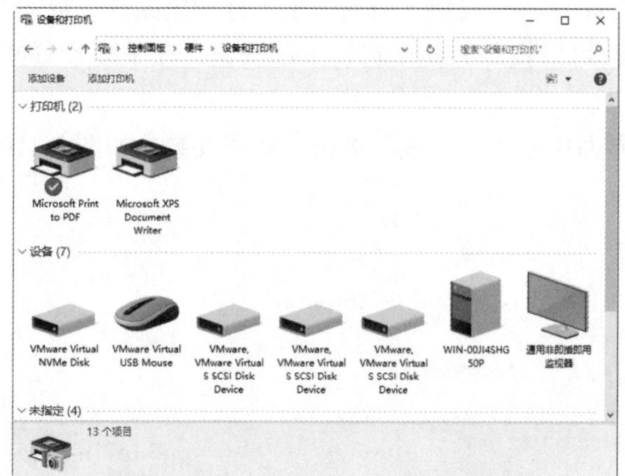

图 2-103 “设备和打印机”对话框

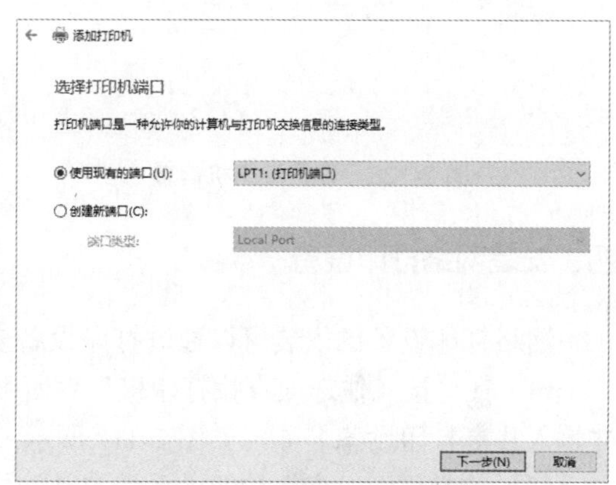

图 2-104 “添加设备”对话框

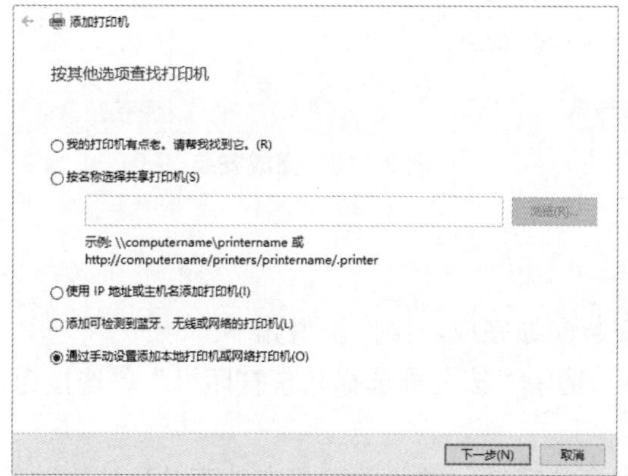

图 2-105 “按其他选项查找打印机”界面

图 2-106 选择打印设备的端口

（5）单击“下一步”按钮，打开“安装打印机驱动程序”界面，选择打印设备生产厂商和型号，如图 2-107 所示。

（6）单击“下一步”按钮，打开“键入打印机名称”界面，设置打印设备的名称，如图 2-108 所示。

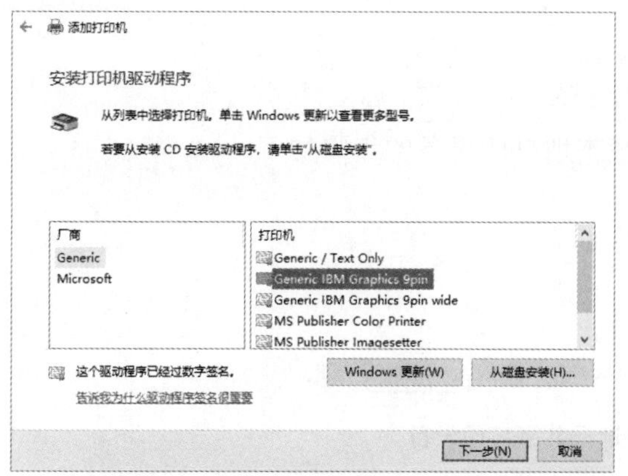

图 2-107 选择打印机生产厂商和型号

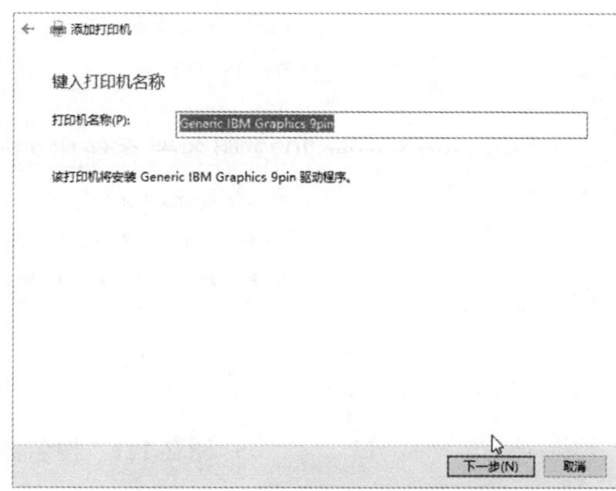

图 2-108 设置打印设备的名称

（7）单击“下一步”按钮，开始安装打印设备，安装完成后弹出“打印机共享”界面，选中“共享此打印机以便网络中的其他用户可以找到并使用它”单选按钮，在下面设置共享名称、位置和注释，如图 2-109 所示。

（8）单击“下一步”按钮，在弹出的界面中单击“完成”按钮，结束安装，如图 2-110 所示。

图 2-109　设置打印机信息

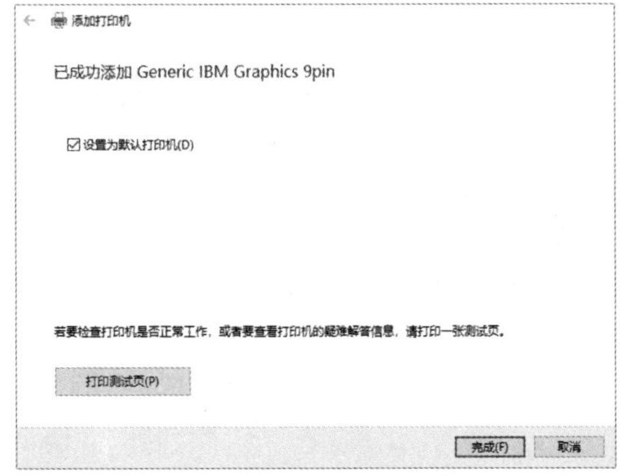

图 2-110　完成安装

四、安装网络打印设备

网络打印设备的安装可以通过打印设备安装向导完成，操作步骤如下。

（1）在“按其他选项查找打印机”界面中，选中“按名称选择共享打印机”单选按钮，并输入共享打印设备名称，如图 2-111 所示。

（2）单击“下一步”按钮，系统自动连接到共享打印设备并下载安装驱动程序，安装完成依次单击“下一步”按钮和“完成”按钮结束安装。

（3）返回“设备和打印机”窗口，可以看到新添加的共享打印设备。

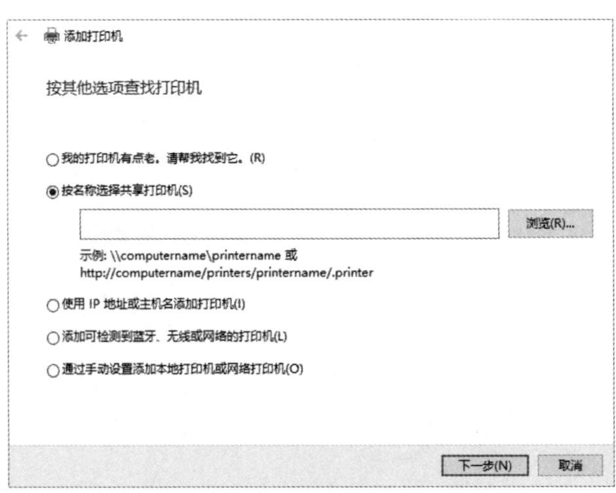

图 2-111　按名称选择共享打印设备

项目总结

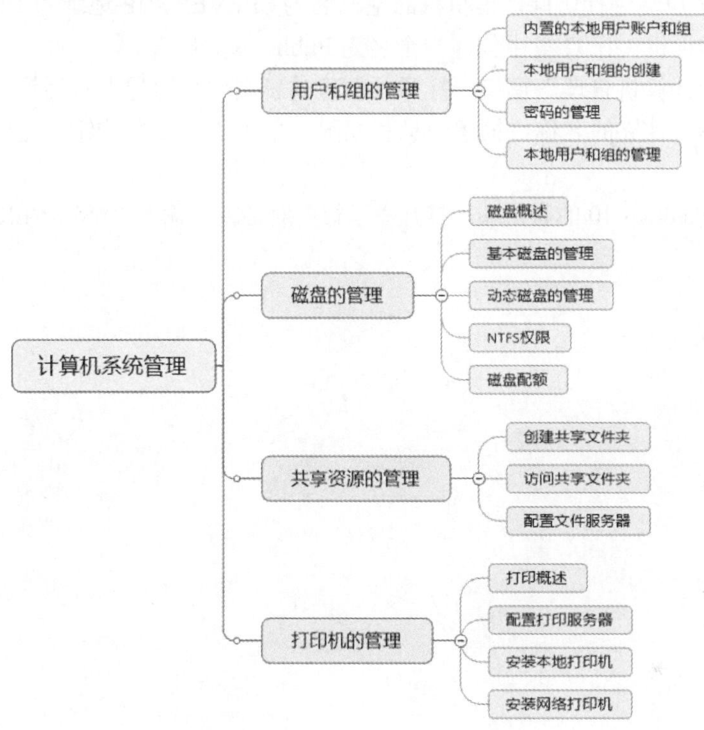

项目实战

实战一　创建用户账户和组账户

创建本地用户 user1、user2、user3 和本地组 group，将 user1、user2 加入到 group 组中，user3 加入到 Administrators 组中。

（1）右击“本地用户和组”→“用户”选项，选择“新用户”命令，打开“新用户”对话框。

（2）在“新用户”对话框中设置用户名、全名和密码，依次创建三个用户账户。

（3）右击“本地用户和组”→“组”选项，选择“新建组”命令，打开“新建组”对话框。

（4）在“新建组”对话框中设置组名 group，单击“添加”按钮选择要添加的用户 user1、user2，完成用户组的创建。

（5）双击 Administrators 组，打开属性对话框，单击“添加”按钮选择要添加的用户 user3，将 user3 加入到 Administrators 组中。

实战二　创建共享文件夹并进行访问

在安装 Windows Server 2022 的虚拟机上创建一个共享文件夹 Public，然后在安装 Windows 10 的客户端进行访问，虚拟机的主机名为 SERVER，IP 地址为 192.168.0.110。

（1）登录虚拟机，在 C 盘中创建一个名为 Public 的文件夹。

（2）打开“计算机管理”窗口，打开“创建共享文件夹向导”对话框，选择创建的文件夹，设置共享文件夹的名称、描述信息和权限，单击“完成”按钮，完成共享文件夹的创建。

（3）登录 Windows 10 的客户端，打开“运行”对话框，输入“\\SERVER\Public”即可。

项目三 域服务的配置与管理

思政目标

- 注重培养分析能力，及时调整，合理改进
- 注重培养解决问题的能力，理解团队的重要性

技能目标

- 了解域服务的概念和组成
- 掌握安装域服务器的方法
- 掌握将 Windows 计算机加入域的方法
- 掌握创建和管理组织单位、域用户账户和组账户的方法

项目导读

AD DS（Active Directory 域服务）提供了一个分布式数据库，用来存储和管理有关网络资源的信息和来自用户目录应用程序的特定数据，通过域服务器可以对域内的计算机进行集中管理，实现资源的共享，具有更高的安全性。与本地用户账户不同，域用户账户保存在活动目录中，使用域用户账户可以在域内的任意一台计算机（域服务器除外）上登录，继续访问网络资源，使账号管理更简单。

任务 1 域服务概述

任务引入

随着公司规模的扩大，办公计算机也越来越多，网络管理工作也越来越繁重复杂，为了统一管理公司内网的所有计算机、用户账户和共享资源，小明决定在公司的 Windows Server 2022 服务器中安装域控制器，但是需要查阅资料来了解域服务的相关知识。

知识准备

一、什么是域服务

Active Directory 是用来存储网络上相关对象的信息，并按照层次结构的方式组织信息，方便用户查找和使用的目录服务。提供目录服务的组件是 Active Directory 域服务（Active Directory Domain Service，AD DS）。AD DS 负责目录数据库的存储、创建、删除、修改、查询等工作。AD DS 由物理和逻辑两部分组成。

二、AD DS 的物理组成

AD DS 的物理结构由站点和域控制器组成。

站点（Site）是 IP 子网的集合，这些子网之间通过高速且可靠的连接联系在一起。如果各个子网之间不能满足快速且稳定的要求，则可以把它们分别规划为不同的站点。

站点代表网络的物理结构，域代表组织的逻辑结构。AD DS 内的每一个站点可能包含多个域，而一个域内的计算机也可能位于不同的站点内。站点具有以下作用。

（1）站点可以优化用户的登录和访问。当用户登录到域时，站点可以帮助 AD DS 的客户端找到离自己最近的域控制器，快速完成登录验证。

（2）在站点之间可以更频繁地复制信息，优化复制效率并减少网络的管理开销。

在一个域中，用来存储 Active Directory 域服务的目录数据的服务器称为域控制器。一个域内可以有多台域控制器，各域控制器是平等的，它们各自存储着一份相同的目录数据。多台域控制器具有容错功能，当一台域控制器发生故障时，其他的域控制器能够继续提供服务。

三、AD DS 的逻辑组成

AD DS 的逻辑结构由域、域树、域林和组织单位组成。

域是 AD DS 的核心管理单元，域管理员只能管理本域，如果被赋予其他域的管理权限，也能够访问或者管理其他域。每个域都有自己的安全策略，以及与其他域的安全信任关系。

域树是一组具有连续的名称空间的域的组合，树中的域通过信任关系连接在一起，域树中的所有域共享一个 AD DS，不过其中的数据分散在各个域内，每个域内只能存储隶属于该域的数据。

域林由一个或多个域树组成，每个域树都有唯一的一个名称空间。第一个域树的根域就是整个域林的根域，其域名就是域林的名称。建立域林时，每一个域树的根域与域林的根域之间的双向的、可传递的信任关系会自动建立起来，因此只要每一个域树中的每一个域内的用户拥有权限即可访问其他任意域树内的资源，也可以登录其他任何一个域树内的计算机。

组织单位（Organizational Unit，OU）是分层、归类管理域内对象的容器，此外它还有组策略的功能。AD DS 以分层架构将对象、容器和组织单位等组合在一起，并将其存储到 AD DS 数据库内。

任务 2 安装域服务器

任务引入

小明通过查阅相关书籍，已经对域服务有了更深刻的了解，接下来他计划在公司的服务器上安装控制器，但是在安装域控制器之前需要对服务器进行配置。

知识准备

在安装域服务器之前，需要先为服务器配置 IP 地址，使 DNS 服务器地址与 IP 地址相同，更改计算机名为 server，分别如图 3-1 和图 3-2 所示。

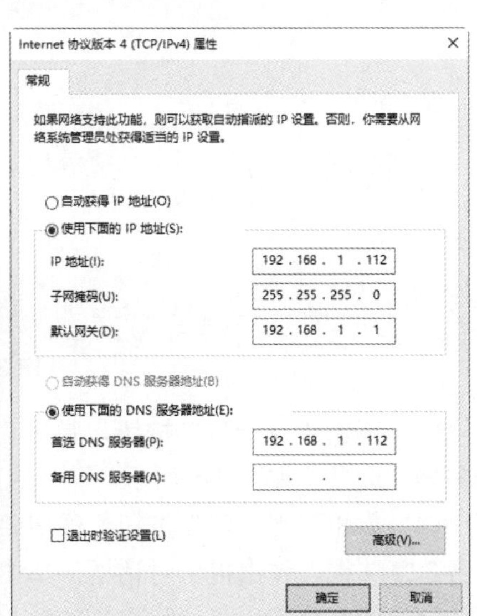

图 3-1 配置静态 IP 地址

安装域服务器的操作步骤如下。

（1）打开“服务器管理器”对话框，单击“添加角色和功能”链接，如图 3-3 所示。

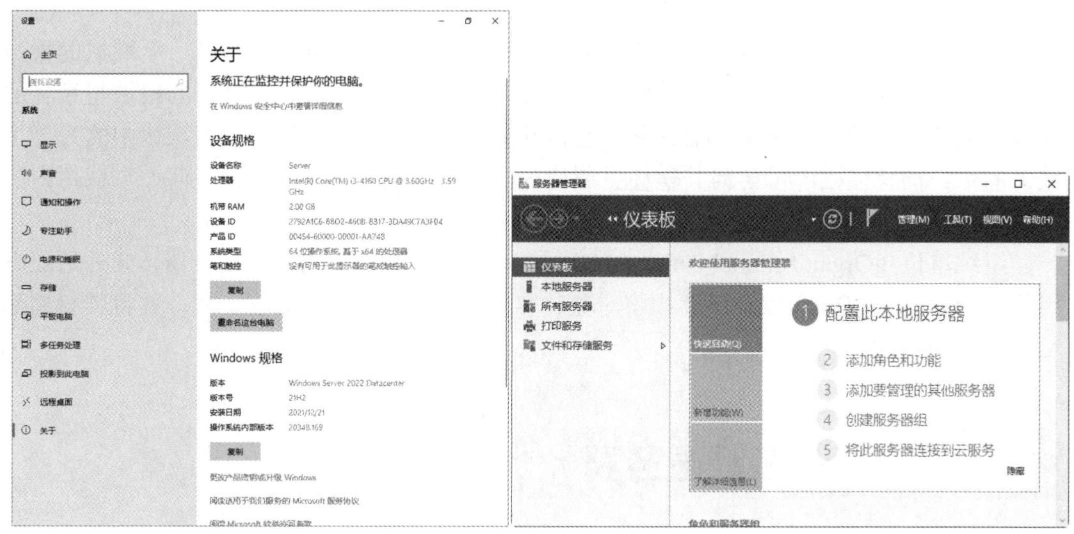

图 3-2　更改计算机名　　　　图 3-3　“服务器管理器”对话框

（2）弹出“添加角色和功能向导”对话框，单击“下一步”按钮，在“安装类型”界面选择“基于角色或基于功能的安装”选项，如图 3-4 所示。

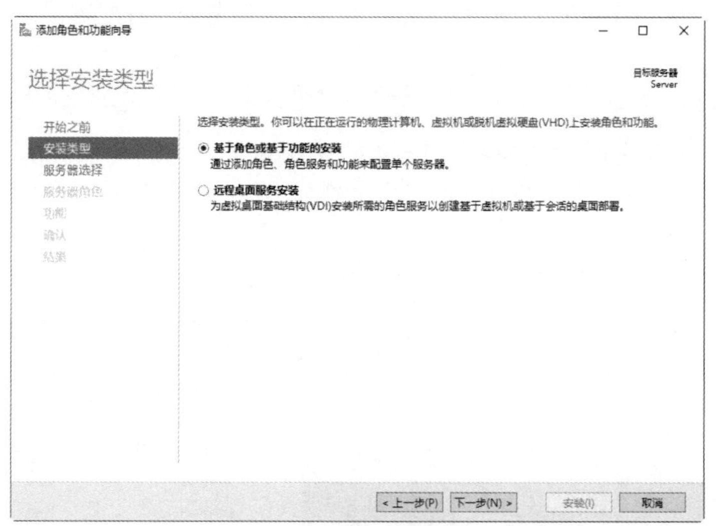

图 3-4　选择安装类型

（3）单击“下一步”按钮，弹出“选择目标服务器”界面，选择“从服务器池中选择服务器”选项，如图 3-5 所示。

（4）单击“下一步”按钮，弹出“选择服务器角色”界面，勾选“Active Directory 域服务”复选框，弹出提示对话框，单击“添加功能”按钮，如图 3-6 所示。

（5）连续单击“下一步”按钮，直到弹出“确认安装所选内容”界面，单击“安装”按钮，如图 3-7 所示。

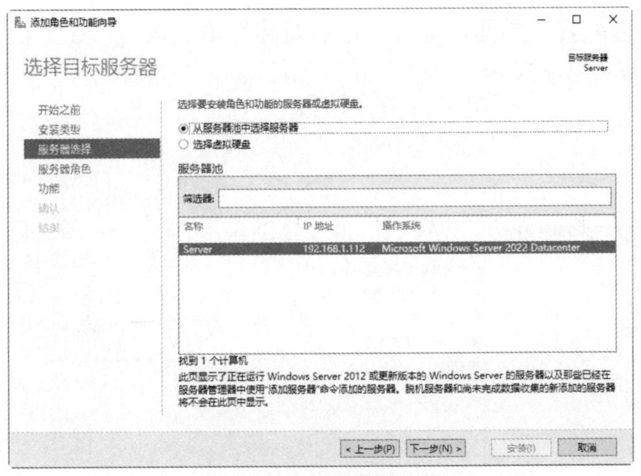

图 3-5　选择目标服务器

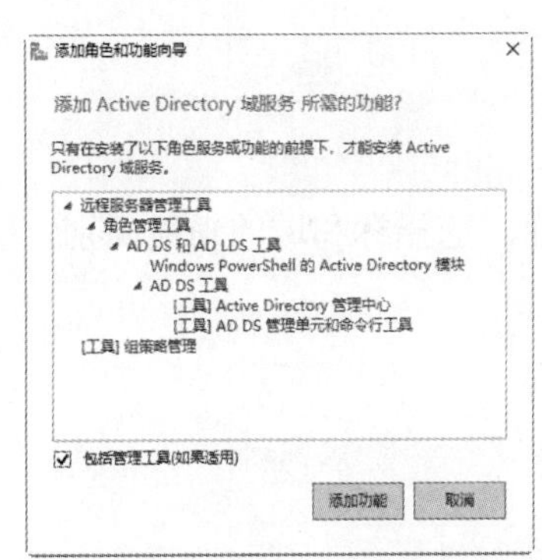

图 3-6　添加 Active Directory 域服务

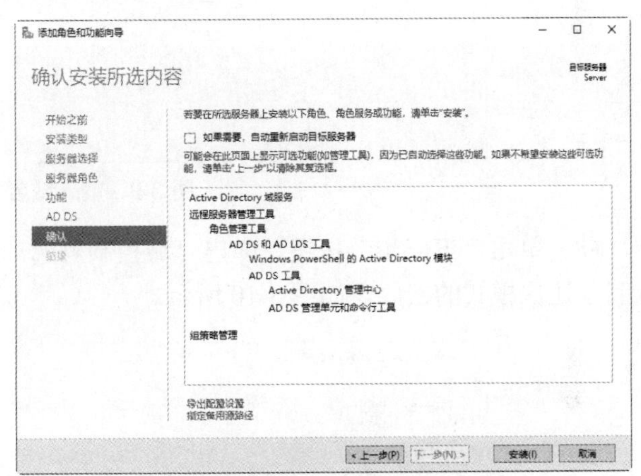

图 3-7　确认安装所选内容

（6）等待安装，安装完成后，将该服务器提升为域控制器，单击“将此服务器提升为域控制器”链接，如图 3-8 所示。

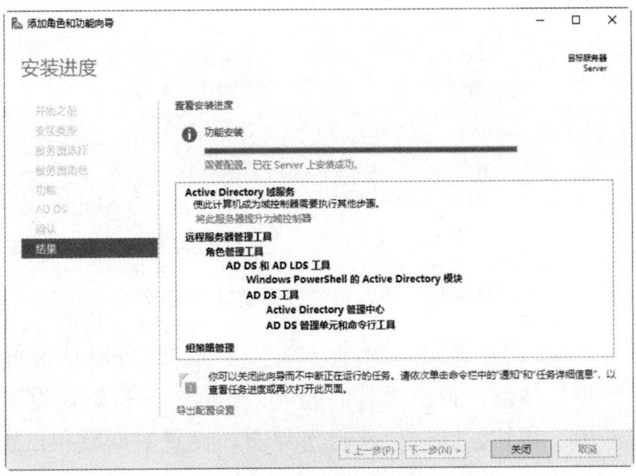

图 3-8　安装完成

（7）打开“部署配置”界面，选择“添加新林”单选按钮，在“根域名”文本框中输入域名 mac.com，如图 3-9 所示。

图 3-9　输入域名

（8）单击“下一步”按钮，弹出“域控制器选项”界面，选择林和域的功能级别，输入目录还原模式的密码，如图 3-10 所示。

图 3-10　输入目录还原模式的密码

（9）单击“下一步”按钮，弹出“DNS 选项”界面，选择默认设置，如图 3-11 所示。

（10）单击“下一步”按钮，弹出“其他选项”界面，选择默认设置，如图 3-12 所示。

（11）单击“下一步”按钮，弹出“路径”界面，设置数据库和日志文件的保存路径，如图 3-13 所示。

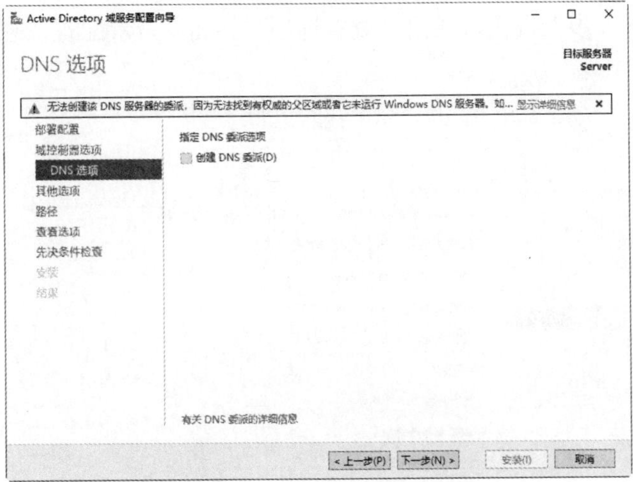

图 3-11 “DNS 选项”界面

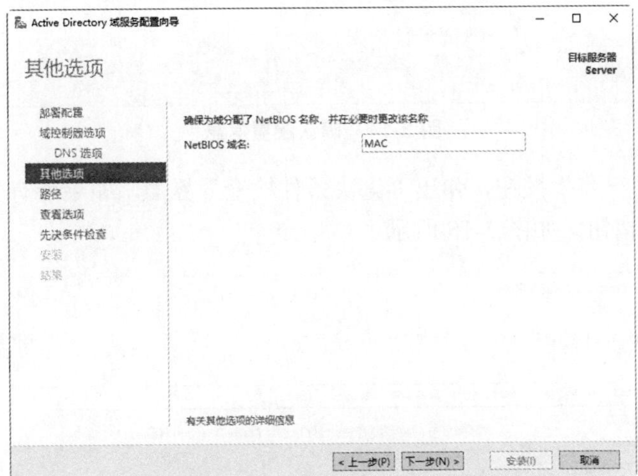

图 3-12 “其他选项”界面

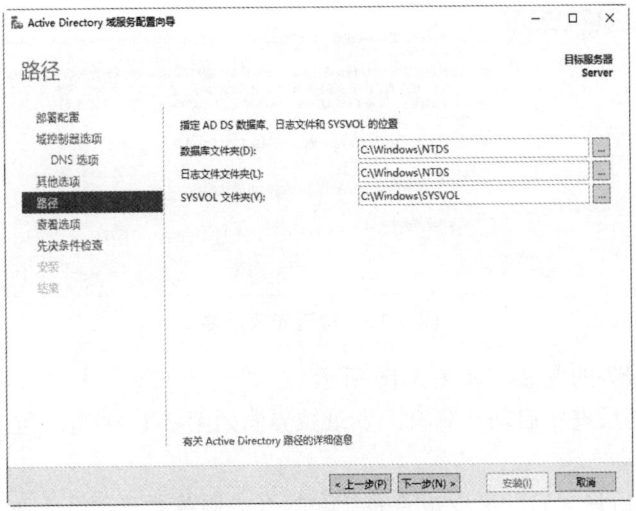

图 3-13 设置文件夹路径

（12）单击“下一步”按钮，弹出“查看选项”界面，查看配置信息，如图 3-14 所示。

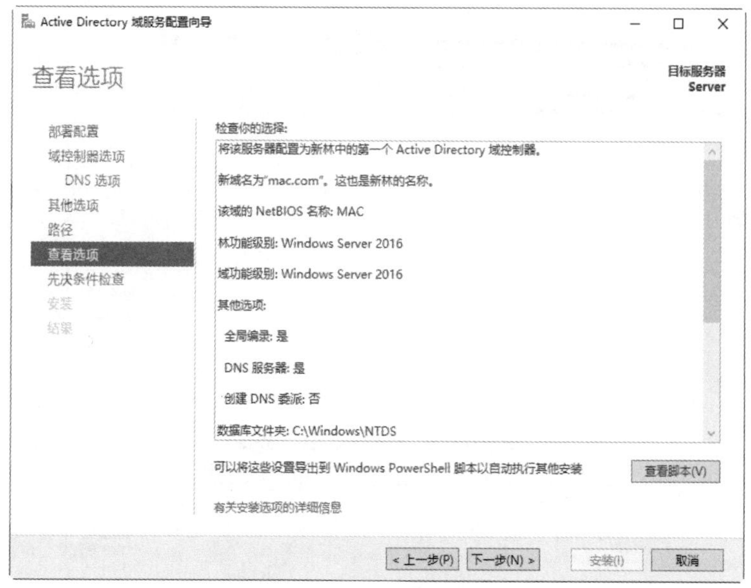

图 3-14　确认配置信息

（13）单击“下一步”按钮，弹出“先决条件检查”界面，如果所有先决条件检查都通过，单击“安装”按钮，如图 3-15 所示。

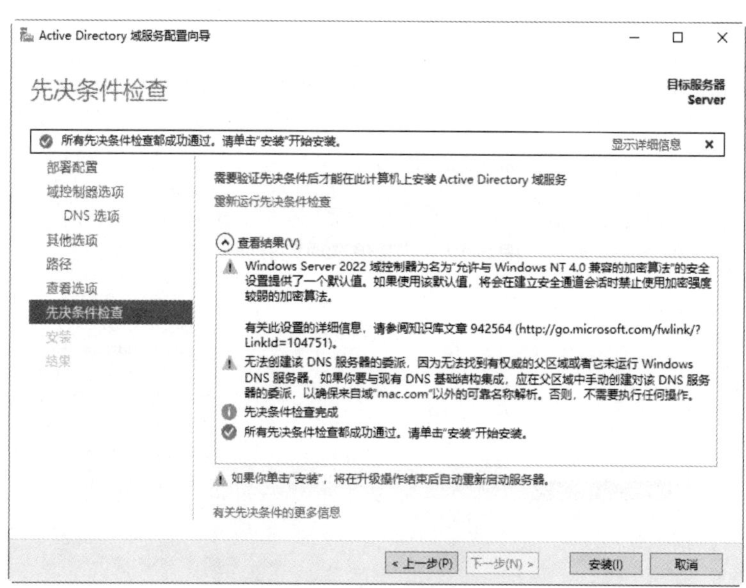

图 3-15　检查先决条件

（14）等待域服务的安装，如图 3-16 所示。

（15）安装成功后重新启动计算机，登录域界面如图 3-17 所示，至此完成了域服务的安装。

安装域服务之后首次启动需要检查系统，打开“服务器管理器”对话框，单击左侧的“本地服务器”选项，在中间窗格中可以看到服务器模式变为域，如图 3-18 所示。单击“AD

DS”选项，AD DS 服务器中需要有对应的服务器名称，如图 3-19 所示。

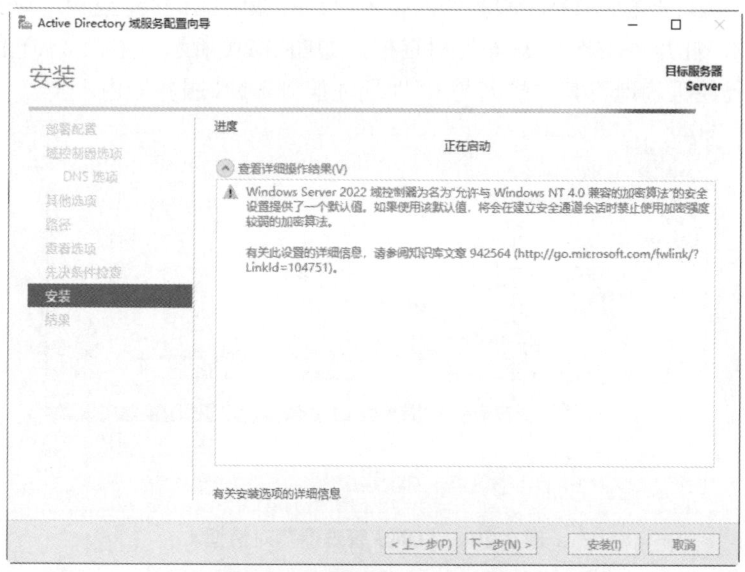

图 3-16　域服务安装进度界面

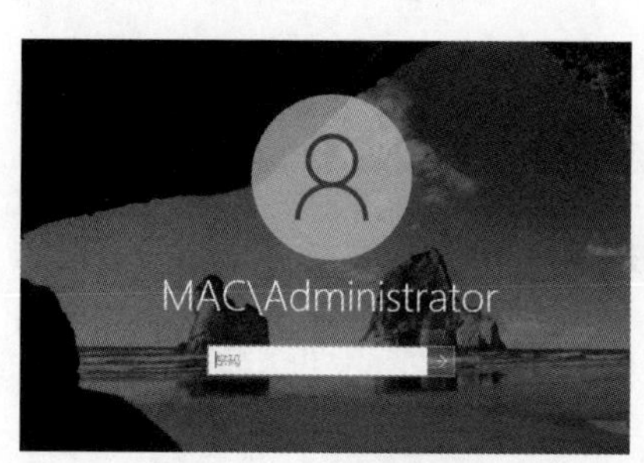

图 3-17　登录域界面

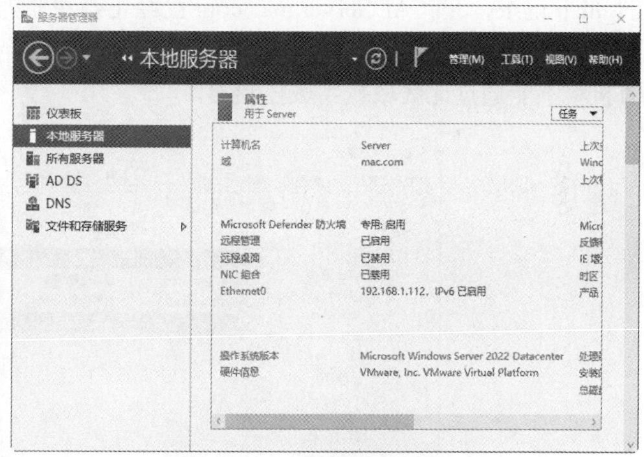

图 3-18　“本地服务器”选项

图 3-19　AD DS 服务器

域控制器会将自己扮演的角色注册到 DNS 服务器内，使其他计算机能够通过 DNS 服务器找到自己，因此要检查 DNS 服务器内是否已经存在这些记录，选择“Windows 管理工具”→“DNS”，打开“DNS 管理器”对话框，如图 3-20 所示。主机（A）的记录表示域控制器 server 已经正确地将其主机名与 IP 地址注册到 DNS 服务器内。

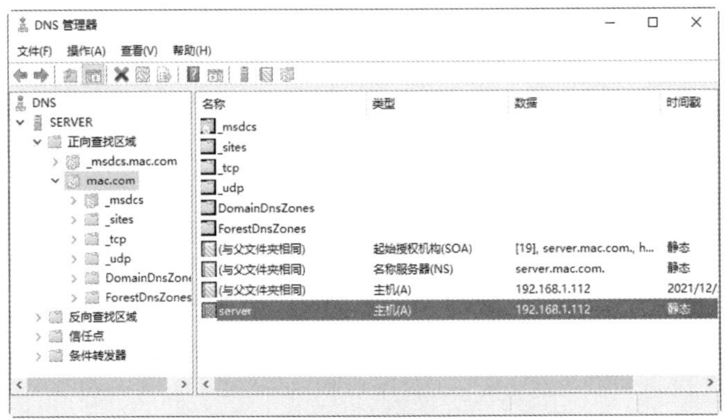

图 3-20 “DNS 管理器”对话框

此外，还需要检查_tcp 和_udp 等文件夹，如图 3-21 所示的数据类型为服务位置（SRV）的_ldap 记录，表示 ADServer.mac.com 已经正确注册为域控制器，_gc 记录表示全局编录服务器的角色由 ADServer.mac.com 扮演。如果这些记录都不存在，网络中其他要加入域的计算机将不能通过此区域找到域控制器。

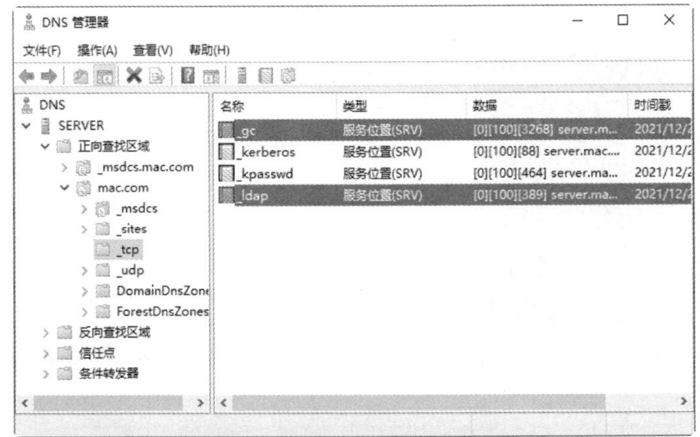

图 3-21 _ldap 记录和_gc 记录

任务 3 ▶ 将 Windows 计算机加入域

任务引入

安装域控制器后，小明计划将公司中的计算机加入到域环境中，对公司的计算机进行集中管理。

知识准备

将 Windows 计算机加入域需要满足以下条件：

- 计算机能够与域控制器连通；
- 正确设置计算机的 IP 地址。

将 Windows 计算机加入域的操作步骤如下。

（1）登录 Windows 10 系统计算机，先为服务器配置静态 IP 地址，使 DNS 服务器地址与域服务器一致，更改计算机名为 Win10，分别如图 3-22 和图 3-23 所示。

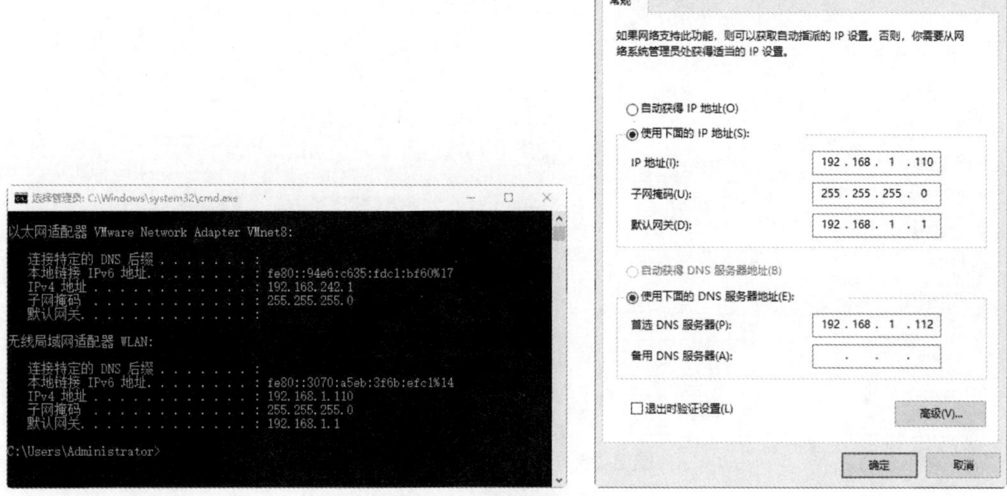

图 3-22 配置静态 IP 地址

图 3-23 更改计算机名

（2）按 WIN+R 键，打开“运行”对话框，输入“cmd”命令，按 Enter 键，打开命令提示符窗口，如图 3-24 所示。

（3）在命令提示符窗口输入“ping mac.com”命令，测试计算机与域控制器 DNS 服务器的连通性，如图 3-25 所示。

（4）在将计算机加入域之前，先在域服务器中加入用户，设置用户账户和密码，如图 3-26 所示，创建结果如图 3-27 所示。

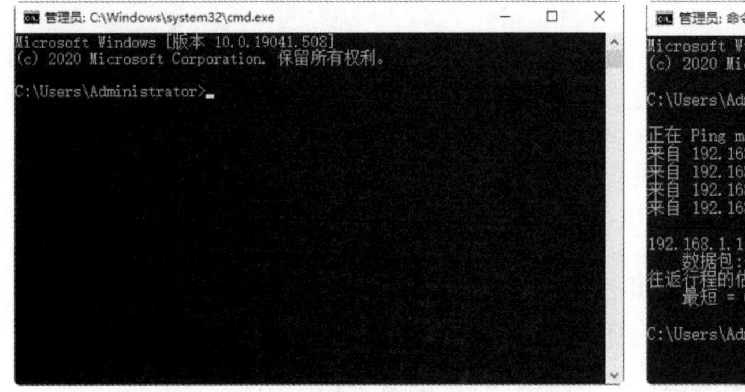

图 3-24　命令提示符窗口　　图 3-25　测试连通性

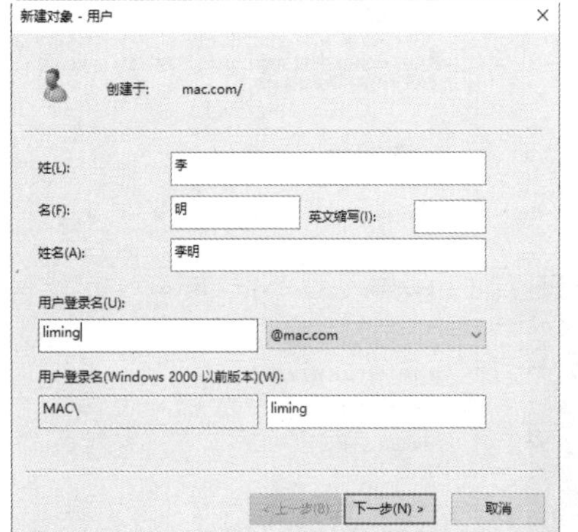

图 3-26　设置用户名和密码

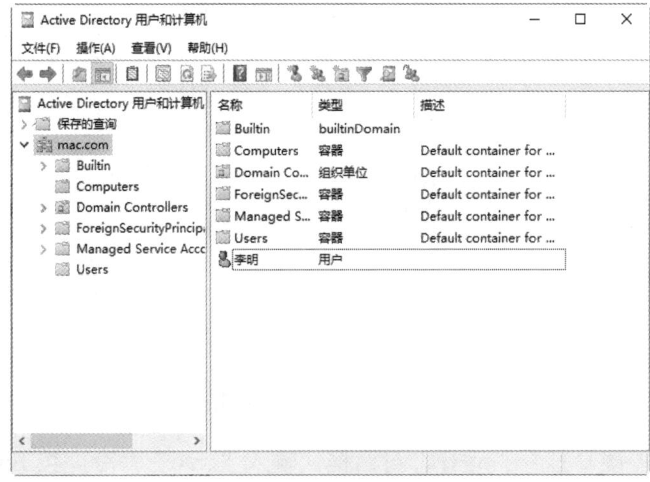

图 3-27　新建用户

（5）在 Win10 计算机中选择“控制面板”→“系统和安全”→“系统”，打开“系统”窗口，如图 3-28 所示。

（6）单击“更改设置”按钮，弹出“系统属性”对话框，如图 3-29 所示。

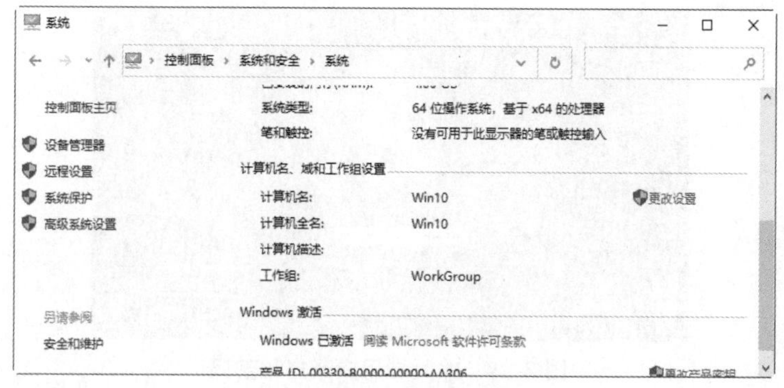

图 3-28 “系统”窗口

（7）单击“更改”按钮，弹出“计算机名/域更改”对话框，单击“隶属于”选项卡中的“域”单选按钮，在文本框中输入域名“mac.com”，如图 3-30 所示。

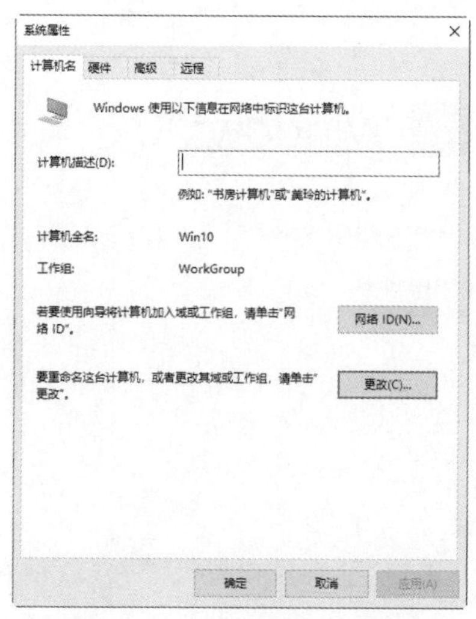

图 3-29 “系统属性”对话框

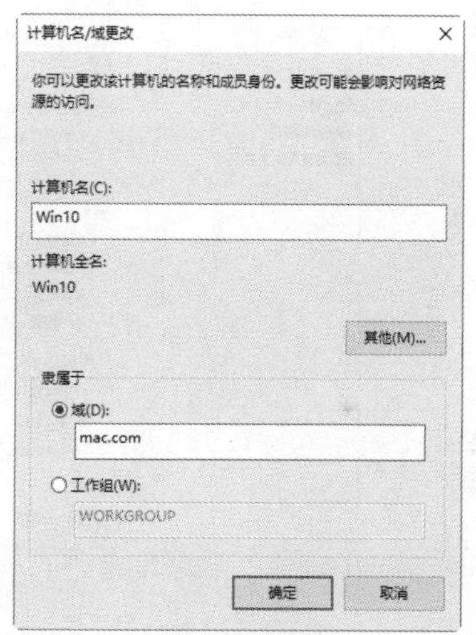

图 3-30 “计算机名/域更改”对话框

（8）单击“确定”按钮，弹出“Windows 安全”对话框，输入普通域账户和密码，如图 3-31 所示。

（9）单击“确定”按钮，弹出提示对话框，如图 3-32 所示。

（10）单击“确定”按钮，出现需要重新启动计算机的提示，如图 3-33 所示。

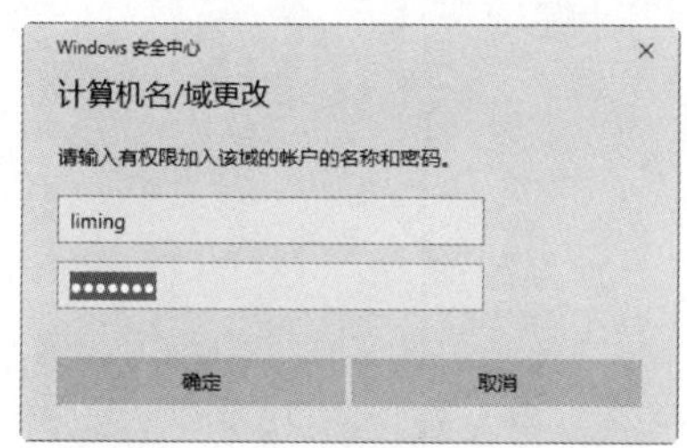

图 3-31 输入普通域账户和密码

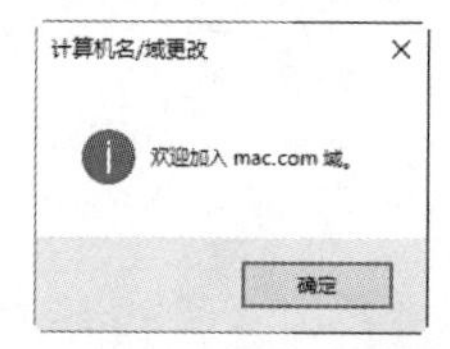

图 3-32 提示对话框

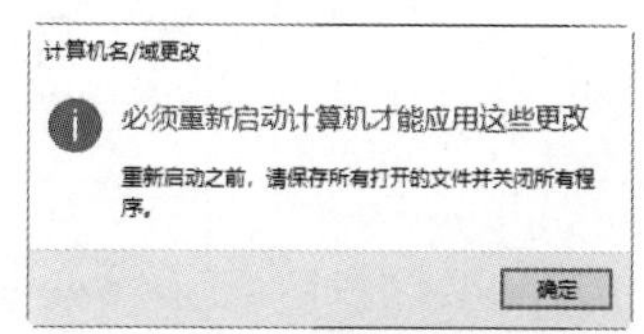

图 3-33 提示重新启动计算机

（11）单击“确定”按钮，出现登录界面，在界面输入域用户账户和密码进行登录，如图 3-34 所示。

图 3-34 输入域用户账户和密码

（12）打开“系统”窗口，可以看到计算机已经处于域模式，如图 3-35 所示。

图 3-35 查看计算机

（13）打开“运行”对话框，输入“dsa.msc”命令，按 Enter 键后打开“Active Directory 用户和计算机”对话框，展开 mac.com→Computers 选项，可以看到加入域的计算机，如图 3-36 所示。

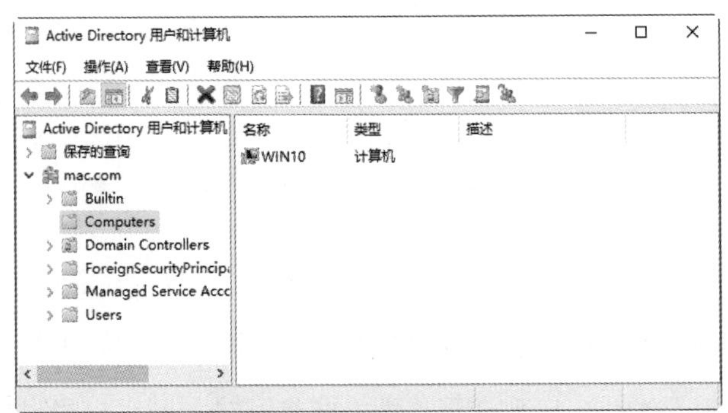

图 3-36 加入域的计算机

任务 4 创建组织单位和域用户账户

任务引入

安装域控制器后，可以将公司有需要的计算机加入域环境，允许公司员工在自己的计算机上登录到公司的域控制器中，访问公司的资源，但是由于公司各个部门的职能不同，访问需求也各不相同。为了便于管理，小明决定按不同的部门进行分类，并配置相应的组策略，创建组织单位和用户账户。

知识准备

用户必须使用合法的域用户账户才能通过自己的计算机登录到域中，因此需要为所有的用户创建用户账户，利用“Active Directory 用户和计算机”对话框可以为所有加入网络的用户分别创建单独的用户账户。

组织单位是一个容器，可以用来放置用户、组、计算机和其他的组织单位。组织单位是可以向其分配组策略设置的最小作用域单位，管理员可以利用组织单位在域中创建表示组织的层次结构、逻辑结构的容器。公司通过在域服务器上设置不同级别的组织单位，可以对公司的组织架构一目了然。

案例——新建组织单位和用户账户

某工厂有四个部门：技术科、设备科、后勤部和财务部，现在按照部门创建不同的组织单位，并且在不同的部门下添加相应的员工账户，操作步骤如下。

（1）选择“Windows 管理工具”→“Active Directory 用户和计算机”命令，打开“Active Directory 用户和计算机”对话框。

（2）选择域名，右击并在弹出的快捷菜单中选择“新建”→“组织单位”命令，如图 3-37 所示。

（3）弹出“新建对象-组织单位”对话框，在“名称”下面的文本框中输入“技术科”，单击“确定”按钮，如图 3-38 所示。

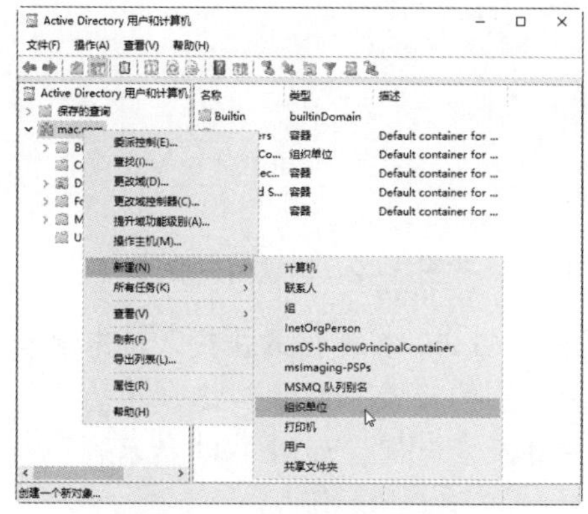

图 3-37 新建组织单位

图 3-38 输入组织单位名称

（4）选择新建的组织单位“技术科”，右击并在弹出的快捷菜单中选择“新建”→“用户”命令，如图 3-39 所示。

（5）弹出“新建对象-用户”对话框，设置用户信息，如图 3-40 所示。

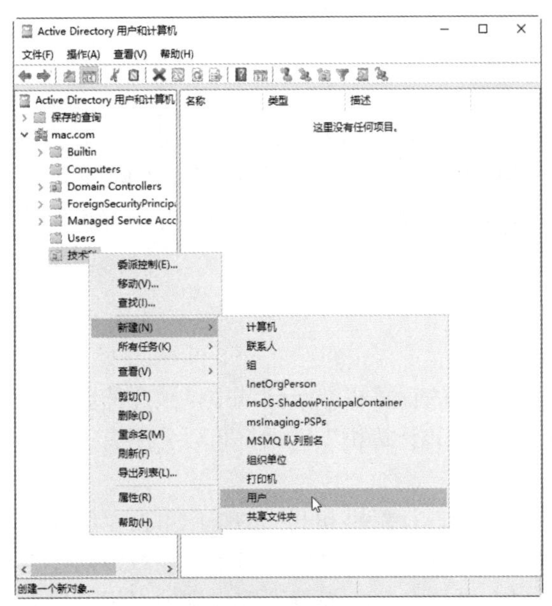

图 3-39　新建用户

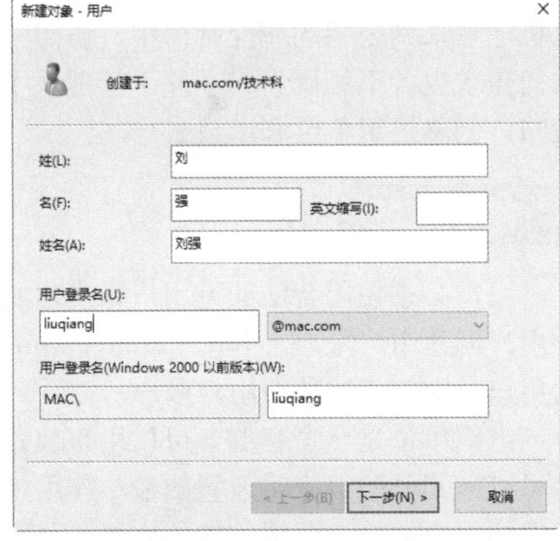

图 3-40　设置用户信息

（6）单击“下一步”按钮，为用户设置密码，如图 3-41 所示。

（7）单击“下一步”按钮，显示用户的信息，确认无误后单击“完成”按钮，如图 3-42 所示。

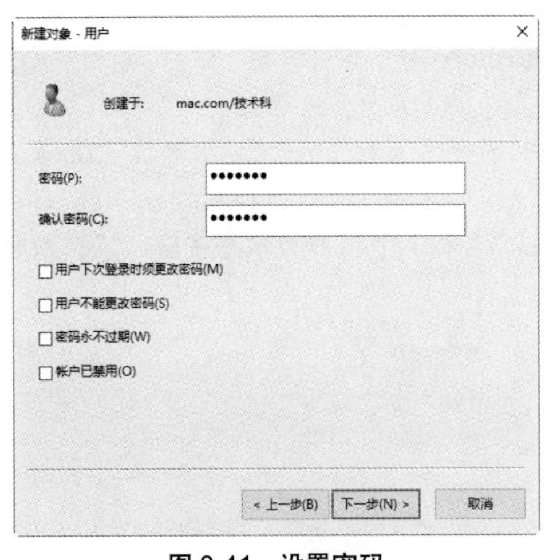

图 3-41　设置密码

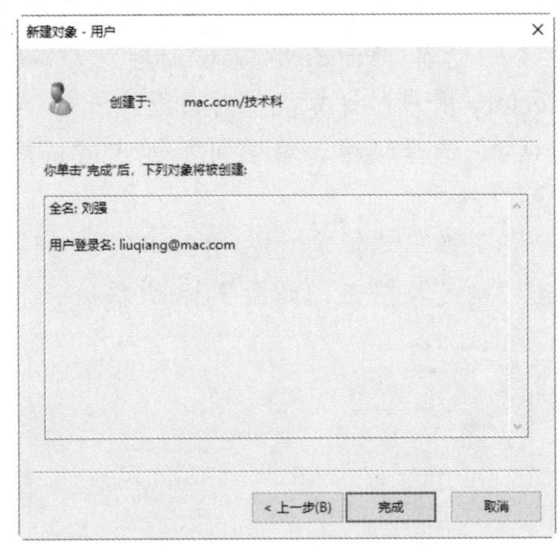

图 3-42　确认用户信息

（8）在“技术科”组织单位下，选择新建的用户并右击，在弹出的快捷菜单中选择“属性”命令，弹出“属性”对话框，可以对用户进行相应的设置，如图 3-43 所示。

（9）单击“登录时间”按钮，设置允许该用户登录的时间，如图 3-44 所示。

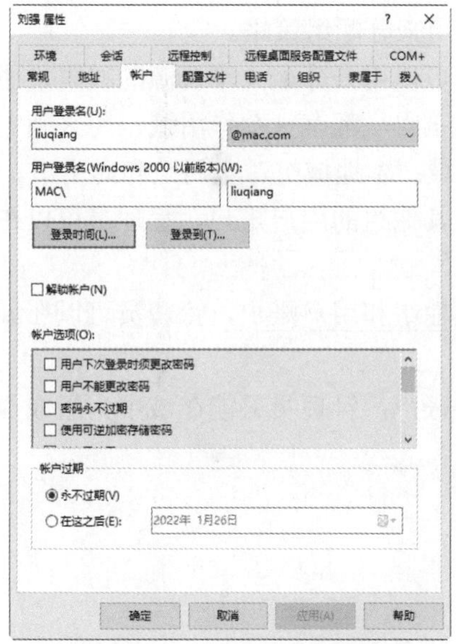

图 3-43 “属性”对话框

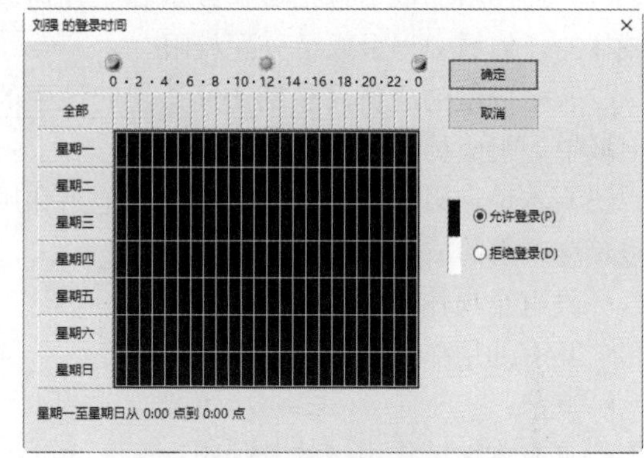

图 3-44 设置允许用户登录的时间

（10）使用同样的方法创建其他的组织单位，并添加相应的用户，结果如图 3-45 所示。

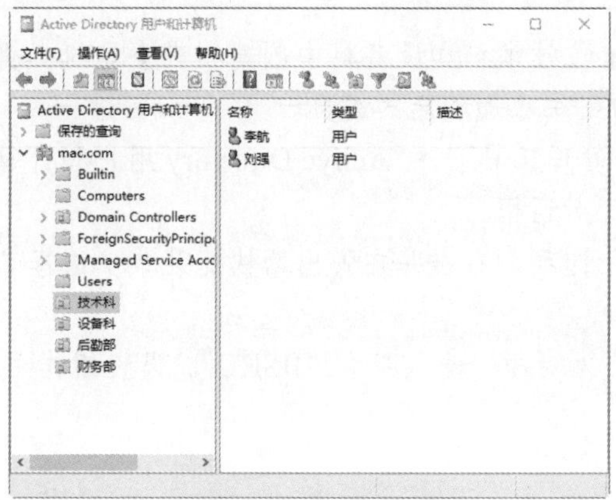

图 3-45 创建结果

任务 5 创建域组账户

任务引入

小明将公司员工按照不同的部门进行了分类，以便为不同的用户分配共享资源的权限，为了简化管理，一般先创建域组账户，然后将用户添加到不同的组中。

知识准备

在不同的组织单位中可以根据实际需要创建用户账户和组，并将相关的用户加入组。

组可以用来设置和管理文件权限，而组织单位可以用来分配组策略。

域中的组分为两种：安全组和通讯组，安全组可以用来分配共享资源的权限，通讯组可以创建电子邮件分发列表。不论是安全组还是通讯组，都有一个作用域，用来确定该组在域树或域林中的应用程度，有三类不同的组作用域：本地域组、全局组和通用组。

（1）通用组的成员包括域树或域林中任何域的其他组的用户账户，管理员可以在域树或域林的任何域中为组成员分配权限。

（2）全局组的成员只包括定义该组的域中的其他组和用户账户，管理员可以在域林的任何域中为组成员分配权限。

（3）本地域组的成员包括域中的其他组和用户账户，管理员只能在域中为组成员分配权限。这些组的成员可以是以下类型：

- 具有全局作用域的组；
- 具有通用作用域的组；
- 账户；
- 具有本地域作用域的其他组；
- 上述任意组的组合。

案例——新建域组账户

在前面创建的组织单位技术科和设备科中创建相应全局组，将技术科和设备科加入本地域组 safe_group，再向组中添加相应的成员。

（1）选择“Windows 管理工具”→“Active Directory 用户和计算机”命令，打开“Active Directory 用户和计算机”对话框。

（2）选择“技术科”选项，右击并在弹出的快捷菜单中选择“新建”→“组”命令，如图 3-46 所示。

（3）弹出“新建-组”对话框，输入组名“JISHU”，设置组作用域为“全局”，如图 3-47 所示。

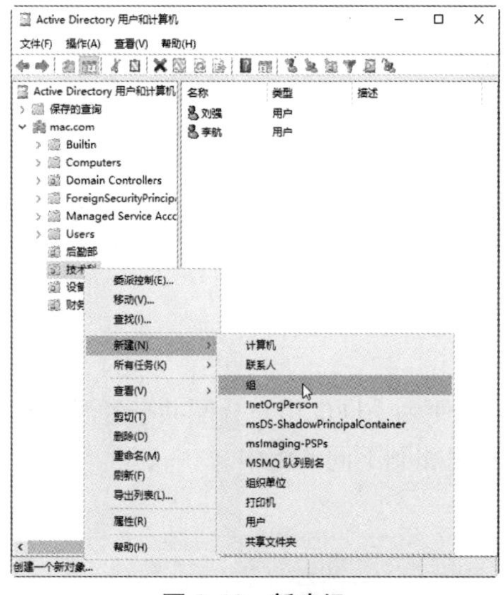

图 3-46　新建组

图 3-47　设置组的属性

（4）单击“确定”按钮，结果如图 3-48 所示。

（5）使用同样的方法在设备科中创建全局组，如图 3-49 所示。

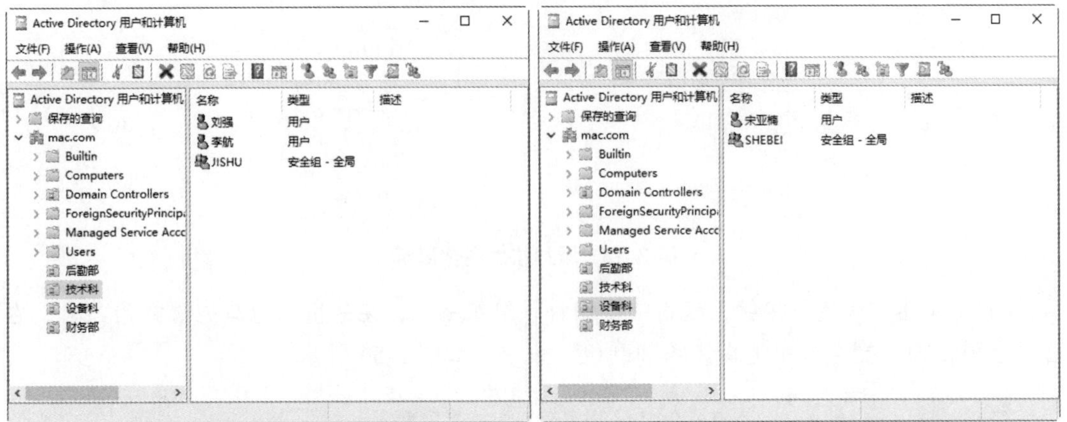

图 3-48　创建技术科全局组

图 3-49　创建设备科全局组

（6）选择左侧列表中的“Users”选项，右击并在弹出的快捷菜单中选择“新建”→“组”命令。

（7）弹出“新建对象-组”对话框，输入组名“safe_group”，设置组作用域为“本地域”，如图 3-50 所示。

（8）单击“确定”按钮，双击刚刚创建的组“safe_group”，打开“safe_group 属性”对话框，如图 3-51 所示。

图 3-50　创建本地域组

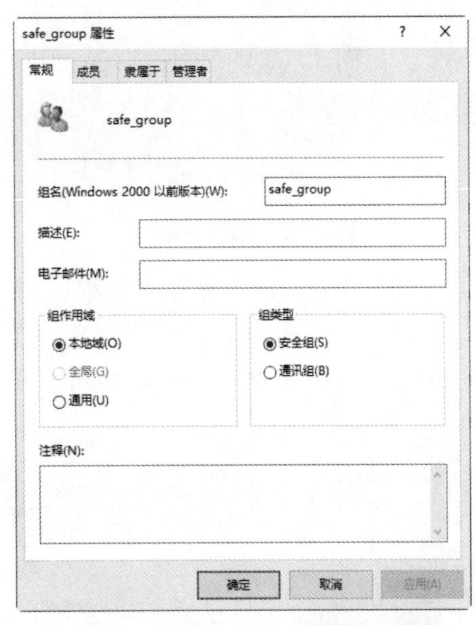

图 3-51　“safe_group 属性”对话框

（9）选择“成员”选项卡，单击“添加”按钮，通过高级查找，将前面创建的技术科全局组和设备科全局组添加到本地域组中，如图 3-52 所示。

（10）单击“确定”按钮，继续添加，最终结果如图 3-53 所示。

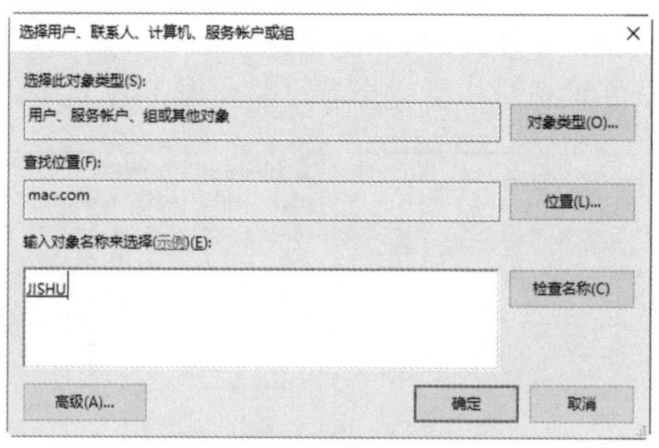

图 3-52　添加技术科全局组

（11）单击“确定”按钮，双击“技术科”组织单位，在弹出的窗口中选择用户名，右击并在弹出的快捷菜单中选择“添加到组”命令，如图 3-54 所示。

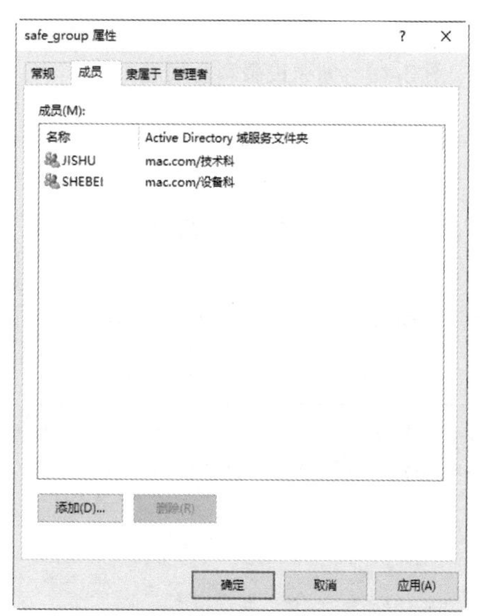

图 3-53　添加结果

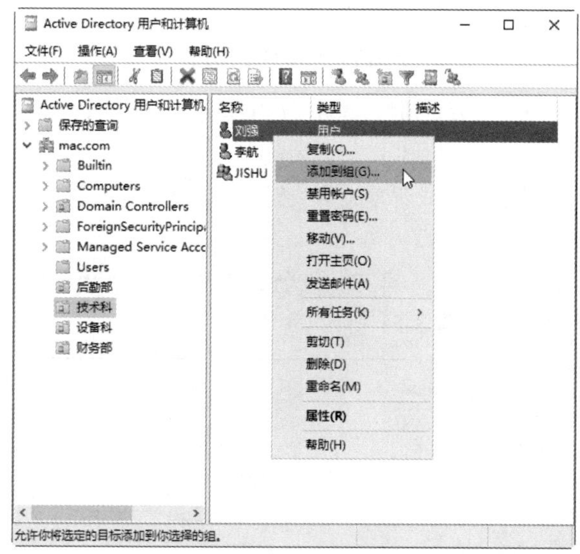

图 3-54　添加到组

（12）弹出“选择组”对话框，输入全域组，单击“确定”按钮，如图 3-55 所示。

（13）弹出提示对话框“已成功完成‘添加到组’的操作”，单击“确定”按钮，如图 3-56 所示，至此已完成添加用户到组的操作。

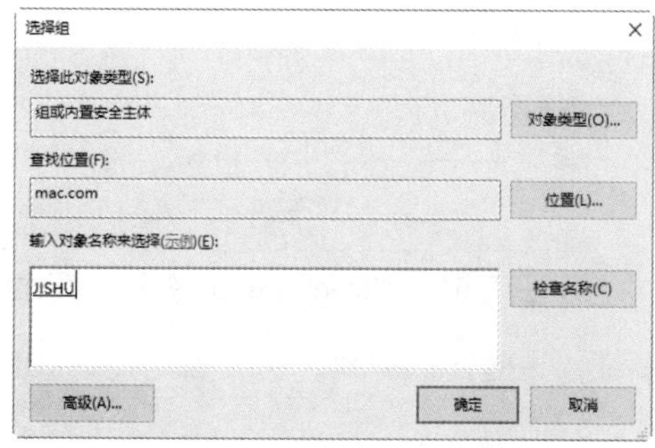

图 3-55　“选择组”对话框

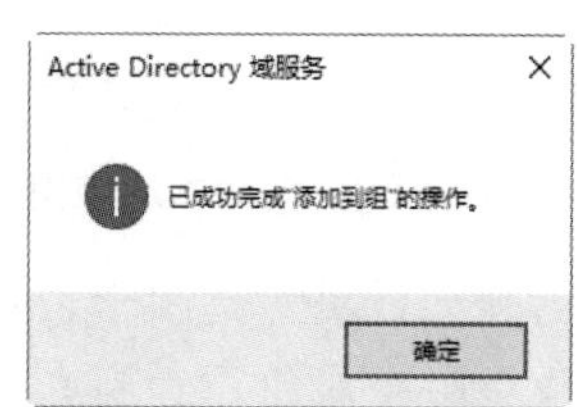

图 3-56　提示对话框

项目总结

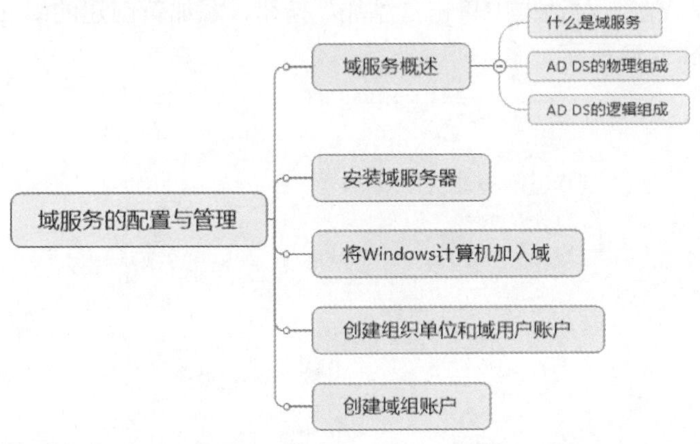

项目实战

实战一 创建本地域组 group

（1）打开“Active Directory 用户和计算机”对话框。

（2）选择左侧列表中的“Users”选项，右击并在弹出的快捷菜单中选择“新建”→“组”命令。

（3）弹出“新建-组”对话框，输入组名“group”，设置组作用域为“本地域”。

（4）单击“确定”按钮，完成本地域组的创建，如图 3-57 所示。

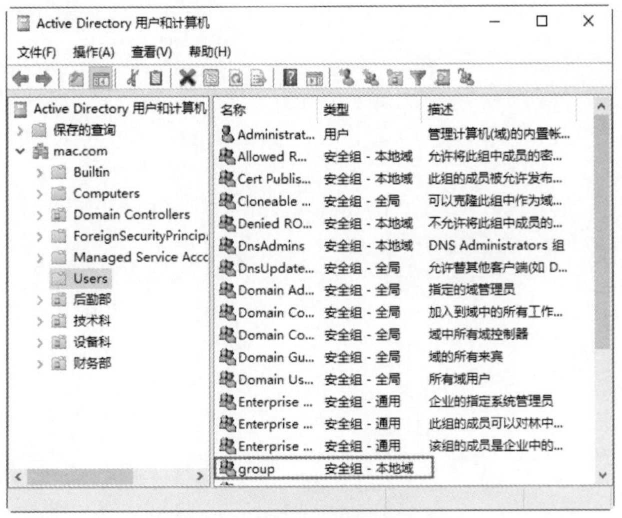

图 3-57 创建本地域组 group

实战二　为本地域组 group 分配权限

（1）在 C 盘中创建 Public 文件夹，打开文件夹的属性对话框。

（2）选择“共享”选项卡，单击“高级共享”按钮。

（3）在“共享权限”对话框中单击“添加”按钮，添加新创建的组 group，将权限设置为完全控制，如图 3-58 所示。

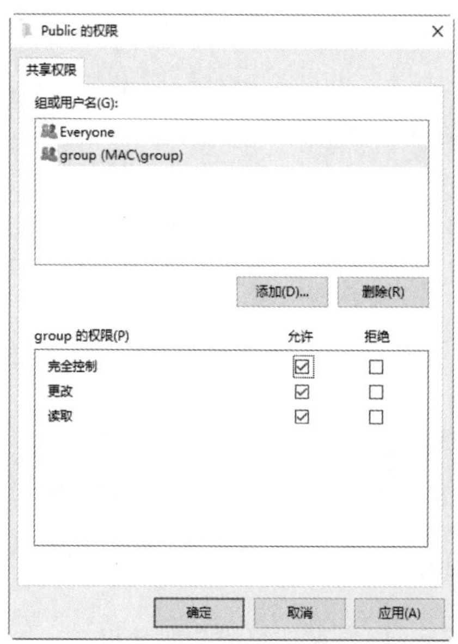

图 3-58　设置权限

组策略的配置与管理

思政目标

- 将学到的知识活学活用，对于相关知识有正确的科学认识
- 发挥主观能动性，学会理论联系实际

技能目标

- 了解组策略的概念
- 掌握配置本地组策略的方法
- 掌握配置域环境中的组策略的方法

项目导读

系统管理员可以利用组策略来管理用户，控制用户在计算机上的操作行为，实现对用户和计算机工作环境的充分管控，从而减轻工作负担。本章主要介绍组策略的概念，以及配置与管理组策略的方法。

任务1 ▶ 组策略

任务引入

随着访问公司网络的用户不断增多，公司网络经常会受到攻击甚至泄露公司重要资源，为了提高计算机的安全性，公司领导要求利用组策略来管理公司的用户账户，配置服务器组策略，并将组策略应用于所有域对象。小明通过上网查阅相关资料来了解组策略。

知识准备

一、组策略概述

系统管理员可以利用组策略来控制用户账户和计算机账户的工作环境。组策略是系统管理员为用户和计算机定义并控制程序、网络资源及操作系统行为的主要工具，通过使用组策略可以设置计算机和用户策略。组策略包含计算机配置和用户配置，可以通过以下两种方法设置。

- 本地组策略：用来设置本地计算机的策略，该策略只应用于本地计算机以及登录该计算机的所有用户。
- 域组策略：在域内针对站点、域和组织单位来配置组策略，域组策略的配置会被应用到域内的所有计算机和用户，组织单位的组策略会被应用到该组织单位的计算机和用户。

组策略的执行顺序依次是本地、站点、域和组织单位，如果策略之间产生冲突，则最近应用的策略生效。

- 本地：在本地计算机上设置的策略。每台计算机都只能有一个在本地存储的组策略对象，在 Windows 版本中，允许每个用户账户分别拥有一个本地组策略。
- 站点：已经链接到计算机所属站点的组策略。处理的顺序由管理员在组策略管理控制台（GPMC）中该站点的“链接的组策略对象”选项卡内指定。
- 域：与计算机所在的域关联的组策略。处理的顺序由管理员在组策略管理控制台（GPMC）中该域的“链接的组策略对象”选项卡内指定。
- 组织单位：与计算机或用户所在的活动目录组织单位关联的组策略。优先处理最高层组织单位的组策略，然后是链接到其子组织单位的组策略，最后处理的是链接到包含该用户或计算机的组织单位的组策略。

二、注册表与组策略

注册表是 Windows 系统中保存系统软件和应用软件配置的数据库，随着 Windows 功能越来越丰富，注册表中的配置项目也越来越多，许多配置可以自定义设置，但这些配置分布在注册表的多个位置，如果是手工修改会比较繁琐。组策略可以将系统重要的配置功能汇集成各种配置模块，供用户直接使用，方便系统管理员管理计算机。

组策略设置的功能是修改注册表中的配置。由于组策略使用了更完善的管理组织方法，因此可以对各种对象的设置进行管理和配置，比手动修改注册表更方便、灵活，功能也更加强大。

任务 2 本地组策略的配置与管理

任务引入

现在小明已经对组策略有了更深入的了解，接下来计划根据公司的需求设置相关的组策略，首先设置本地组策略。

知识准备

一、本地组策略概述

本地组策略主要针对独立的不处于域环境中的本地计算机，影响的是本地计算机的环境，也可以应用到域组中的计算机。本地组策略涉及计算机配置和用户配置，包括软件设置、Windows 设置和管理模板三部分，打开“运行”对话框输入“gpedit.msc”命令，按 Enter 键打开“本地组策略编辑器”对话框，如图 4-1 所示。其中比较常用的是“计算机配置”→“Windows 配置”→“安全配置”中的各种设置，也可以利用“本地安全策略”对话框进行设置。

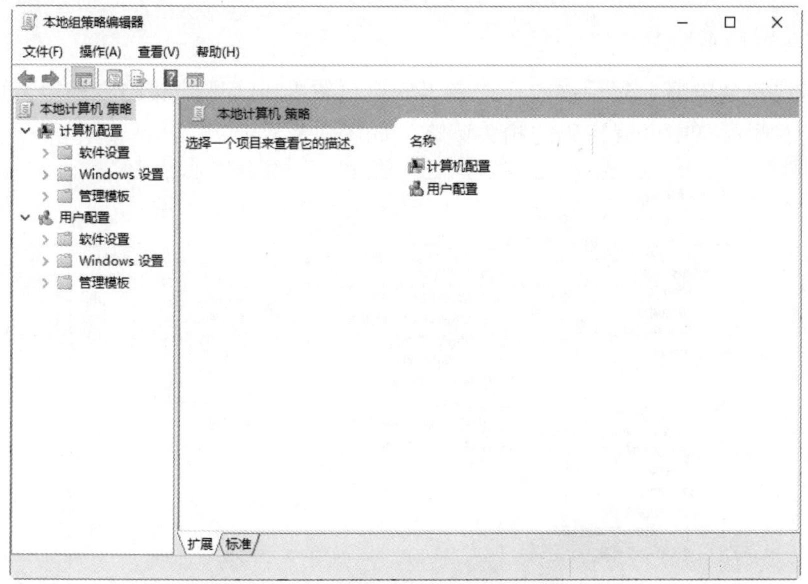

图 4-1 “本地组策略编辑器”对话框

注意

请读者使用未加入域的计算机来练习配置本地组策略，以免受到域组策略的干扰，造成本地组策略的设置失效。

二、配置本地组策略

打开“服务器管理器”对话框，选择右上角的“工具”→“本地安全策略”选项，打开“本地安全策略”对话框，如图 4-2 所示，本地安全策略主要包括账户策略和本地策略，其中账户策略包括密码策略和账户锁定策略，本地策略包括审核策略、用户权限分配和安全选项，这里我们主要介绍用户权限分配和安全选项。

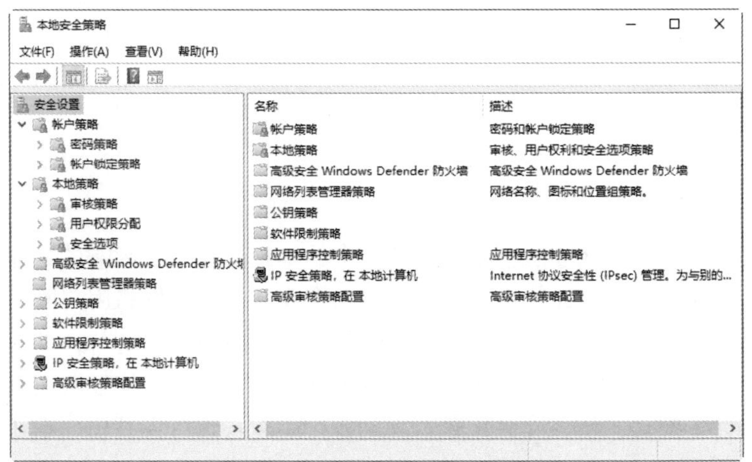

图 4-2 “本地安全策略”对话框

1. 设置密码策略

在“本地安全策略”对话框中，选择“安全设置”→“账户策略”→“密码策略”选项，然后在右侧窗格中设置密码的相关策略，如图 4-3 所示。

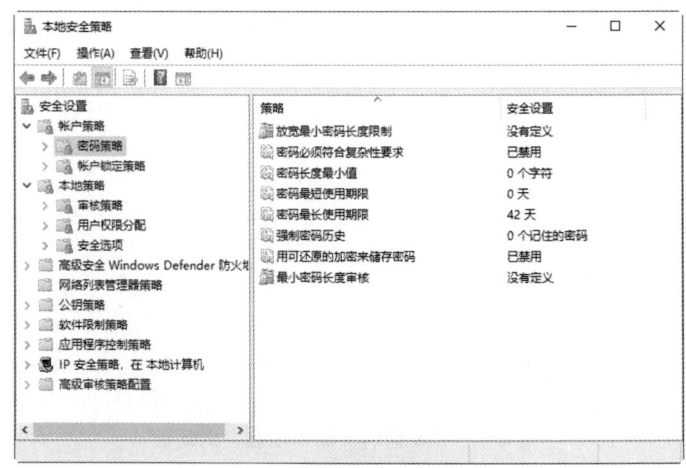

图 4-3 设置密码策略

策略选项说明如下。

- 放宽最小密码长度限制：控制最小密码长度是否可以超出原有的限制 14。
- 密码必须符合复杂性要求：英文字母大小写、数字和特殊符号，必须包括四类字符中的三类。
- 密码长度最小值：设置范围为 0～14，设置为 0 表示不需要密码。
- 密码最短使用期限：设置为 0 表示可以随时更改密码。
- 密码最长使用期限：默认设置为 42 天，设置范围为 0～999，设置为 0 表示密码永不过期。
- 强制密码历史：确定再次使用某个旧密码之前必须与某个用户账户关联的唯一密码数，设置范围为 0～24，设置为 0 表示随意使用旧密码。
- 用可还原的加密来储存密码：如果应用程序需要读取用户密码来验证用户身份，可以启用该功能，由于它相当于用户密码没有加密，因此建议用户谨慎启用该功能。
- 最小密码长度审核：确定发出密码长度审核警告事件的最小密码长度，设置范围为 1～128。

2. 设置账户锁定策略

选择“安全设置”→“账户策略”→“账户锁定策略”选项，然后在右侧窗格中设置账户锁定的相关策略，如图 4-4 所示。

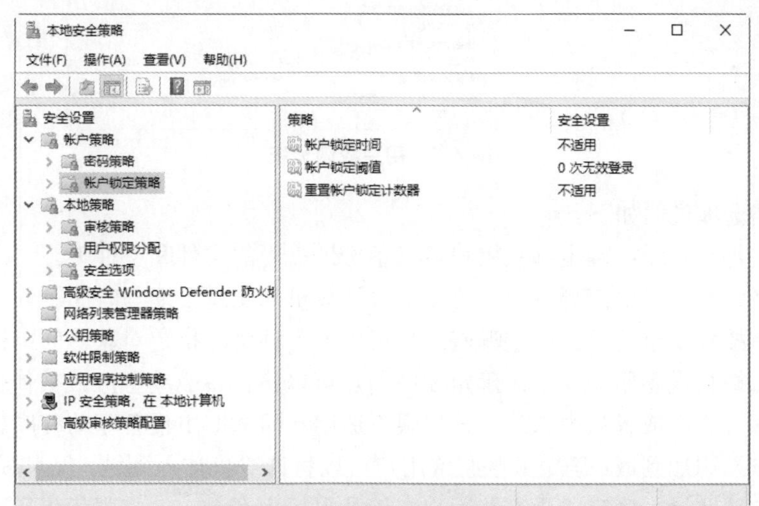

图 4-4 账户锁定策略

策略选项说明如下。

- 账户锁定时间：确定账户保持锁定多少分钟可以自动解锁，设置范围为 0～99999，设置为 0 表示账户要由管理员解除锁定。
- 账户锁定阈值：确定用户在输错多少次密码之后被锁定，设置范围为 0～999，设置为 0 表示不锁定用户账户。
- 重置账户锁定计数器：确定用户在输入密码错误后开始计时，到计数器重置为 0 的时间，该时间必须小于或等于账户锁定时间。

注意

账户锁定策略对本地管理员账户无效。

3. 设置用户权限分配

选择“安全设置”→“账户策略”→“用户权限分配”选项，然后在右侧窗格中设置用户权限分配的相关策略，如图 4-5 所示。

图 4-5 用户权限分配

部分策略选项说明如下。

- 备份文件和目录：确定哪些用户可以备份硬盘内的文件和文件夹。
- 更改系统时间：确定哪些用户可以更改计算机的系统日期与时间。
- 管理审核和安全日志：确定哪些用户可以为各种资源指定对象访问审核选项。
- 加载和卸载设备驱动程序：确定哪些用户可以将设备驱动程序或其他代码动态加载到内核模式中或者从中卸载，该权限不适用于即插即用设备驱动程序。
- 将工作站添加到域：确定哪些组或用户可以将计算机加入到域，仅对域控制器有效。
- 拒绝本地登录：确定防止哪些用户在该计算机上登录，该权限优先于“允许本地登录”策略。
- 拒绝从网络访问这台计算机：确定要防止哪些用户通过网络访问该计算机，该权限优先于“从网络访问此计算机”策略。
- 取得文件或其他对象的所有权：确定哪些用户可以取得系统中所有的文件、文件夹或其他对象的所有权。

4. 设置安全选项

选择“安全设置”→“本地策略”→“安全选项”选项，然后在右侧窗格中设置安全选项的相关策略，如图 4-6 所示。

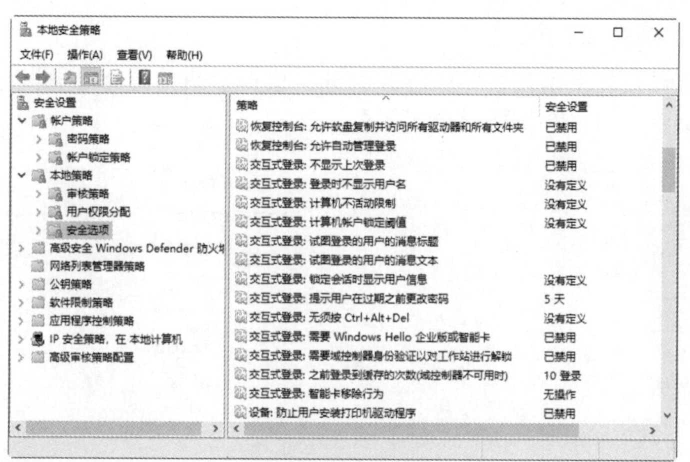

图 4-6 安全选项

部分策略选项说明如下。

• 交互式登录：不显示上次登录

登录界面不显示上次登录到该计算机的用户名。

• 交互式登录：试图登录的用户的消息标题、试图登录的用户的消息文本

用来设置在用户登录计算机前，显示希望用户看到的登录消息，前者设置消息的标题文字，后者设置消息的正文文本。

• 交互式登录：提示用户在密码过期之前更改密码

用来设置在用户密码过期的前几天，提示用户更改密码。

• 交互式登录：无须按 Ctrl+Alt+Del

使登录界面不显示“按 Ctrl+Alt+Del 解锁”的信息。

案例——设置本地安全策略

在安装域控制器之前，设置本地安全策略，要求如下。

（1）配置密码策略

密码长度最小值：8；

密码最短使用期限：5 天；

密码最长使用期限：42 天；

强制密码历史：4。

（2）账户锁定策略

账户锁定时间：10 分钟；

账户锁定阈值：5；

重置账户锁定计数器：30 分钟。

（3）只允许 Administrators 组的用户更改系统时间。

操作步骤如下：

1）选择“服务器管理器”→“工具”→“本地安全策略”选项，打开“本地安全策略”对话框，选择“安全设置”→“账户策略”→“密码策略”选项，在中间窗格中双击“密码长度最小值”策略，打开“密码长度最小值 属性”对话框，设置值为“8”个字符，单

击“确定”按钮，如图 4-7 所示。

2）双击“密码最短使用期限”策略，打开“密码最短使用期限 属性”对话框，设置值为“5”天，单击“确定”按钮，如图 4-8 所示。

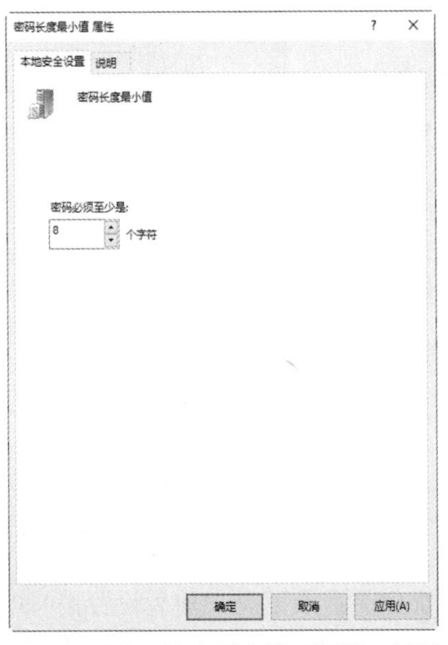

图 4-7 “密码长度最小值 属性”对话框

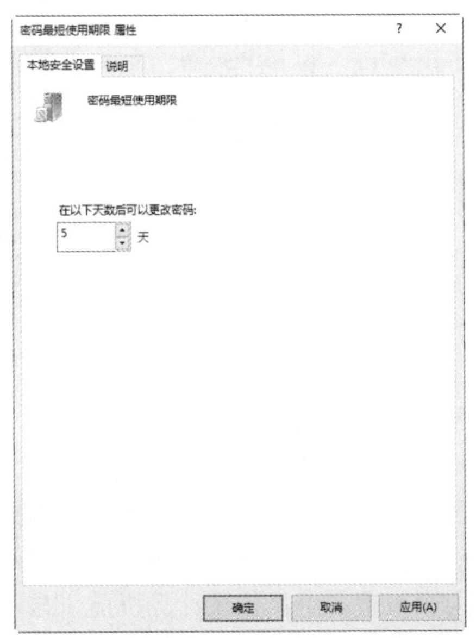

图 4-8 “密码最短使用期限 属性”对话框

3）双击“密码最长使用期限”策略，打开“密码最长使用期限 属性”对话框，设置值为“42”天，单击“确定”按钮，如图 4-9 所示。

4）双击“强制密码历史”策略，打开“强制密码历史 属性”对话框，设置值为“4”个，单击“确定”按钮，如图 4-10 所示。

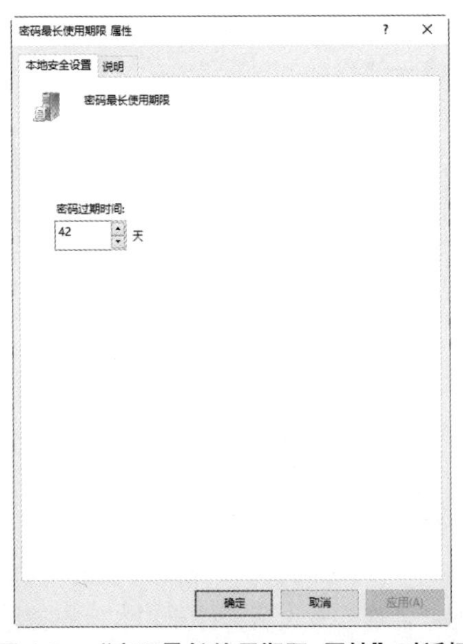

图 4-9 “密码最长使用期限 属性”对话框

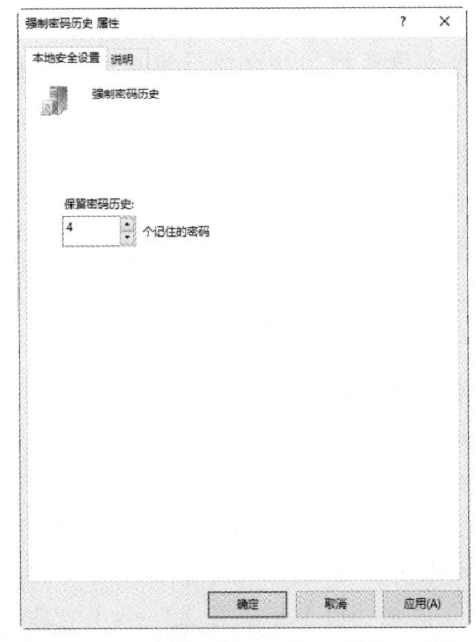

图 4-10 “强制密码历史 属性”对话框

5）当“账户锁定阈值”为 0 时，永远不会锁定账户，则“账户锁定时间”和“重置账户锁定计数器”不适用，因此需要先设置“账户锁定阈值”，如图 4-11 所示。

6）单击“确定”按钮，会弹出“建议的数值改动”提示对话框，显示“账户锁定时间”和“重置账户锁定计数器”的建议设置，单击“确定”按钮，如图 4-12 所示。

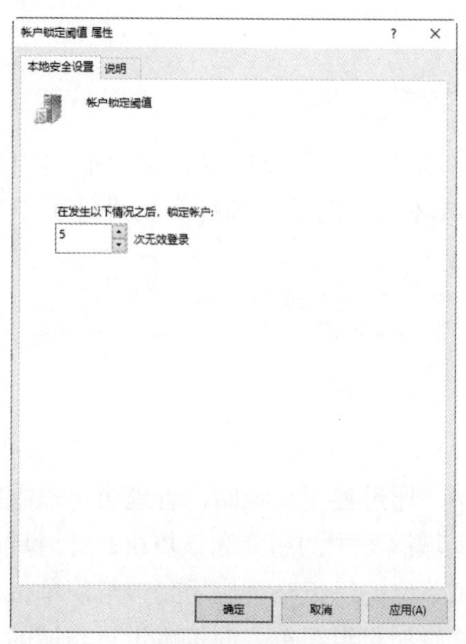

图 4-11 “账户锁定阈值 属性”对话框

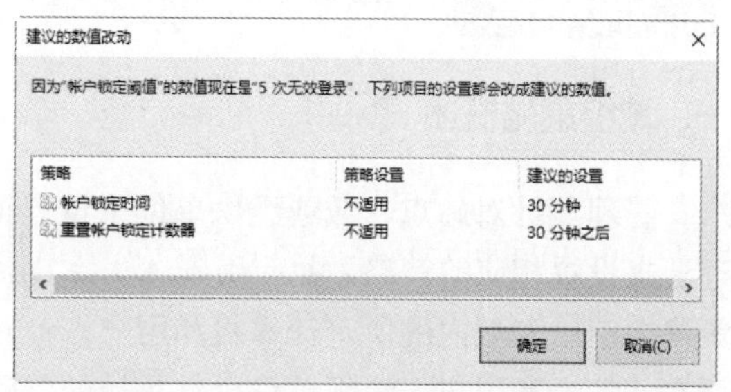

图 4-12 “建议的数值改动”提示对话框

7）双击“账户锁定时间”策略，打开“账户锁定时间 属性”对话框，设置值为“10”分钟，单击“确定”按钮，如图 4-13 所示。

8）选择“安全设置”→“本地策略”→“用户权限分配”选项，在中间窗格中双击“更改系统时间”策略，打开“更改系统时间 属性”对话框，选中除 Administrators 组外的其他组，单击下方的“删除”按钮，然后单击“确定”按钮，如图 4-14 所示。

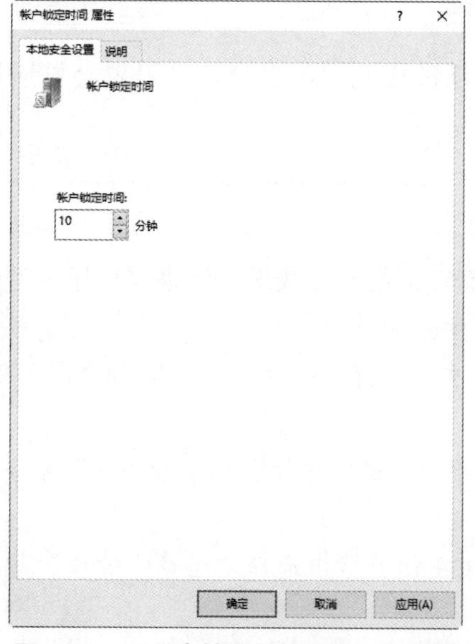

图 4-13 “账户锁定时间属性”对话框

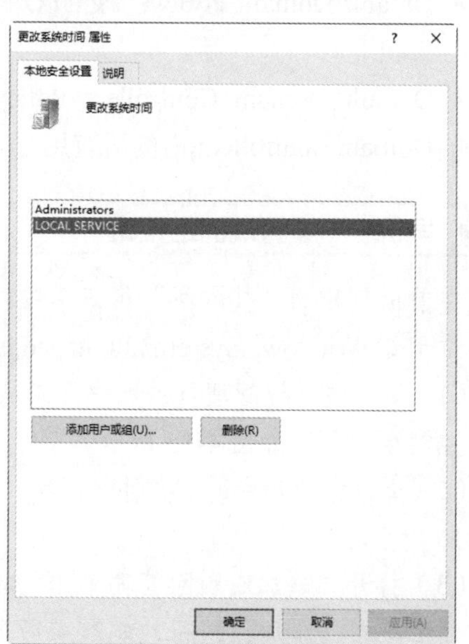

图 4-14 删除其余组

任务3 ▸ 域组策略的配置与管理

任务引入

小明为公司的服务器配置了本地组策略，完成了对用户和计算机账户的集中化管理，现在在该服务器上安装了域控制器，需要对域环境中的用户和计算机进行集中管理和配置。

知识准备

一、域组策略概述

管理员针对站点、域或组织单位来设置组策略，通过使用组策略，管理员可以根据管理要求设置相应的策略，并应用到 Active Directory 域服务中的用户和计算机。针对域的组策略会应用到域内的所有计算机和用户，针对组织单位的组策略会应用到该组织单位内的所有计算机和用户，组织单位会继承域的策略设置。如果组织单位的策略设置与域的策略设置发生冲突，默认以组织单位的策略设置优先。

二、创建域环境中的组策略

组策略的设置存储在域控制器的 GPO 中，管理员可以通过组策略管理控制台（GPMC）来创建和编辑 GPO，系统有两个内置的 GPO。

- Default Domain Policy：该 GPO 链接到域，其设置会被应用到域内的所有用户和计算机。
- Default Domain Controllers Policy：该 GPO 链接到组织单位，其设置会被应用到 Domain Controllers 内的所有用户和计算机。

案例——设置域的组策略

在前面创建的“技术科”组织单位内设置组策略拒绝所有域用户记事本程序的运行，程序位于 C:\Windows\System32\notepad.exe。操作步骤如下。

（1）使用域系统管理员的账户登录域控制器，在“运行”对话框中输入“MMC”命令，打开控制台界面，如图 4-15 所示。

（2）单击菜单栏中的“文件”选项，在下拉菜单中选择“添加/删除管理单元”命令，如图 4-16 所示。

（3）打开“添加或删除管理单元”对话框，在左侧窗格中选择“组策略管理”管理单元，然后单击“添加”按钮，如图 4-17 所示。

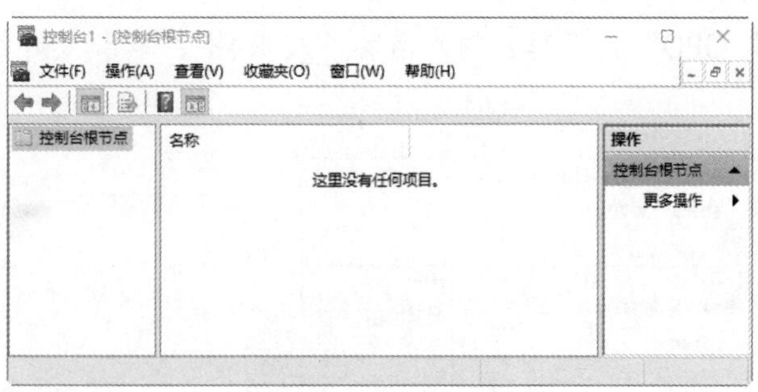

图 4-15 控制台界面

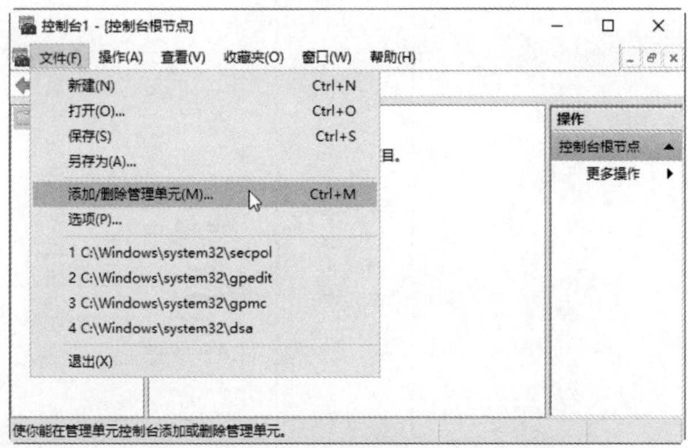

图 4-16 选择“添加/删除管理单元”命令

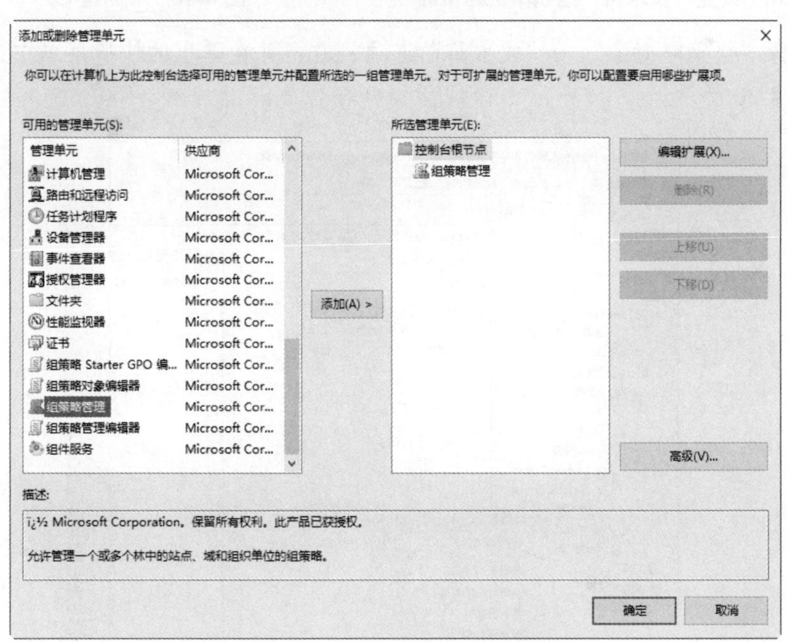

图 4-17 添加“组策略管理”管理单元

（4）单击“确定”按钮，返回控制台界面，在“控制台根节点”列表下，选择“技术科”选项，右击并在弹出的快捷菜单中选择“在这个域中创建 GPO 并在此处链接”命令，如图 4-18 所示。

（5）弹出“新建 GPO”对话框，输入名称“技术科”，单击“确定”按钮，如图 4-19 所示。

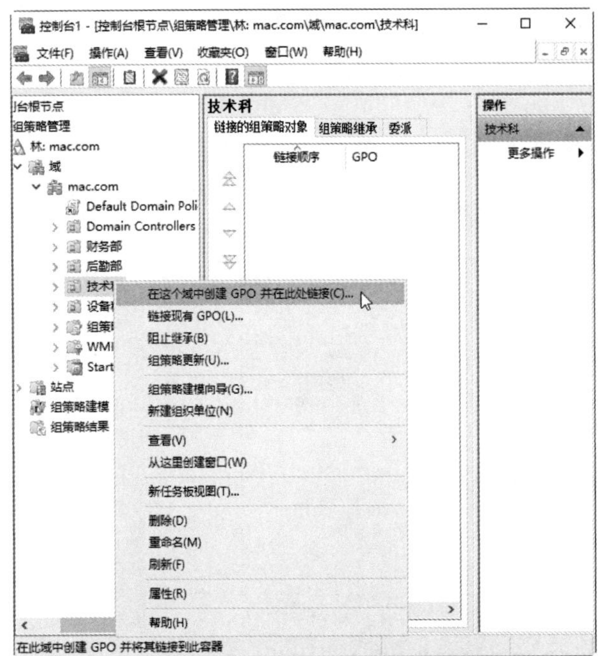

图 4-18 设置“技术科”组织单位组策略

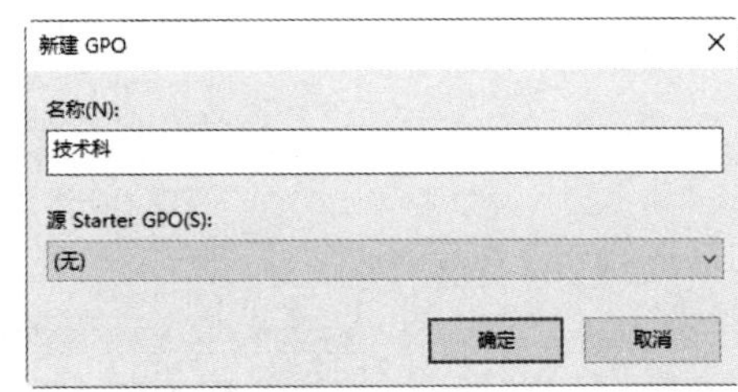

图 4-19 “新建 GPO”对话框

（6）选择“组策略对象”→“技术科”选项，右击并在弹出的快捷菜单中选择“编辑”命令，如图 4-20 所示。

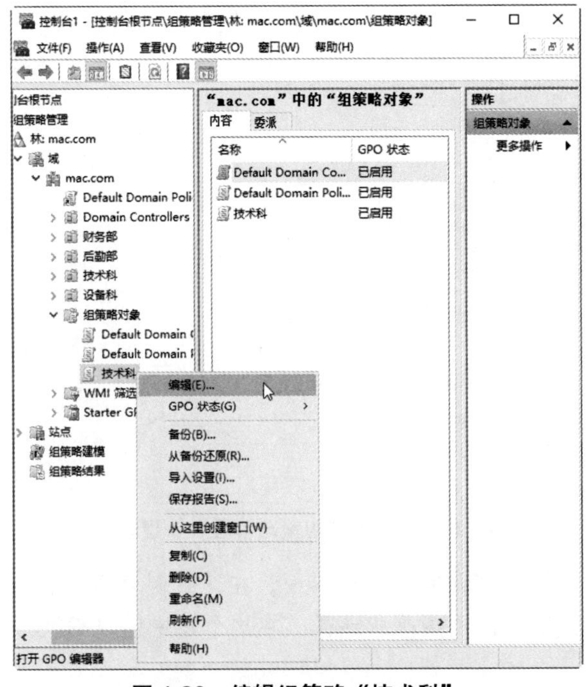

图 4-20 编辑组策略“技术科”

（7）弹出“组策略管理编辑器”对话框，选择“计算机配置”→“策略”→“Windows 设置”→“安全设置”→“应用程序控制策略”→“AppLocker”→“可执行规则”选项，右击并在弹出的快捷菜单中选择“创建默认规则”命令，如图 4-21 所示。

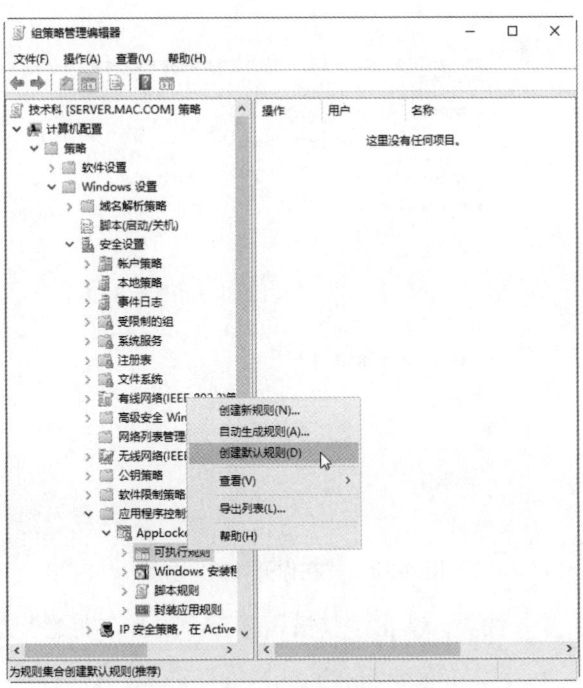

图 4-21 选择“创建默认规则”

（8）在右侧窗格中会显示前面创建的默认规则，再次选择“可执行规则”，右击并在弹出的快捷菜单中选择“创建新规则”命令，如图 4-22 所示。

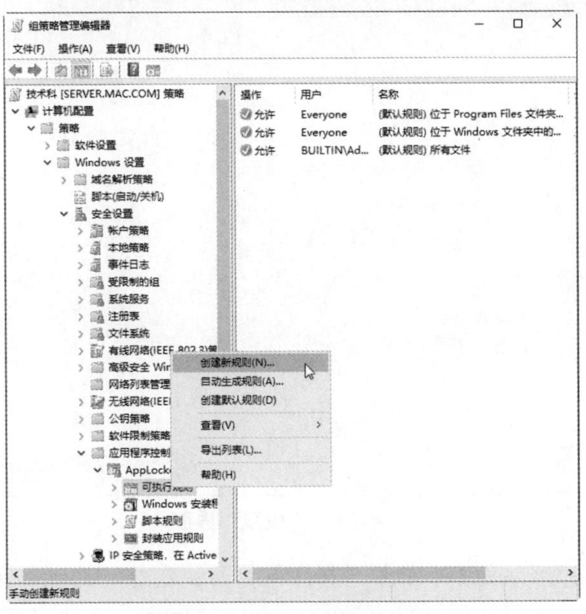

图 4-22 选择“创建新规则”

（9）弹出“创建 可执行规则”对话框，显示“在你开始前”界面，如图 4-23 所示。

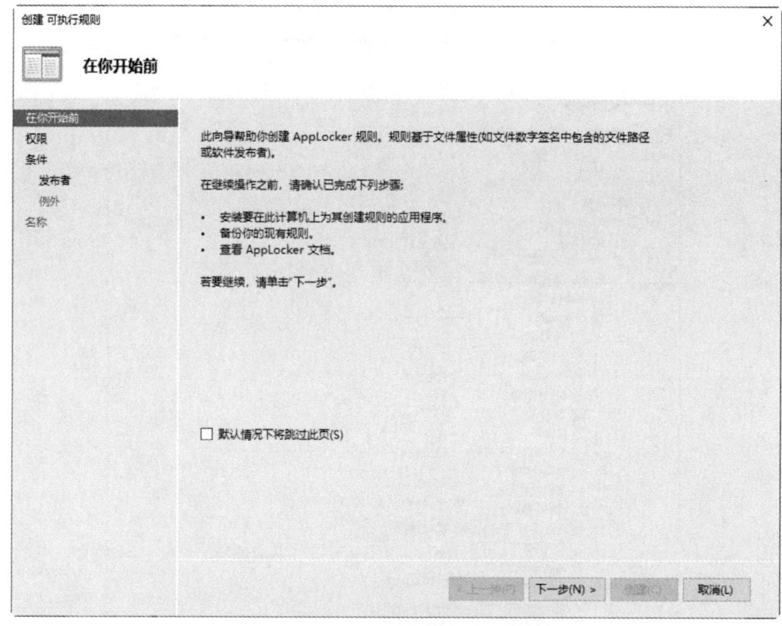

图 4-23 “在你开始前”界面

（10）单击“下一步”按钮，弹出“权限”界面，选择“拒绝”单选按钮，如图 4-24 所示。

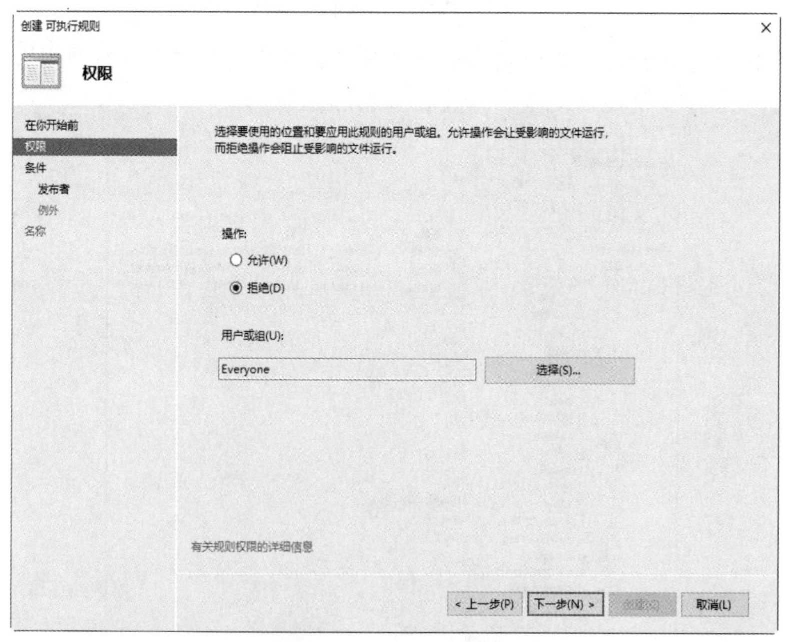

图 4-24 “权限”界面

（11）单击“下一步”按钮，弹出“条件”界面，选择“路径”单选按钮，如图 4-25 所示。

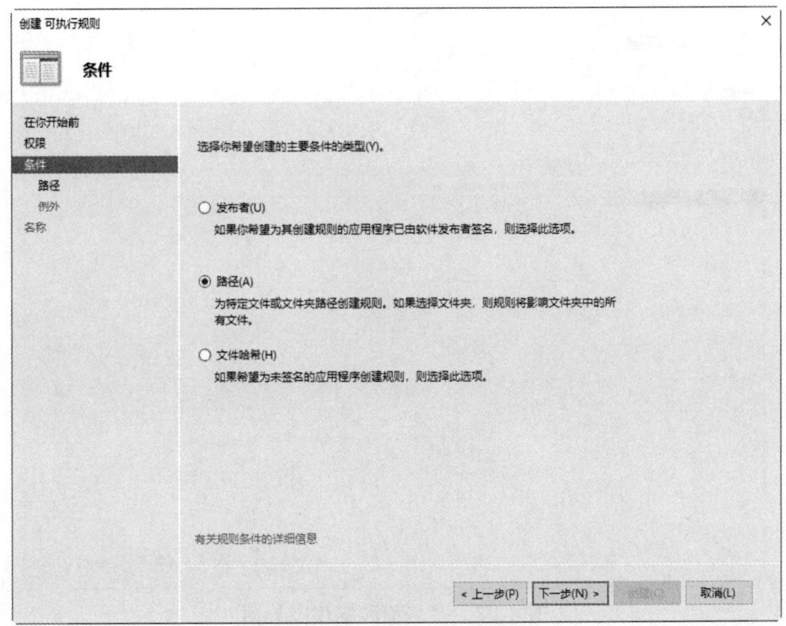

图 4-25　“条件”界面

（12）单击“下一步”按钮，弹出“路径”界面，选择“浏览文件”按钮，选择 HyprSnap6 的程序文件，如图 4-26 所示。

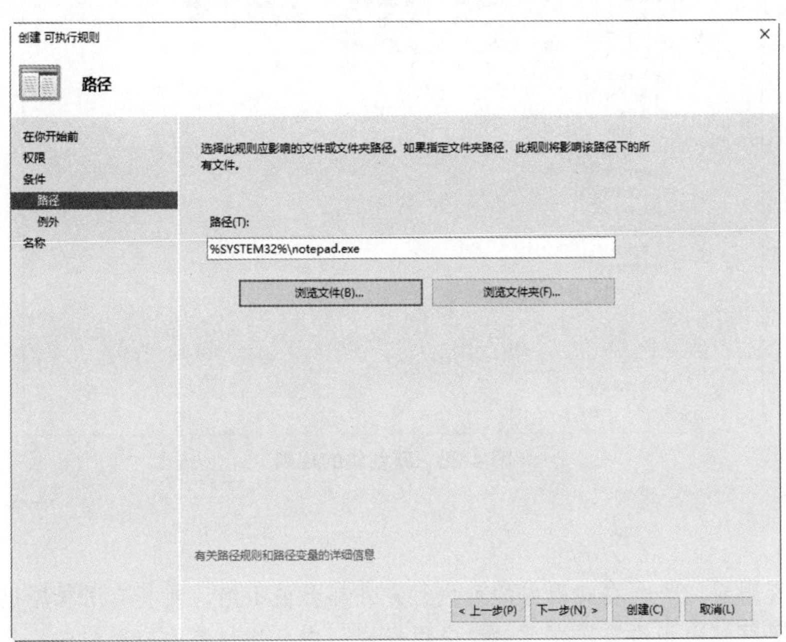

图 4-26　“路径”界面

（13）继续单击“下一步”按钮，直到出现“名称和描述”界面，单击“创建”按钮，如图 4-27 所示。

（14）弹出“组策略管理编辑器”对话框，可以看到新创建的规则，如图 4-28 所示。

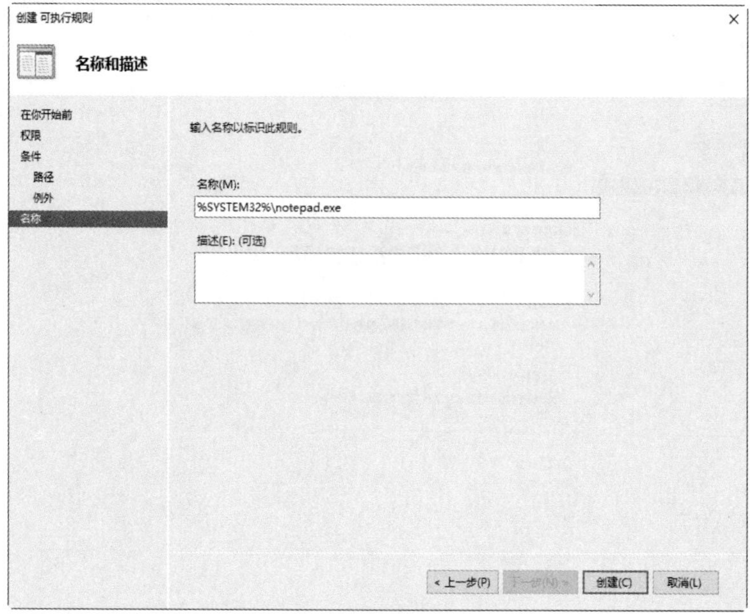

图 4-27 “名称和描述”界面

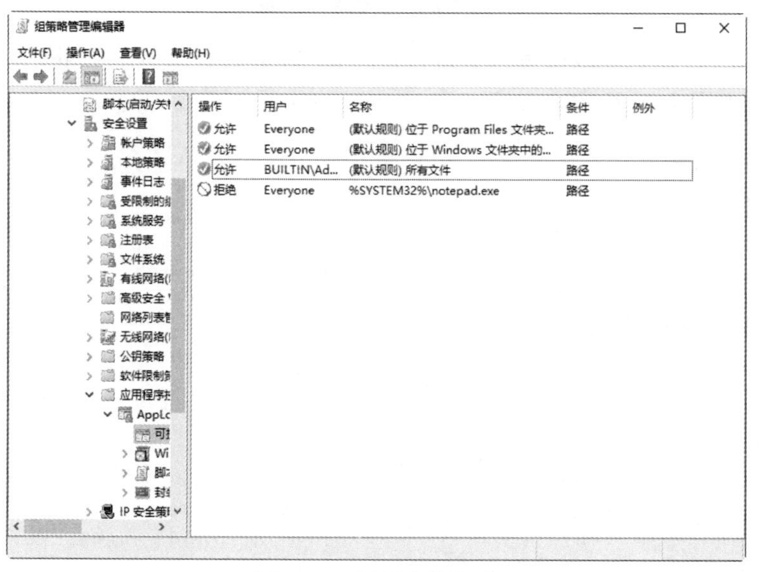

图 4-28 新创建的规则

注意

创建规则后，未列在规则内的可执行文件都会被拒绝，封装应用程序也会一起被拒绝，如果要解除拒绝需要在“封装应用规则”中允许封装的应用程序，只需要通过建立默认规则来开放即可。

选择“应用程序控制策略”→“AppLocker”→“可执行规则”选项，右击并在弹出的快捷菜单中选择“创建默认规则”命令，此默认规则会开放所有已签名的封装的应用程序。

▶项目总结

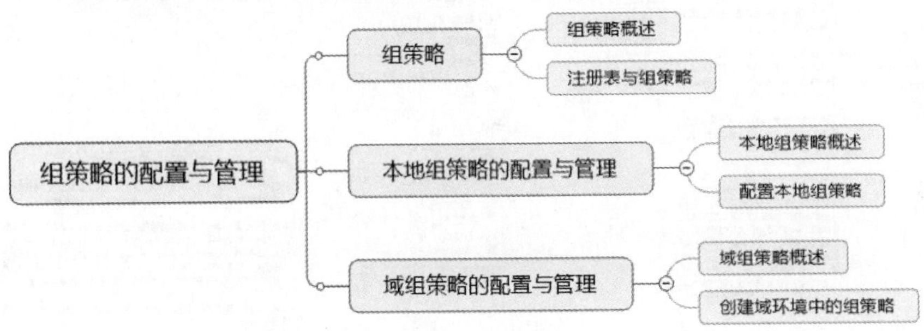

▶项目实战

实战一 设置本地组策略

在服务器配置为域控制器之前，设置本地安全策略，要求如下。

- 密码必须符合复杂性要求；
- 密码长度最小值：7；
- 只允许 Administrators 组的用户通过网络远程连接到服务器。

（1）在“本地安全策略”窗口中，选择“账户策略”→“密码策略”选项，启用“密码必须符合复杂性要求”策略。

（2）启用“密码长度最小值”策略，将其值设置为“7”。

（3）选择“本地策略”→“用户权限分配”选项，打开“从网络访问此计算机 属性”对话框，删除其余组，仅保留“Administrators”组。

实战二 设置域的组策略

在域“mac.om”中设置组策略，为所有用户设置统一的桌面。

（1）选择“控制台根节点”列表下的选择“组策略对象”→“Default Domain Policy”选项，右击并在弹出的快捷菜单中选择“编辑”命令。

（2）在弹出的“组策略编辑管理器”对话框中选择“用户配置”→“策略”→“管理模板”→“桌面”→“桌面”选项。

（3）在中间窗格中选择“桌面墙纸”选项，在弹出的“桌面墙纸”对话框中设置桌面墙纸样式，如图 4-29 所示。

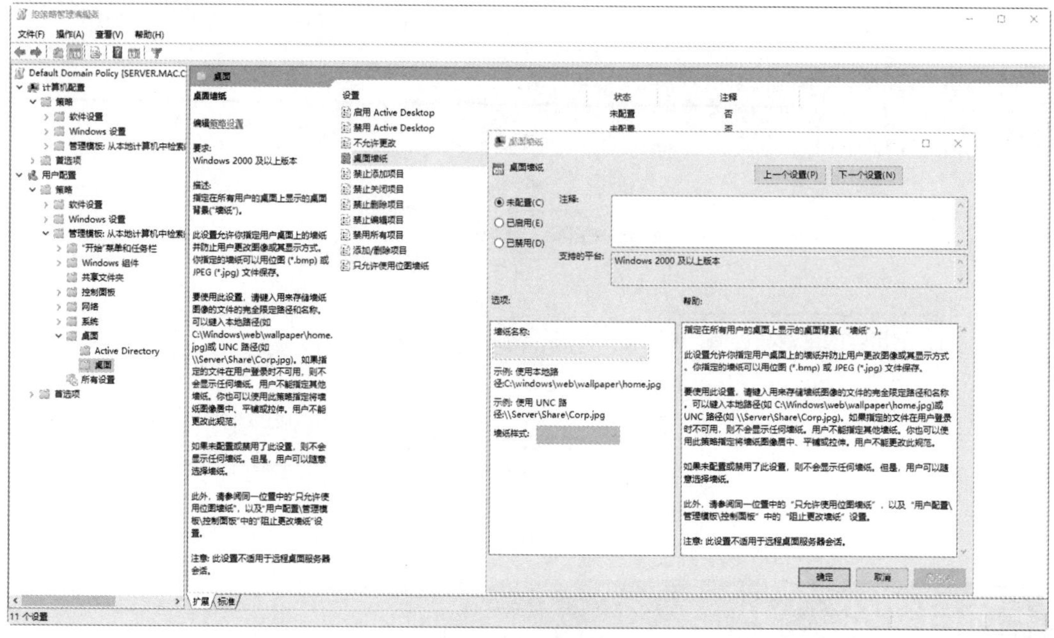
组策略管理编辑器
文件(F) 操作(A) 查看(V) 帮助(H)
Default Domain Policy [SERVER.MAC.C
计算机配置
策略
软件设置
Windows 设置
管理模板: 从本地计算机中检索
首选项
用户配置
策略
软件设置
Windows 设置
管理模板: 从本地计算机中检索
"开始"菜单和任务栏
Windows 组件
共享文件夹
控制面板
网络
系统
桌面
Active Directory
桌面
所有设置
首选项
11 个设置
桌面
桌面墙纸
编辑策略设置
要求:
Windows 2000 及以上版本
描述:
指定在所有用户的桌面上显示的桌面背景("墙纸")。
此设置允许你指定用户桌面上的墙纸并防止用户更改图像或其显示方式。你指定的墙纸可以用位图 (*.bmp) 或 JPEG (*.jpg) 文件保存。
如果未配置或禁用了此设置，则不会显示任何墙纸。但是，用户可以随意选择墙纸。
注意: 此设置不适用于远程桌面服务器会话。
扩展 标准
设置
启用 Active Desktop
禁用 Active Desktop
不允许更改
桌面墙纸
禁止添加项目
禁止关闭项目
禁止删除项目
禁止编辑项目
禁用所有项目
添加/删除项目
只允许使用位图墙纸
状态
未配置
注释
否
桌面墙纸
上一个设置(P)
下一个设置(N)
未配置(C)
已启用(E)
已禁用(D)
注释:
支持的平台:
Windows 2000 及以上版本
选项:
帮助:
墙纸名称:
示例: 使用本地路径:C:\windows\web\wallpaper\home.jpg
示例: 使用 UNC 路径:\\Server\Share\Corp.jpg
墙纸样式:
确定
取消
图 4-29　设置桌面

项目五 DNS 的配置与管理

思政目标

- 脚踏实地，坚持主动提升自身技能
- 实事求是，真正掌握所学内容

技能目标

- 了解 DNS 服务的基本概念和工作原理
- 掌握 DNS 服务器的安装方法
- 掌握 DNS 正向区域和反向区域的配置方法
- 掌握 DNS 服务器的测试方法

项目导读

域名系统（Domain Name System，DNS）是一种分布式网络目录服务，用来实现服务器域名和 IP 地址之间的映射，帮助用户快速访问 Internet 中的主机资源提供的服务。本章我们来讲解如何安装 DNS 服务器，如何配置 DNS 主区域的正向解析和反向解析，以及如何检测 DNS 服务器。

任务1 DNS 概述

任务引入

为了方便员工及时了解公司发布的信息，公司想要搭建 Web 服务器，但是员工只能通过 IP 地址访问站点，由于 IP 地址不方便记忆，因此公司注册了网站域名，员工利用域名即可访问站点，但是需要小明配置 DNS 服务器来实现。

知识准备

一、DNS 服务器

DNS 服务器是计算机域名系统（Domain Name System）的英文缩写，由域名解析器和域名服务器两部分组成。其中域名服务器用来保存该网络中所有主机的域名和对应的 IP 地址，并且将域名转换成 IP 地址。其中域名必须对应一个 IP 地址，而 IP 地址不一定有域名。由于 IP 地址由数字串组成，不方便记忆，而域名能够帮助用户记忆，DNS 就是将域名映射为 IP 地址的服务器。当用户要连接某网站时，只要输入网址，客户端会向 DNS 服务器提出查询该网址的 IP 地址的请求，通过域名解析找到相应的 IP 地址。

当客户端向指定的 DNS 服务器提出查找某一 IP 地址的请求时，DNS 服务器会先在自己的资料库中查找用户指定的 IP 地址，如果未查找到所需的数据，该 DNS 服务器会向最接近其名称的服务器要求查找。

二、域名空间

DNS 域名空间呈分层式树状结构，如图 5-1 所示，域名由一串用点分隔的字母组成。根位于树状结构的顶端，用“.”表示。

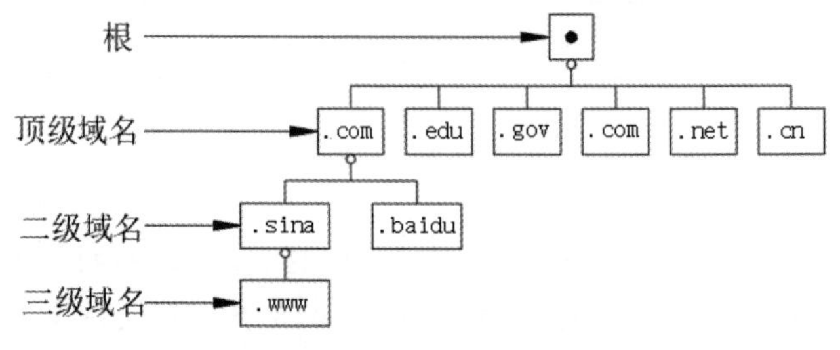

图 5-1　域名的结构

根下面为顶级域名，顶级域名用来对组织分类，表 5-1 为常见的顶级域名。顶级域名一般分为三类：一是国家和地区顶级域名，如.cn 代表中国、.us 代表美国；二是国际顶级域名，如.edu 代表教育、.gov 代表官方政府机构；三是新顶级域名。

表 5-1 常见的顶级域名

顶级域名	适用情况	顶级域名	适用情况
.com	适用于商业机构	.cn	中国国家顶级域名（每个国家都有一个唯一的域名）
.biz	适用于商业机构	.us	美国国家顶级域名
.net	适用于网络服务机构	.aero	适用于航空运输业
.edu	适用于教育或学术研究机构	.coop	适用于合作团体
.gov	适用于官方政府机构	.name	适用于个人
.mil	适用于国防军事机构	.pro	适用于会计、律师等自由职业
.org	适用于非营利机构	.info	适用于各种情况

顶级域名下面是二级域名，供公司或组织单位来申请和使用，要在 Internet 上使用域名必须事先申请。在二级域之下还可以再设置多层子域，子域的域名后面需要附加父域的域名，也就是说域名的名称空间是连续的。如在 edu.com 下面为理科部 science 建立一个子域，其域名应为 science. edu.com。

三、查询模式

DNS 服务器有两种查询模式，分别是 Recursive 和 Interactive。

递归式（Recursive）：DNS 客户端向 DNS 服务器提出查询要求，如果 DNS 服务器查询不到需要的信息，就会向其他的 DNS 服务器查询，由客户端提出的要求属于递归式查询。

交谈式（Interactive）：DNS 服务器之间的查询模式，当第一个 DNS 服务器向第二个 DNS 服务器提出查询要求后，如果第二个 DNS 服务器查询不到，会向第一个 DNS 服务器提供第三个 DNS 服务器的 IP 地址，第一个 DNS 服务器将自行向第三个 DNS 服务器提出查询请求。

四、区域类型

DNS 区域分为两大类，分别是正向查找区域和反向查找区域。每一类区域又分为三种区域类型：主要区域（Primary Zone）、辅助区域（Secondary Zone）和存根区域（Stub Zone）。

主要区域（Primary Zone）：包含相应 DNS 命名空间所有的资源记录，是区域中所包含的所有 DNS 域的权威 DNS 服务器。管理员可以在此区域内新建、修改和删除记录，区域中的数据是以文本文件格式存储的。如果 DNS 是域控制器，则区域内的数据会存储在区域文件或活动目录数据库中，并且会伴随活动目录数据库被复制到其他域控制器中，则此区域被称为“活动目录集成区域”。若 DNS 服务器是独立服务器，则区域内的数据会存储在区域文件中，并且该区域文件名默认是“区域名称.dns”。当主要区域创建之后，DNS 服务器就是该区域的主要名称服务器。

辅助区域（Secondary）：主要区域的副本，区域内的文件是从主要区域直接复制过来的，同样包含相应 DNS 命名空间所有的资源记录，是区域中包含的所有 DNS 域的权威 DNS 服务器。与主要区域的不同之处是，辅助区域的区域文件是只读文件，不能随意修改。当辅助区域创建完成后，DNS 服务器就是该区域的辅助名称服务器。

存根区域（Stub）：存根区域也是一个区域副本，与辅助区域不同的是，存根区域仅标识该区域内的 DNS 服务器所需的资源记录，分别是名称服务器（Name Server，NS）、主机资源记录的区域副本。存根区域内的服务器无权管理区域内的资源记录。默认情况下，区域数据是以文本文件格式存储的，不过也可以像主要区域一样将存根区域的数据存放在活动目录中并且伴随活动目录数据同时复制。

任务 2 ▶ 安装 DNS 服务

任务引入

小明已经了解了 DNS 服务器的相关概念和工作原理，接下来计划安装 DNS 服务器。

知识准备

在安装 DNS 服务器之前，要确定计算机是否满足 DNS 服务器的最低要求，安装完成后要配置服务器的静态 IP 地址，创建正向查找区域和反向查找区域，同时还要创建相关资源记录，主要包括以下几类。

（1）主机记录：也称为 A 记录，它是名称解析的重要记录，A 记录的作用是说明域名对应的 IP 地址。

（2）别名记录：也称为 CNAME 记录，允许将多个名字映射到同一台计算机上，通常用于同时提供 WWW 和 MAIL 服务的计算机。

（3）指针记录：也称为 PTR 记录，是 A 记录的逆向记录，作用是把 IP 地址解析成域名。

（4）邮件交换器记录：也称为 MX 资源记录，该记录列出了负责接收发送到域中的电子邮件的主机。要创建 MX 资源记录，首先需要创建主机记录，因为 MX 资源记录在描述服务器时不能使用 IP 地址，只能使用完全合格的域名。

（5）转发器：网络上的 DNS 服务器，用来将外部 DNS 名称的 DNS 查询转发给该网络外的 DNS 服务器。

一、安装 DNS 服务器

由于安装域控制器需要同时安装 DNS 服务器，因此前面的章节在介绍安装域控制器时，已经同时完成了 DNS 服务器的安装，接下来我们在另一台 Server1 服务器上演示如何单独安装 DNS 服务器，操作步骤如下。

（1）为服务器配置静态 IP 地址，使 DNS 服务器地址与 IP 地址保持一致，如图 5-2 所示。

（2）选择“开始”→“服务器管理”命令，打开“服务器管理器”对话框，单击“添加角色和功能”链接。

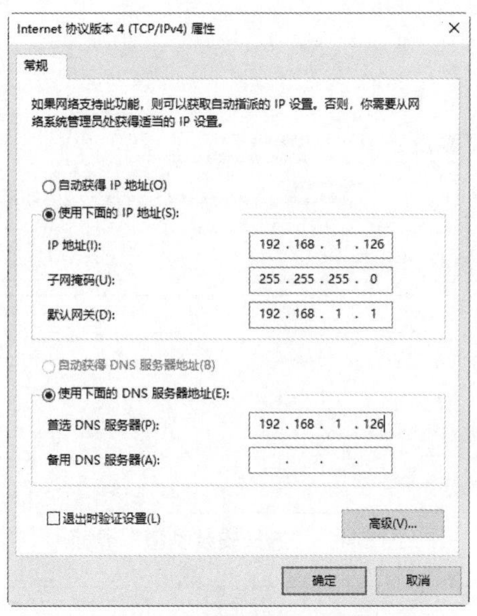

图 5-2 配置静态 IP 地址

（3）打开“添加角色和功能向导”对话框，在“开始之前”界面直接单击“下一步”按钮，如图 5-3 所示。

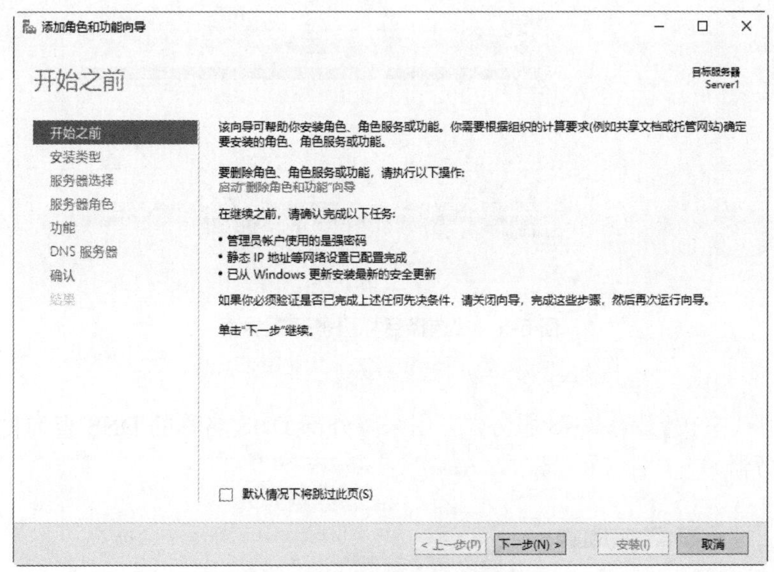

图 5-3 “开始之前”界面

（4）弹出“选择安装类型”界面，选择“基于角色或基于功能的安装”单选按钮，如图 5-4 所示。

（5）单击“下一步”按钮，弹出“选择目标服务器”界面，选择“从服务器池中选择服务器”单选按钮，然后在服务器池中选择要把服务器安装到哪台计算机上，如图 5-5 所示。

（6）单击“下一步”按钮，弹出“选择服务器角色”界面，选择“DNS 服务器”复选框，在弹出的提示对话框中单击“添加功能”按钮，如图 5-6 所示。

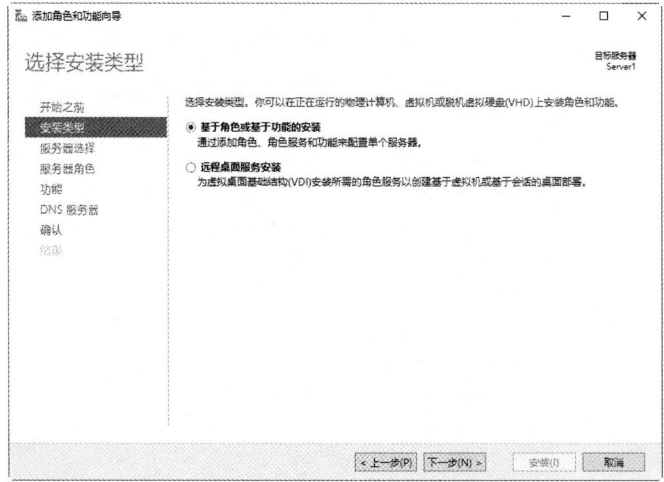

图 5-4　“选择安装类型”界面

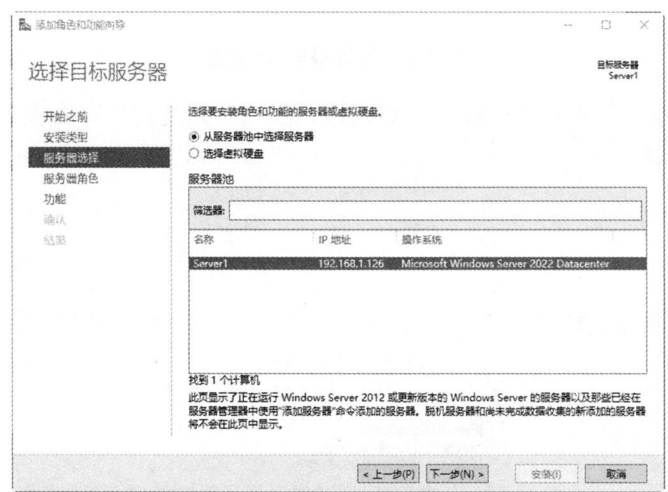

图 5-5　“选择目标服务器”界面

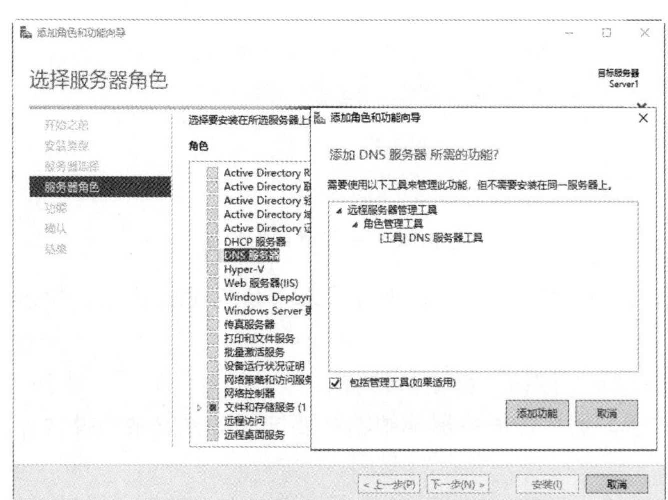

图 5-6　“选择服务器角色”界面

（7）继续单击“下一步”按钮，直到出现“确认安装所选内容”界面，如图 5-7 所示。

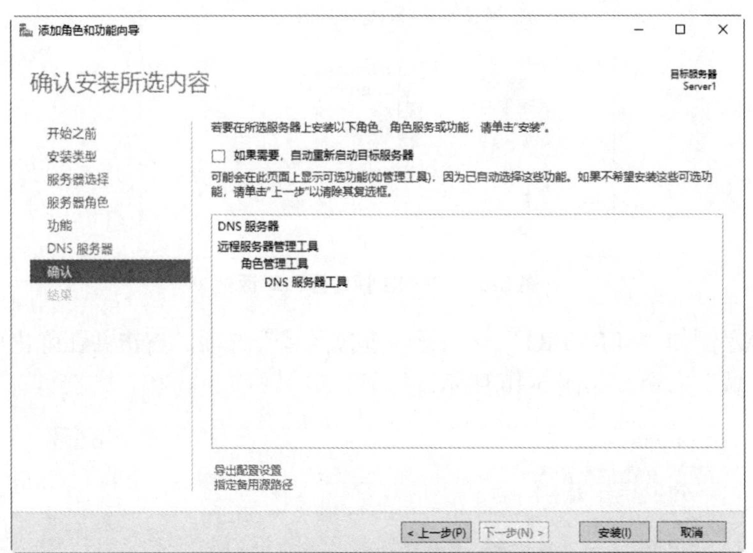

图 5-7　“确认安装所选内容”界面

（8）单击“安装”按钮，弹出“安装进度”界面，显示安装进度，如图 5-8 所示。

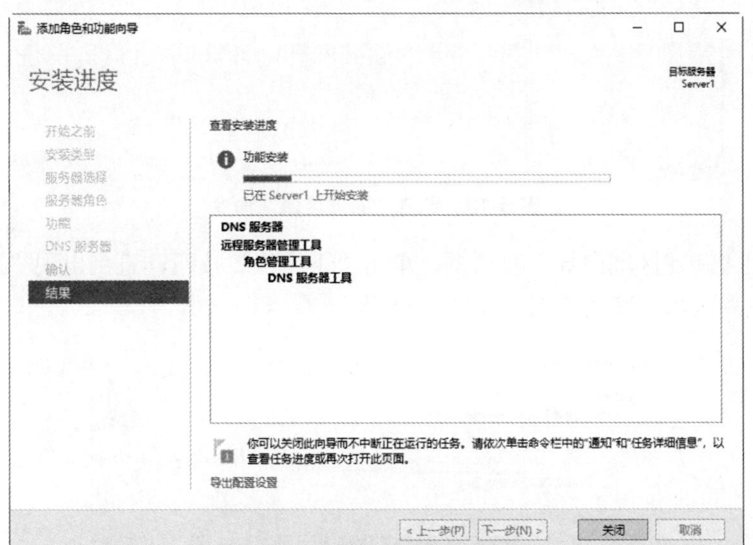

图 5-8　“安装进度”界面

（9）安装成功后，单击“关闭”按钮结束安装。

二、创建正向查找区域

大部分客户端提出的要求是将域名解析成 IP 地址，即进行正向解析，正向解析是由正向查找区域完成的。创建正向查找区域的操作步骤如下。

（1）在“服务器管理器”对话框中选择右上角的“工具”→“DNS”选项，打开“DNS 管理器”对话框，如图 5-9 所示。

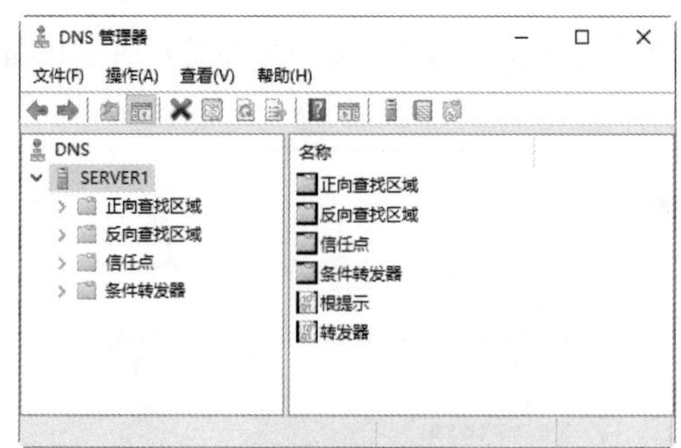

图 5-9 “DNS 管理器”对话框

（2）选择左侧的“SERVER1”→“正向查找区域”选项，右击并在弹出的快捷菜单中选择“新建区域”命令，如图 5-10 所示。

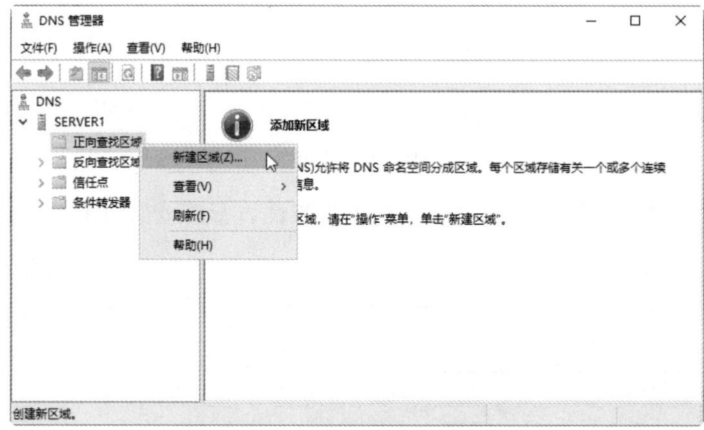

图 5-10 选择“新建区域”命令

（3）弹出“新建区域向导”对话框，单击“下一步”按钮，直到出现“区域类型”界面，选择“主要区域”单选按钮，如图 5-11 所示。

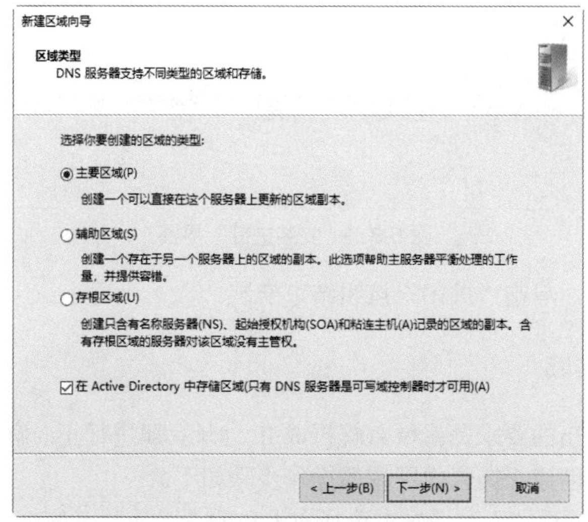

图 5-11 “区域类型”界面

（4）单击“下一步”按钮，弹出“区域名称”界面，输入区域名称，如图 5-12 所示。

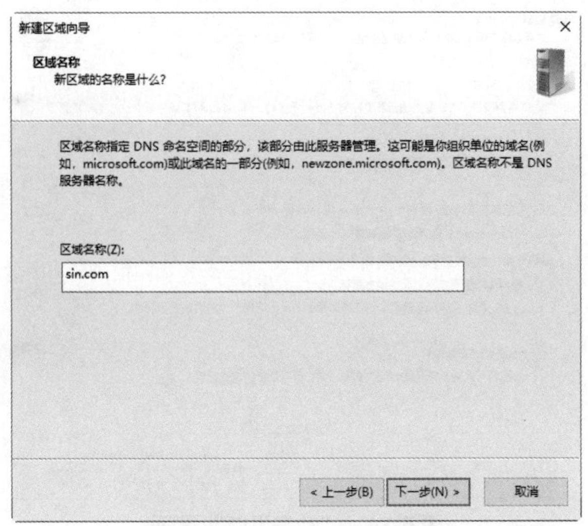

图 5-12 “区域名称”界面

（5）单击“下一步”按钮，弹出“区域文件”界面，采用默认的文件名称，如图 5-13 所示。

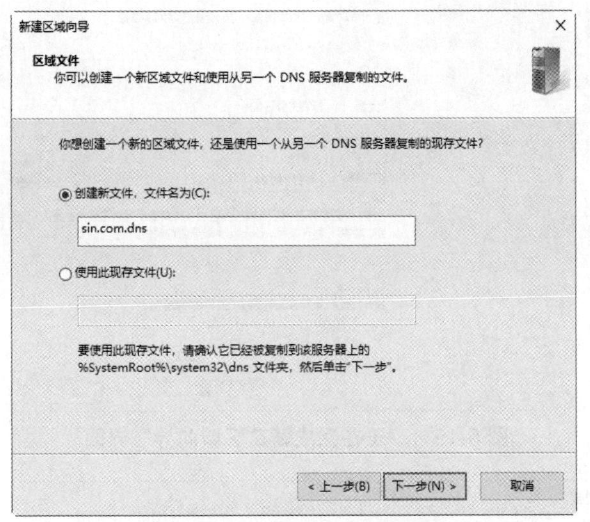

图 5-13 “区域文件”界面

（6）单击“下一步”按钮，弹出“动态更新”界面，指定 DNS 区域的安全使用范围，选择“允许非安全和安全动态更新”单选按钮，如图 5-14 所示。

（7）单击“下一步”按钮，弹出“正在完成新建区域向导”界面，其中显示了新建区域的信息，如图 5-15 所示。

（8）单击“完成”按钮，返回“DNS 管理器”对话框，在“正向查找区域”目录下可以看到刚刚创建的区域目录，如图 5-16 所示。

接下来创建主机等相关数据，包括主机（A）、主机别名（CNAME）、邮件交换器（MX）和转发器等。

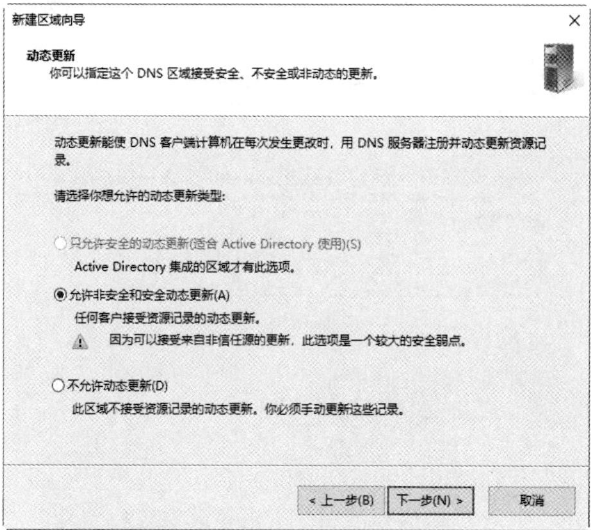

图 5-14 “动态更新”界面

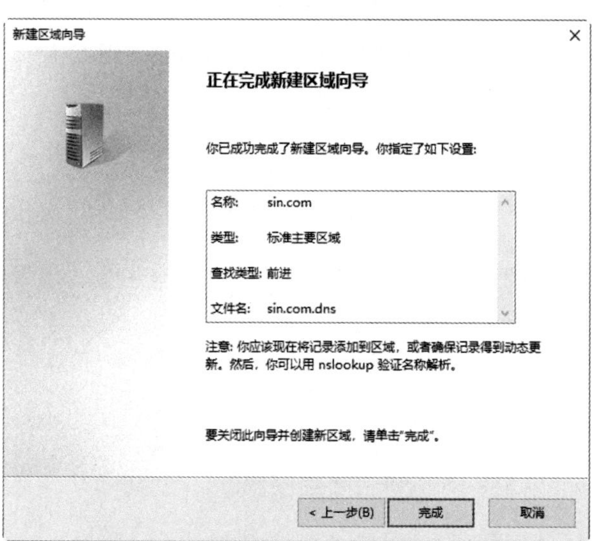

图 5-15 “正在完成新建区域向导”界面

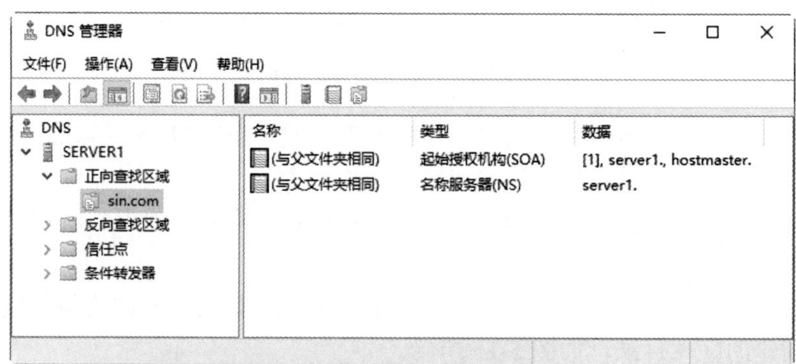

图 5-16 创建的正向查找区域

注意

用户可以为区域内的主机创建多个名称，例如 Web 服务器的主机名是 www.abc.com，如果有时需要使用 web.abc.com，可以在 DNS 服务器上创建主机别名资源记录，主机别名资源记录允许将多个名字映射到同一台计算机上。

（9）在“DNS 管理器”对话框中选择域名，右击并在弹出的快捷菜单中选择“新建主机”命令，如图 5-17 所示。

（10）弹出“新建主机”对话框，输入主机名称和 IP 地址，这里我们输入本地服务器的 IP 地址，也可以输入其他服务器的 IP 地址，取消选中“创建相关的指针（PTR）记录”复选框，如图 5-18 所示。

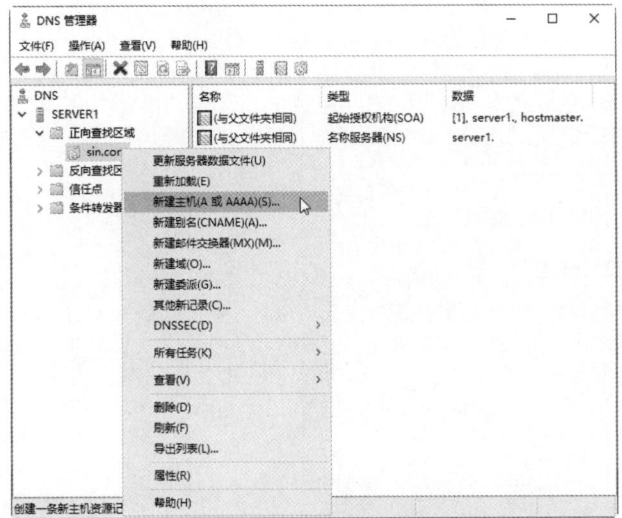

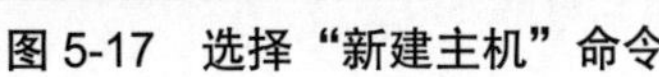
图 5-17 选择“新建主机”命令

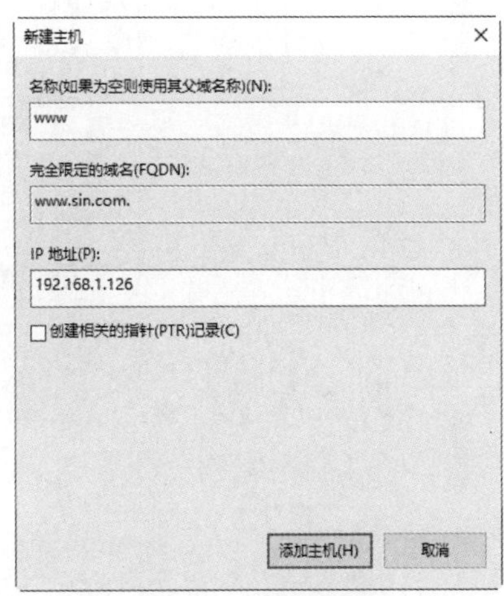

图 5-18 新建主机

注意

“创建相关的指针（PTR）记录”也可以通过反向查找区域“新建指针”选项来实现。

（11）单击“添加主机”按钮，弹出提示对话框，如图 5-19 所示。

图 5-19 提示对话框

（12）返回“DNS 管理器”对话框，可以看到新创建的主机记录，如图 5-20 所示。

（13）选择域名，右击并在弹出的快捷菜单中选择“新建别名”命令。

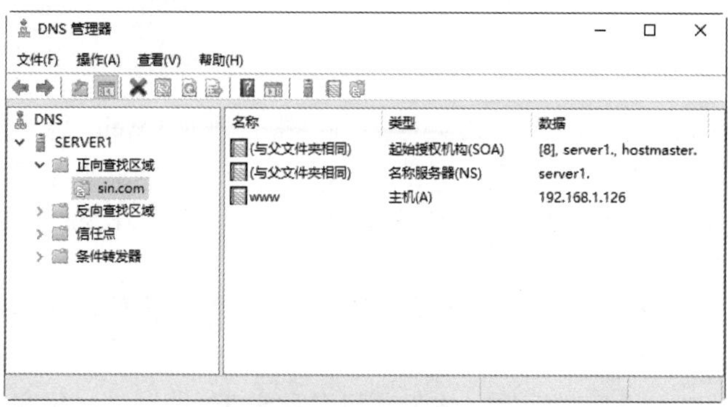

图 5-20　新创建的主机记录

（14）弹出“新建资源记录”对话框，分别设置“别名”和“目标主机的完全合格的域名（FQDN）”，如图 5-21 所示。

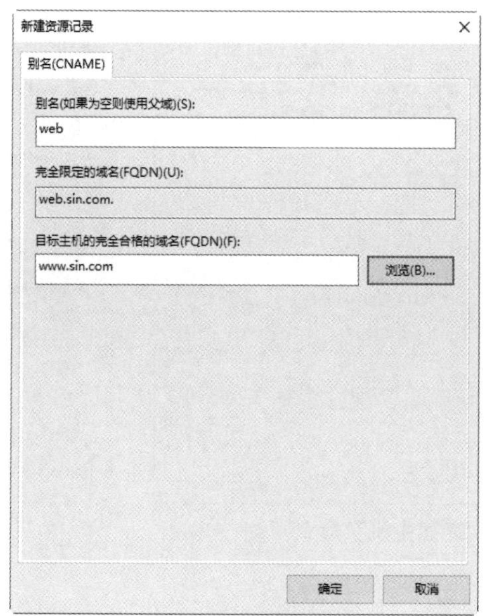

图 5-21　新建别名

（15）单击“确定”按钮，返回“DNS 管理器”对话框，可以看到新创建的别名记录，如图 5-22 所示。

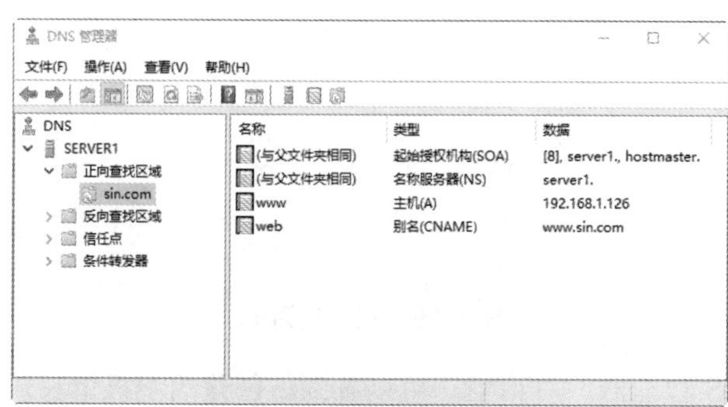

图 5-22　新创建的别名记录

（16）选择域名，右击并在弹出的快捷菜单中选择“新建邮件交换器”命令。

（17）弹出“新建资源记录”对话框，分别设置“主机或子域”、“邮件服务器的完全限定的域名（FQDN）”和“邮件服务器优先级”参数，如图 5-23 所示。

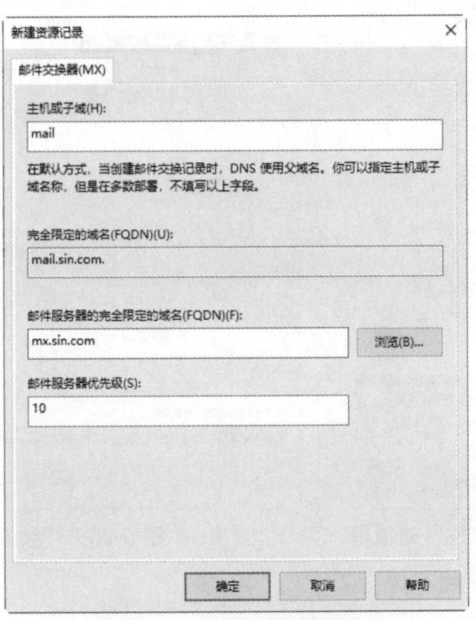

图 5-23　新建邮件交换器

（18）单击“确定”按钮，返回“DNS 管理器”对话框，可以看到新创建的邮件交换器，如图 5-24 所示。

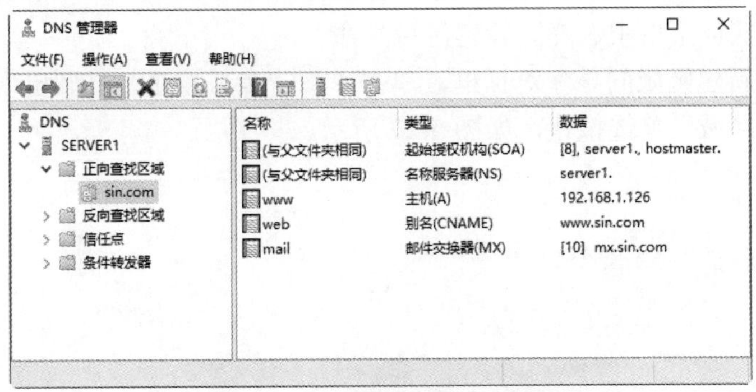

图 5-24　新创建的邮件交换器

提示

邮件服务器优先级数值越小，优先级越高，0 的优先级最高。

（19）在“DNS 管理器”对话框中选择本地 DNS 服务器，右击并在弹出的快捷菜单中选择“属性”命令。

（20）弹出“SERVER1 属性”对话框，选择“转发器”选项卡，如图 5-25 所示。

（21）单击“编辑”按钮，弹出“编辑转发器”对话框，如图 5-26 所示，输入转发器的 IP 地址，单击“添加”按钮，即可添加转发器。

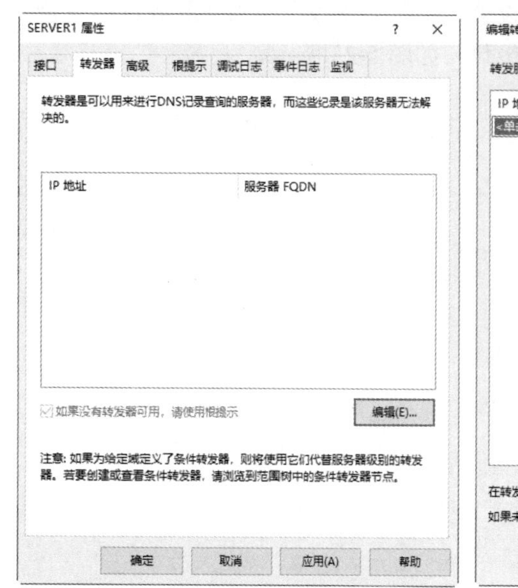

图 5-25 “SERVER1 属性”对话框

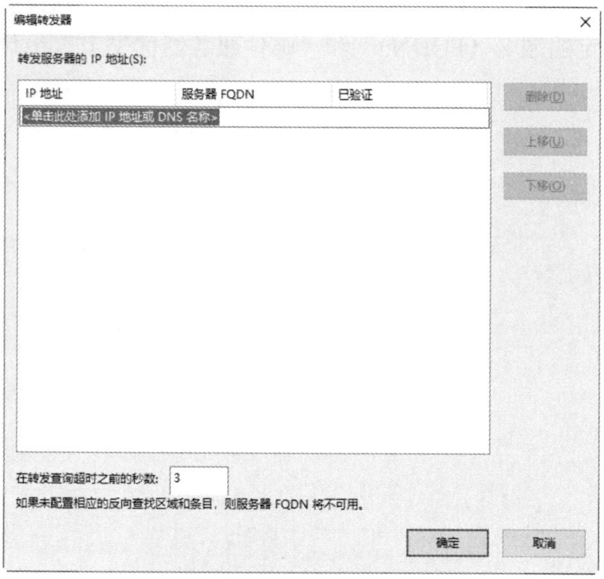

图 5-26 “编辑转发器”对话框

三、创建反向查找区域

DNS 服务器能够提供反向解析功能，适用于客户端根据 IP 地址查找主机域名的情况。创建反向查找区域的操作步骤如下。

（1）打开“DNS 管理器”对话框，选择左侧的“SERVER1”→“反向查找区域”选项，右击并在弹出的快捷菜单中选择“新建区域”命令。

（2）弹出“新建区域向导”对话框，单击“下一步”按钮，直到出现“区域类型”界面，选择“主要区域”单选按钮，如图 5-27 所示。

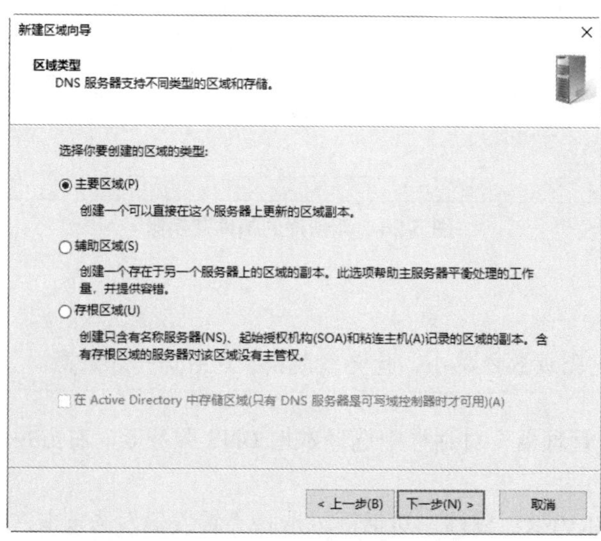

图 5-27 选择“主要区域”单选按钮

（3）单击“下一步”按钮，弹出“反向查找区域名称”界面，选择“Ipv4 反向查找区域”单选按钮，如图 5-28 所示。

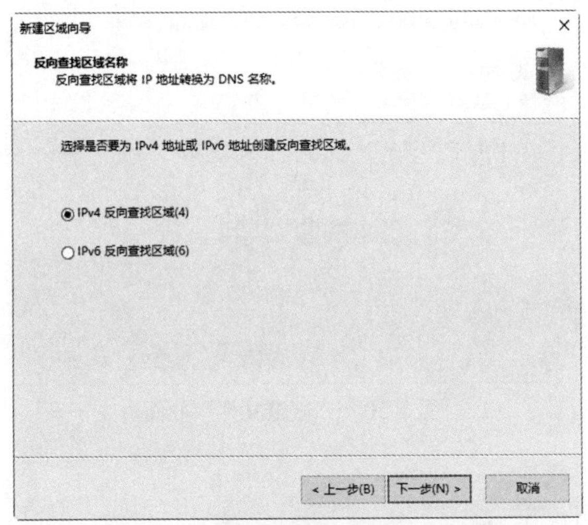

图 5-28 “反向查找区域名称”界面

（4）单击“下一步”按钮，在“网络 ID”文本框中输入网络 ID，如图 5-29 所示。例如要查找的 IP 地址为 192.168.1.127，则在“网络 ID”文本框中输入“192.168.1”，这样网络段 192.168.1.0 中的所有反向查询都将在这个区域中被解析。

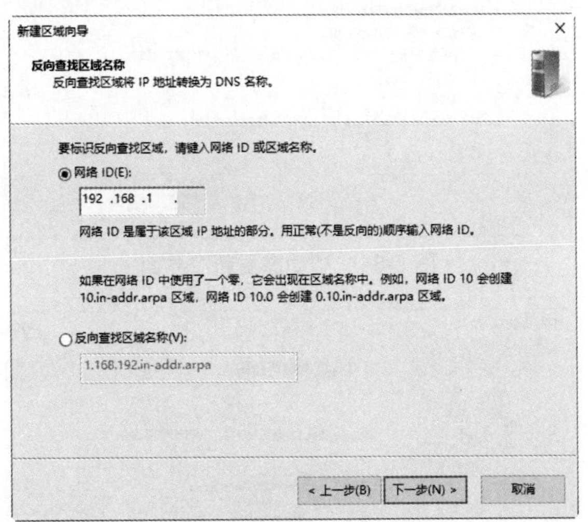

图 5-29 输入网络 ID

（5）单击“下一步”按钮，弹出“区域文件”界面，采用默认的文件名称，如图 5-30 所示。

（6）单击“下一步”按钮，弹出“动态更新”界面，选择“不允许动态更新”单选按钮，如图 5-31 所示。

（7）单击“下一步”按钮，确认反向查找区域的设置信息，单击“完成”按钮，如图 5-32 所示。

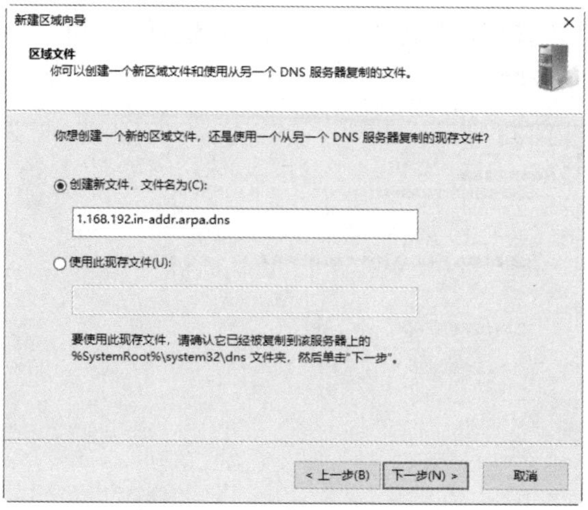

新建区域向导
区域文件
你可以创建一个新区域文件和使用从另一个 DNS 服务器复制的文件。
你想创建一个新的区域文件，还是使用一个从另一个 DNS 服务器复制的现存文件?
创建新文件，文件名为(C):
1.168.192.in-addr.arpa.dns
使用此现存文件(U):
要使用此现存文件，请确认它已经被复制到该服务器上的
%SystemRoot%\system32\dns 文件夹，然后单击"下一步"。
< 上一步(B)
下一步(N) >
取消

图 5-30 “区域文件”界面

新建区域向导
动态更新
你可以指定这个 DNS 区域接受安全、不安全或非动态的更新。
动态更新能使 DNS 客户端计算机在每次发生更改时，用 DNS 服务器注册并动态更新资源记录。
请选择你想允许的动态更新类型:
只允许安全的动态更新(适合 Active Directory 使用)(S)
Active Directory 集成的区域才有此选项。
允许非安全和安全动态更新(A)
任何客户接受资源记录的动态更新。
因为可以接受来自非信任源的更新，此选项是一个较大的安全弱点。
不允许动态更新(D)
此区域不接受资源记录的动态更新。你必须手动更新这些记录。
< 上一步(B)
下一步(N) >
取消

图 5-31 “动态更新”界面

新建区域向导
正在完成新建区域向导
你已成功完成了新建区域向导。你指定了如下设置:
名称: 1.168.192.in-addr.arpa
类型: 标准主要区域
查找类型: 倒退
文件名: 1.168.192.in-addr.arpa.dns
注意: 你应该现在将记录添加到区域，或者确保记录得到动态更新。然后，你可以用 nslookup 验证名称解析。
要关闭此向导并创建新区域，请单击"完成"。
< 上一步(B)
完成
取消

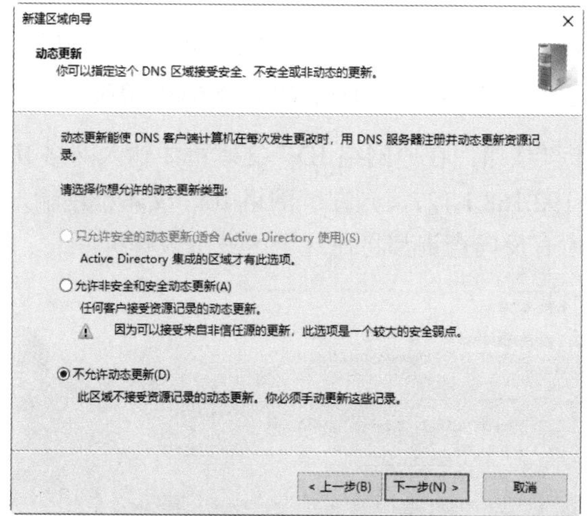

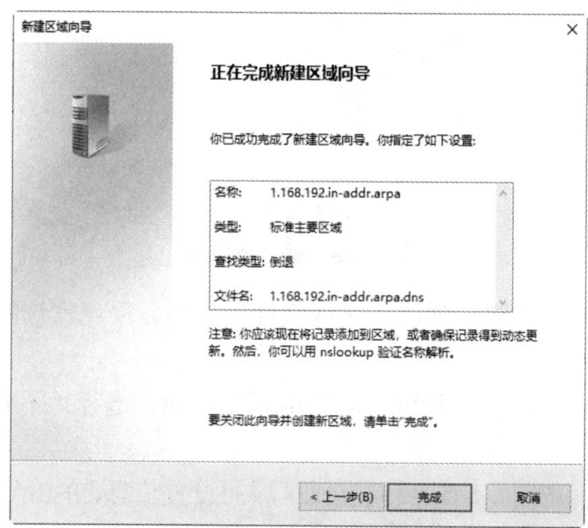

图 5-32 确认设置信息

（8）返回“DNS 管理器”对话框，在“反向查找区域”目录下可以看到刚刚创建的网络 ID 区域，如图 5-33 所示。

接下来创建相关的指针资源记录。指针资源记录主要用来记录反向查找区域内的 IP 地址及主机，用户可通过该资源记录将 IP 地址映射为域名。

（9）在“DNS 管理器”对话框中选择网络 ID 区域，右击并在弹出的快捷菜单中选择“新建指针”命令，如图 5-34 所示。

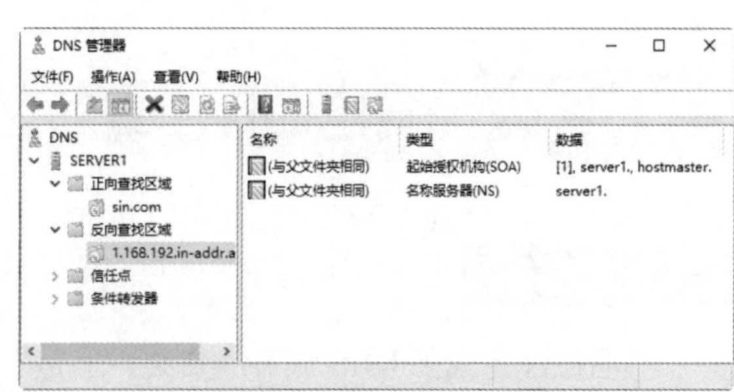

图 5-33 创建的网络 ID 区域

（10）打开“新建资源记录”对话框，在“主机 IP 地址”下方的文本框中输入主机 IP 地址，单击“主机名”右侧的“浏览”按钮，选择主机名，如图 5-35 所示。

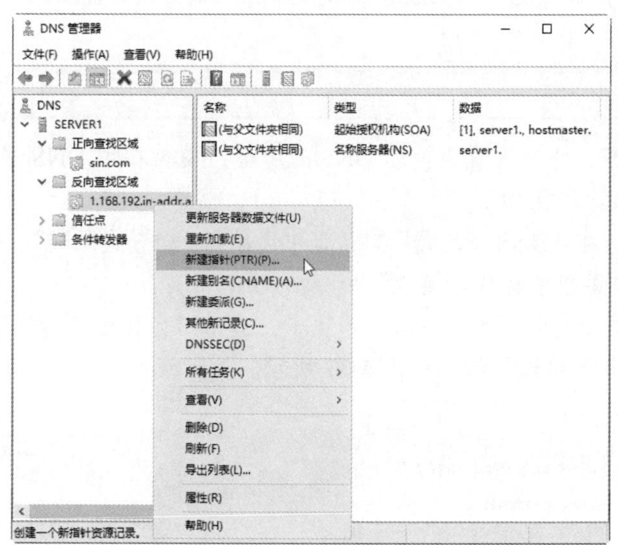

图 5-34 选择“新建指针”命令

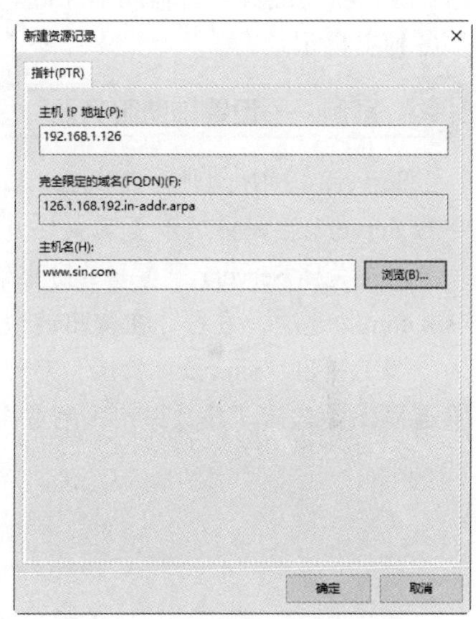

图 5-35 设置 IP 地址和主机名

（11）单击“确定”按钮，返回“DNS 管理器”对话框，创建的指针资源记录如图 5-36 所示。

图 5-36 创建的指针资源记录

任务 3 ▸ 创建 DNS 辅助区域

任务引入

小明已经完成了 DNS 服务的安装，但是有时网络访问频繁，导致主 DNS 服务器的工作负荷过重，经常出现网络异常，因此计划增加一台 DNS 服务器作为辅助服务器。

知识准备

由于网络访问频繁，导致 DNS 服务器容易发生故障，域名无法解析，从而出现网络异常，因此需要配置一台辅助 DNS 服务台继续进行域名解析工作，并且此服务器不需要再添加各种主机记录。

案例——设置辅助服务器

Server2 的 IP 地址为 192.168.1.127，将其设置为辅助 DNS 服务器，使其在主 DNS 服务器 Server1 上配置区域复制属性，操作步骤如下。

（1）关闭 Server1 服务器的防火墙，在“DNS 管理器”对话框中选择“正向查找区域”→“sin.com”选项，右击并在弹出的快捷菜单中选择“属性”命令。

（2）弹出“sin.com 属性”对话框，选择“区域传送”选项卡，选中“允许区域传送”复选框，再选择“只允许到下列服务器”单选按钮，如图 5-37 所示。

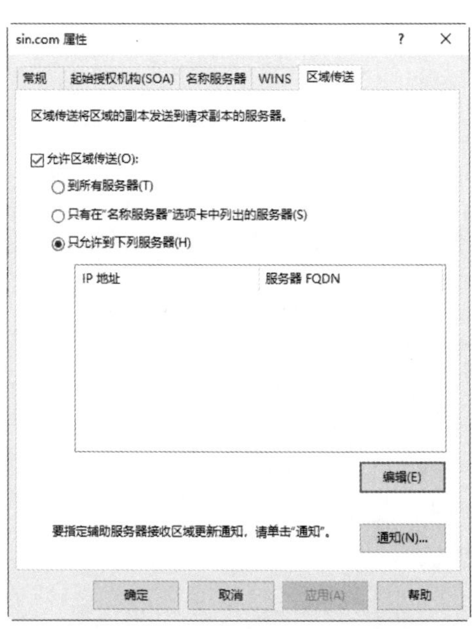

图 5-37 “sin 属性”对话框

（3）单击“编辑”按钮，弹出“允许区域传送”对话框，在“IP 地址”文本框中输入辅助 DNS 服务器的 IP 地址 192.168.1.127，如图 5-38 所示。

（4）单击“确定”按钮，返回“sin.com 属性”对话框，窗口中会显示添加的辅助 DNS 服务器，如图 5-39 所示。

图 5-38　输入 IP 地址

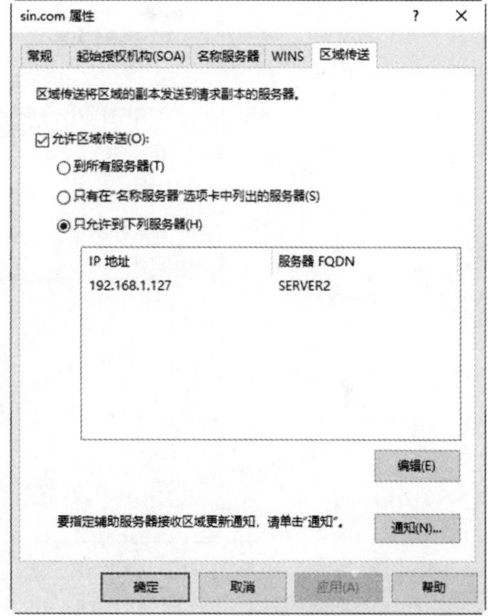

图 5-39　添加的辅助 DNS 服务器

（5）登录 Server 服务器，关闭防火墙，配置 IP 地址，首选 DNS 服务器地址为主 DNS 服务器的地址 192.168.1.126。

（6）安装 DNS 服务器，此处不再赘述。

（7）打开“DNS 管理器”对话框，选择“正向查找区域”选项，右击并在弹出的快捷菜单中选择“新建区域”命令。

（8）弹出“新建区域向导”对话框，继续单击“下一步”按钮，直到出现“区域类型”界面，选中“辅助区域”单选按钮，如图 5-40 所示。

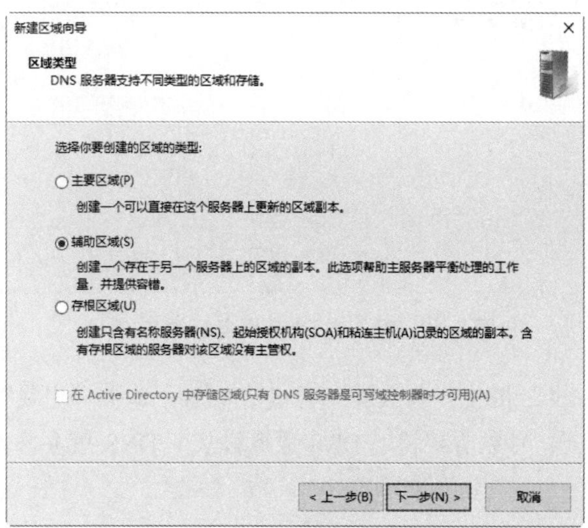

图 5-40　选中“辅助区域”单选按钮

（9）单击“下一步”按钮，弹出“区域名称”界面，输入域名“sin.com”，如图 5-41 所示。

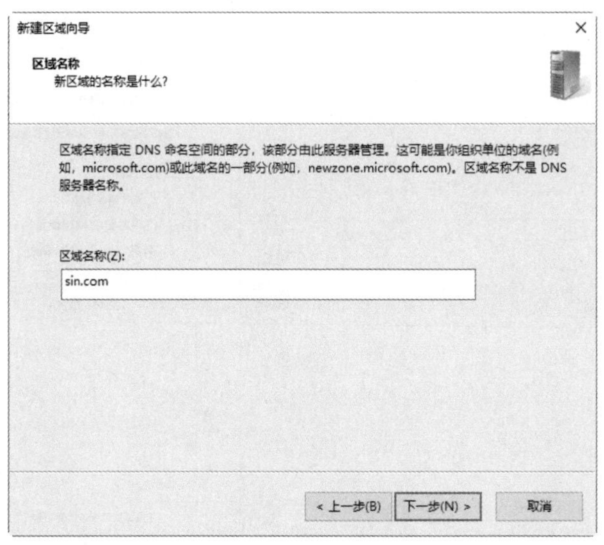

图 5-41　输入域名

（10）单击“下一步”按钮，弹出“主 DNS 服务器”界面，输入主 DNS 服务器的 IP 地址 192.168.1.126，如图 5-42 所示。

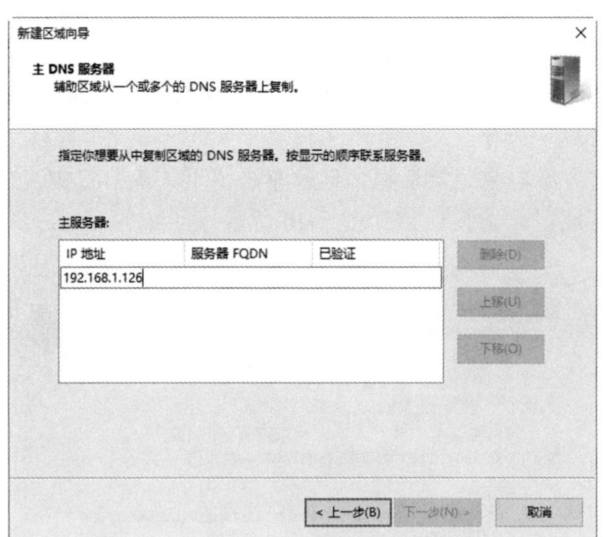

图 5-42　输入主 DNS 服务器的 IP 地址

（11）单击“下一步”按钮，确认辅助区域的信息，单击“完成”按钮。

（12）按 F5 键刷新，可以看到辅助 DNS 服务器从主 DNS 服务器复制的区域，如图 5-43 所示。

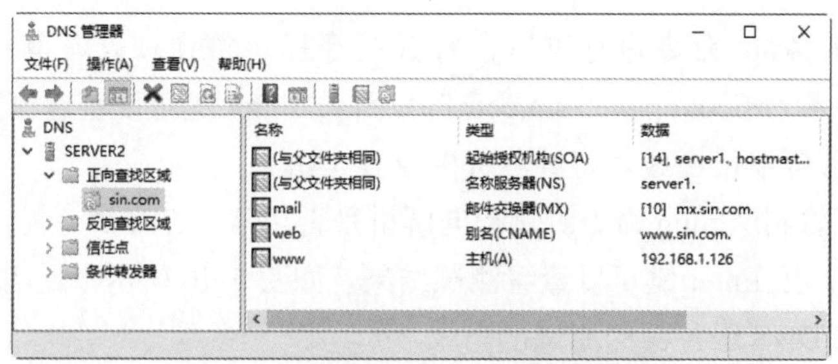

图 5-43　复制主 DNS 服务器的区域

任务 4 ▶ 测试 DNS 客户端

任务引入

小明完成 DNS 服务器的安装后，并进行了相关的配置，但是不能确定 DNS 服务器能不能成功启用，需要使用另一台计算机进行测试。

知识准备

安装完 DNS 服务器后，我们来测试 DNS 服务器配置是否正确，在测试之前需要配置客户机的静态 IP 地址，操作步骤如下。

（1）选择“控制面板”→“网络和 Internet”→“网络和共享中心”，选择连接的网络，在打开的对话框中单击“属性”按钮，进入“属性”对话框，双击“Internet 协议版本 4（TCP/IPv4）”选项，打开“Internet 协议版本 4（TCP/IPv4）属性”对话框，设置各个 IP 地址，如图 5-44 所示。

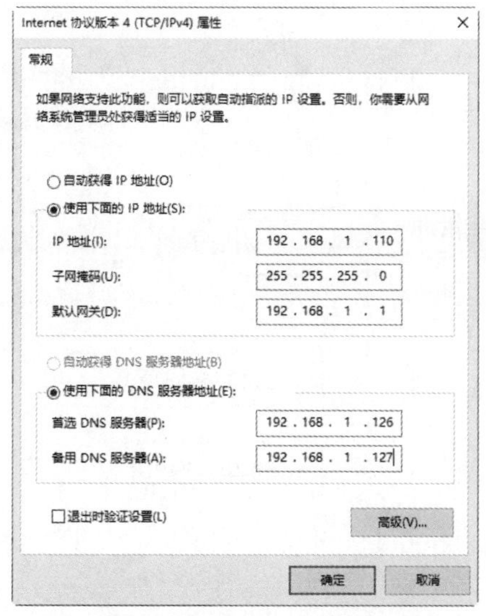

图 5-44　设置各个 IP 地址

（2）使用 nslookup 命令进行测试，打开命令提示符窗口，在其中输入“nslookup www.sin.com”命令和“nslookup web.sin.com”命令，按 Enter 键可以查看测试结果，如图 5-45 所示，说明 DNS 服务器已经成功将域名解析成 IP 地址。

（3）接下来可以利用 ping 命令测试反向解析是否正常，打开命令提示符窗口，在其中输入“ping”命令，按 Enter 键可以查看测试结果，如图 5-46 所示，说明 DNS 服务器反向解析成功。至此对 DNS 服务器的测试已完成。

图 5-45　正向解析结果

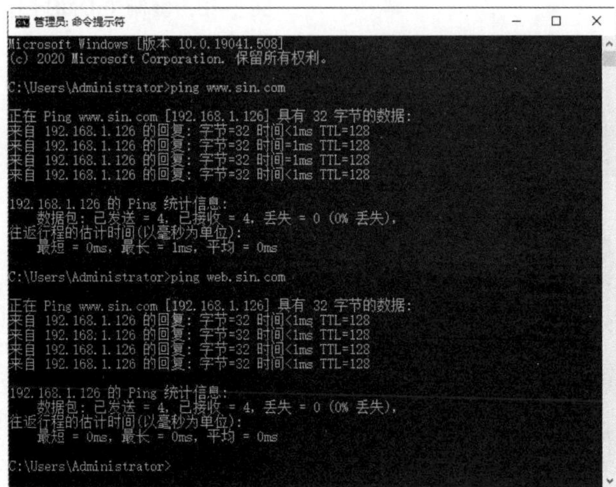

图 5-46　反向解析结果

项目总结

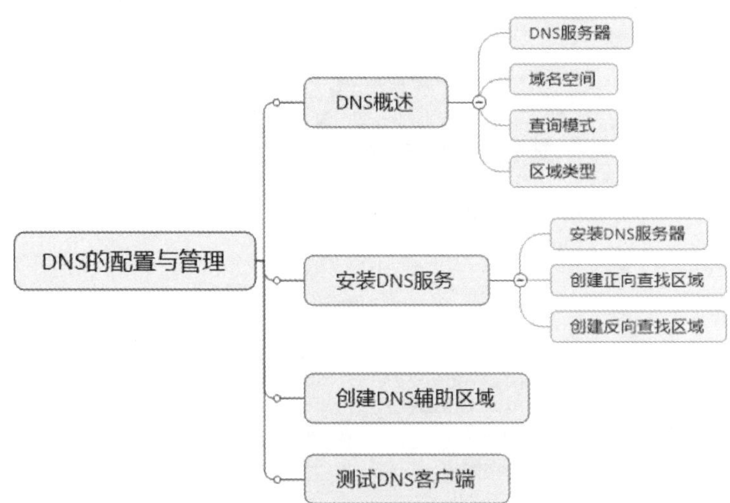

▶项目实战

实战一　配置 DNS 服务器实现域名解析功能

配置一台 DNS 服务器，IP 地址为 192.168.1.110，要求能进行域名解析。需要设置的主机名为 www.sin1.com，对应的 IP 地址为 192.168.1.111；另一个主机名为 www.sin2.com，对应的 IP 地址为 192.168.1.112。

（1）安装 DNS 服务器，在“DNS 管理器”对话框中创建正向查找区域和反向查找区域。

（2）创建两条主机记录、别名记录和指针记录。

（3）在客户机上利用 nslookup 命令测试域名能否成功进行正向解析。

（4）在客户机上利用 ping 命令测试域名能否成功进行反向解析。

实战二　为配置好的 DNS 服务器设置辅助服务器

为上述配置好的 DNS 服务器设置辅助 DNS 服务器，IP 地址为 192.168.1.100。

（1）在计算机上安装 DNS 服务器，打开“DNS 管理器”对话框。

（2）在“DNS 管理器”对话框中创建辅助区域，IP 地址为主 DNS 服务器的地址 192.168.1.110。

（3）返回对话框，按 F5 键进行刷新。

DHCP 的配置与管理

思政目标

- 培养认真细致的工作作风和精益求精的工匠精神
- 注重联系与发展，培养不怕困难、勇于探索的精神

技能目标

- 了解 DHCP 的概念和工作原理
- 掌握 DHCP 服务器的安装与配置方法
- 掌握为特定客户端设置固定 IP 地址的方法

项目导读

网络中的每台主机都需要 IP 地址，并通过 IP 地址与网络中的其他主机进行通信，手动配置容易出现失误，影响网络通信，同时也增加了工作负担，因此可以将主机设置为通过 DHCP 服务器自动获取 IP 地址。本章将介绍 DHCP 服务器的安装和配置方法，以及如何获取 IP 地址。

任务 1 ▶ DHCP 概述

任务引入

近期公司配置了一批计算机，小明作为网络管理员需要为每台计算机分配 IP 地址，而且每次为计算机重装系统后也需要分配 IP 地址。为了减轻工作量，他决定配置一台 DHCP 服务器，为公司的计算机自动分配 IP 地址、子网掩码和默认网关等网络参数，在配置 DHCP 服务器之前，小明决定先查阅资料来了解相关内容。

知识准备

一、DHCP 服务

DHCP（Dynamic Host Configuration Protocol，动态主机配置协议）是一个局域网的网络协议，指的是由服务器控制一段 IP 地址范围，计算机登录服务器时即可自动获得服务器分配的 IP 地址和子网掩码。DHCP 提供了即插即用联网机制，这种机制允许计算机加入新的网络并获取 IP 地址，不需要用户手动参与设置。

DHCP 分配的 IP 地址并不是固定的，只有主机联网时，DHCP 服务器才从地址池中临时分配一个 IP 地址，每次上网分配的 IP 地址可能是不同的，这与当时的 IP 地址资源有关，当主机关闭或者断开网络连接，该地址就会返回地址池供其他主机使用，这样可以有效节约 IP 地址，既保证了网络通信，又提高了 IP 地址的使用率。

二、DHCP 的工作原理

DHCP 服务的工作过程主要分为四个阶段。

（1）向 DHCP 服务器申请 IP 地址。当客户端首次登录网络时，将会以广播的方式发送 DHCP Discovery 报文寻找 DHCP 服务器，并发送 IP 请求，由于客户端还没有 IP 地址，因此源地址为 0.0.0.0，目的 IP 地址为 255.255.255.255，网络中每台安装了 TCP/IP 协议的主机都会收到该广播消息，但只有 DHCP 服务器做出回应。

（2）DHCP 服务器提供 IP 租用地址。DHCP 服务器收到客户端的 IP 请求后，会从地址池中选择一个地址分配给该客户端，并通过 DHCP Offer 报文返回，由于 DHCP 服务器具有固定的 IP 地址，因此报文的源地址为 DHCP 服务器具有固定的 IP 地址。由于客户端还没有 IP 地址，因此目的 IP 地址为 255.255.255.255，同时为客户端保留其提供的 IP 地址。

（3）客户端接受 IP 租期。当客户端收到网络上多台 DHCP 服务器发送的 DHCP Offer 消息时，会选择第一个收到的 IP 地址，然后以广播方式回答一个 DHCP Request 请求消息，并告诉所有 DHCP 服务器将接受哪一台服务器提供的 IP 地址，此时客户端还没有 IP 地址，所以源地址为 0.0.0.0，目的 IP 地址为 255.255.255.255。

（4）DHCP 服务器确认租期。DHCP 服务器收到客户端的请求之后，会以广播的方式发送一个 DHCP Ack 报文给客户端，表明接受客户端的选择，并将这一 IP 地址的合法租用信息放入该报文中发送给客户端。

三、IP 地址的分配方式

在 DHCP 的工作原理中，DHCP 服务器提供了两种 IP 地址分配方式：静态分配和动态分配。

静态分配是网络管理员为设备设定 IP 地址、子网掩码、默认网关和 DNS 服务器地址等参数，各个参数都是手动输入的。静态 IP 地址一般供固定的服务器使用，如果服务器的 IP 地址不固定，会导致部分功能无法正常使用。

对于大规模的局域网而言，静态分配 IP 地址工作量烦琐，通常使用动态分配，即 DHCP 协议为用户自动分配 IP 地址、子网掩码、默认网关和 DNS 服务器地址等参数。

四、更新 IP 地址的租约

DHCP 服务器向客户端提供的 IP 地址有租用期限，租用到期之后 IP 地址被收回，如果客户端想要延长租用期限，必须更新其 IP 地址租约。

客户端在下列情况会自动向 DHCP 服务器提出更新租约要求。

（1）客户端计算机在每一次重新启动时，会自动向 DHCP 服务器发送广播消息，要求继续租约原来的 IP 地址。

（2）当客户端使用 IP 地址的期限超过 50%时，会自动发送 DHCP Request 报文要求延长租用期限。

（3）如果租约超过 50%时没有成功更新租约，那么在租约超过 87.5%时会再次自动发送消息给 DHCP 服务器续延租用期限。

此外客户端用户也可以利用 ipconfig/renew 命令来更新 IP 地址的租约，或者利用 ipconfig/release 命令释放所租用的地址，每隔 5 分钟向 DHCP 服务器租用 IP 地址，或者利用 ipconfig/renew 命令来租用 IP 地址。

五、DHCP 服务器的授权

DHCP 服务器安装完成后，必须经过授权才可以为客户端分配 IP 地址，DHCP 服务器的授权需要注意以下几点：

（1）DHCP 服务器必须在 AD 域环境中才能被授权；

（2）在 AD 域环境中的 DHCP 服务器都必须被授权；

（3）只有 Enterprise Admins 组（企业管理组）的成员才有权限执行授权操作；

（4）被授权的 DHCP 服务器的 IP 地址会被注册到域控制器的 Active Directory 数据库中；

（5）DHCP 服务器启动时，如果在 Active Directory 数据库中查询到自己的 IP 地址已经注册在授权列表内，则该 DHCP 服务器正常启动服务，并提供分配 IP 地址的服务；

（6）不是域成员的 DHCP 独立服务器无法被授权，如果同一子网内没有已被授权的 DHCP 服务器，则该独立服务器可以执行分配 IP 地址的服务。

注意

在 AD（Active Directory）域环境下，第 1 台 DHCP 服务器最好是成员服务器或者域控制器，如果第 1 台 DHCP 服务器是独立服务器，再在域中安装并授权 DHCP 服务器，独立的 DHCP 服务器将无法启动。

任务 2 ▶ DHCP 的安装与配置

任务引入

小明已经大概了解了 DHCP 服务器的相关知识，接下来可以进行安装和配置。如何对 DHCP 服务器进行授权，客户端如何获取 IP 地址呢？

知识准备

一、安装 DHCP 服务器

在安装 DHCP 服务器之前需要进行规划，为服务器配置静态的 IP 地址、子网掩码、默认网关和 DNS 服务器地址，明确 IP 地址的分配方案。域控制器作为 DHCP 服务器提供服务，安装 DHCP 服务器的操作步骤如下。

（1）打开“服务器管理器”对话框，选择“添加角色和功能”命令，打开“添加角色和功能向导”对话框。

（2）单击“下一步”按钮，进入“选择安装类型”界面，选中“基于角色或基于功能安装”单选按钮，继续单击“下一步”按钮，弹出“选择目标服务器”界面，选择“从服务器池中选择服务器”单选按钮，如图 6-1 所示。

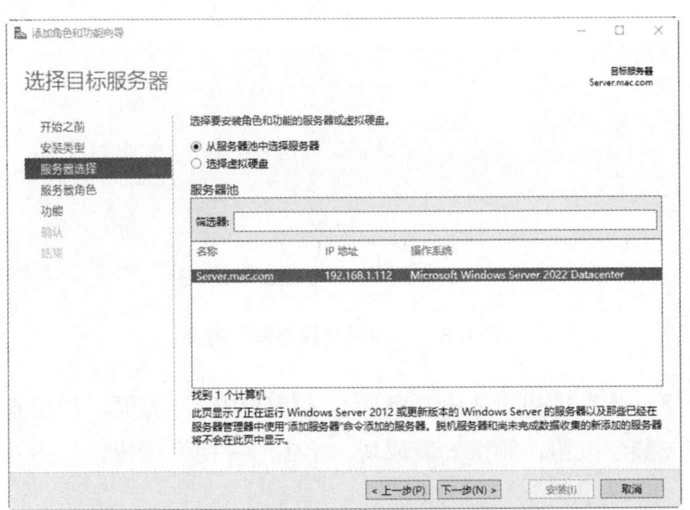

图 6-1　选择“从服务器池中选择服务器”单选按钮

（3）单击“下一步”按钮，弹出“选择服务器角色”界面，选择“DHCP 服务器”复选框，如图 6-2 所示。

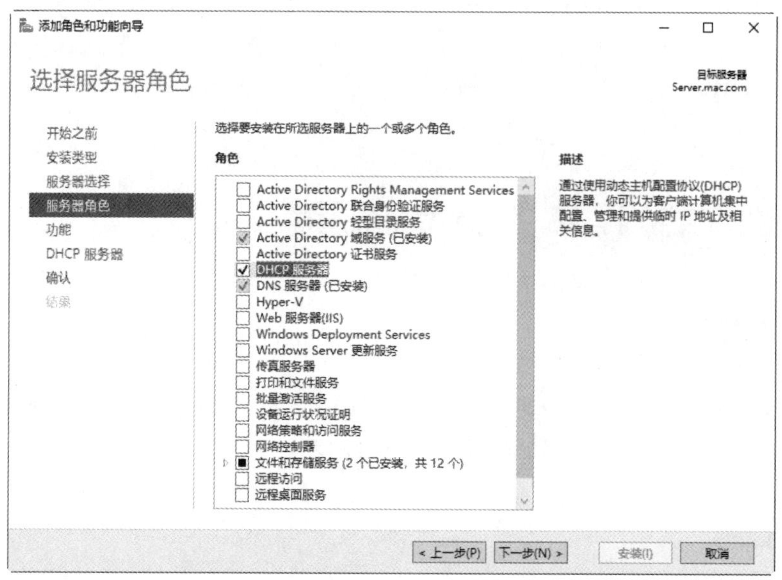

图 6-2　选择“DHCP 服务器”复选框

（4）继续单击“下一步”按钮，进入“DHCP 服务器”界面，如图 6-3 所示。

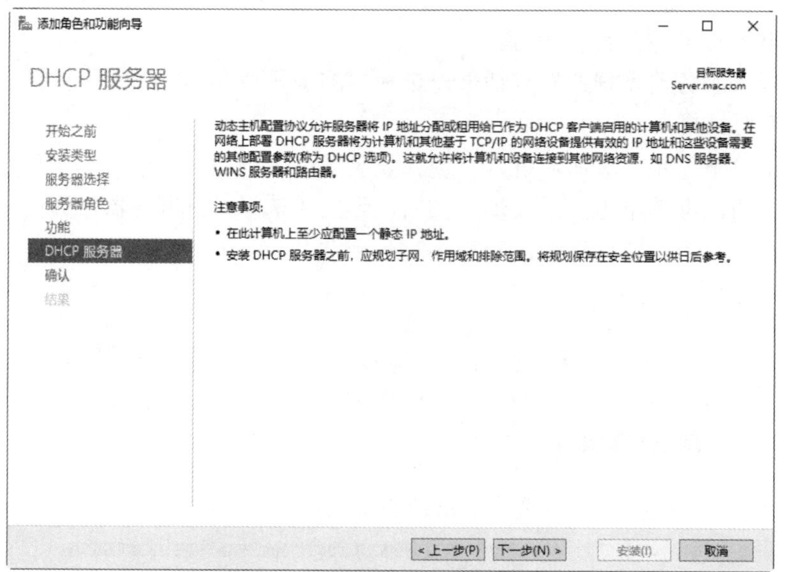

图 6-3　“DHCP 服务器”界面

（5）单击“下一步”按钮，弹出“确认安装所选内容”界面，如图 6-4 所示。

（6）单击“安装”按钮，等待安装成功，单击“关闭”按钮，如图 6-5 所示。

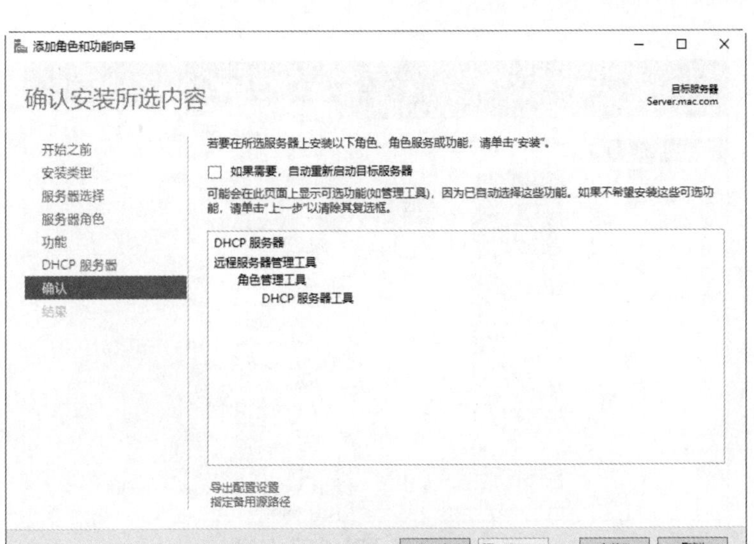

图 6-4　“确认安装所选内容”界面

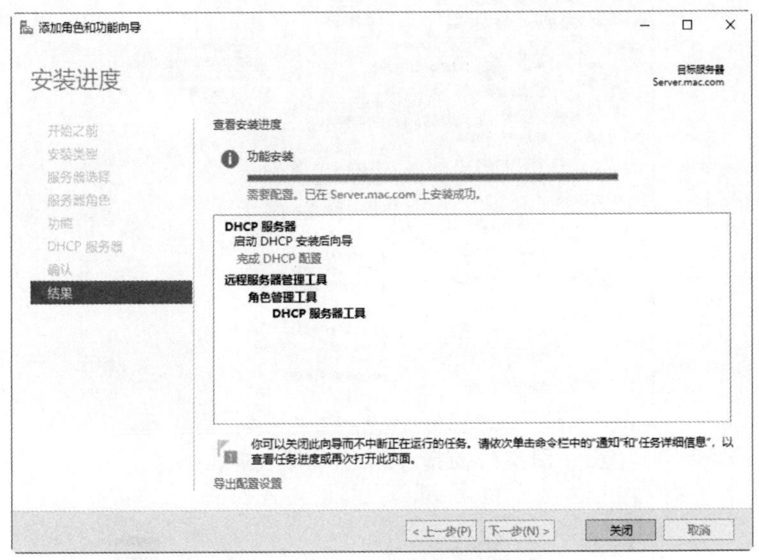

图 6-5　完成 DHCP 服务器安装

二、配置 DHCP 服务器作用域

DHCP 作用域是本地子网中可以使用的 IP 地址的集合，DHCP 服务器只能使用作用域中定义的 IP 地址来分配给客户端，管理员首先为物理子网创建作用域，然后使用该作用域定义供客户端使用的参数，配置作用域的步骤如下。

（1）打开“服务器管理器”对话框，选择“工具”→“DHCP”选项，如图 6-6 所示。

（2）打开“DHCP”对话框，选择左侧窗格中的“IPv4”，右击并在弹出的快捷菜单中选择“新建作用域”命令，如图 6-7 所示。

（3）弹出“新建作用域向导”对话框，单击“下一步”按钮，弹出“作用域名称”界面，在“名称”文本框中输入作用域的名称，在“描述”文本框中添加说明性文字，如图 6-8 所示。

图 6-6　选择“DHCP”选项

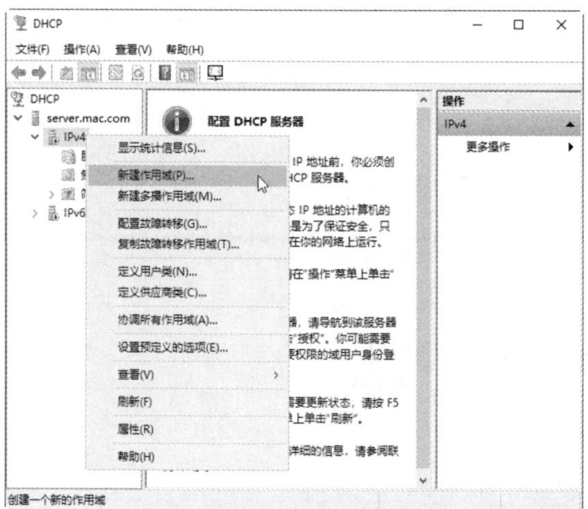

图 6-7　选择“新建作用域”命令

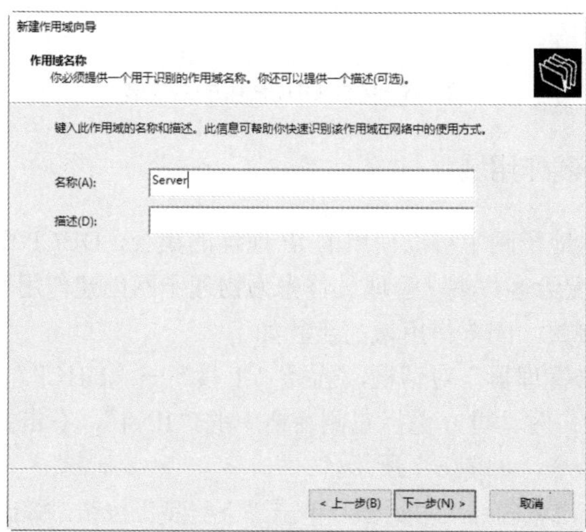

图 6-8　“作用域名称”界面

（4）单击“下一步”按钮，弹出“IP 地址范围”界面，输入作用域的“起始 IP 地址”和“结束 IP 地址”，在“长度”文本框中设置数值，设置“子网掩码”，如图 6-9 所示。

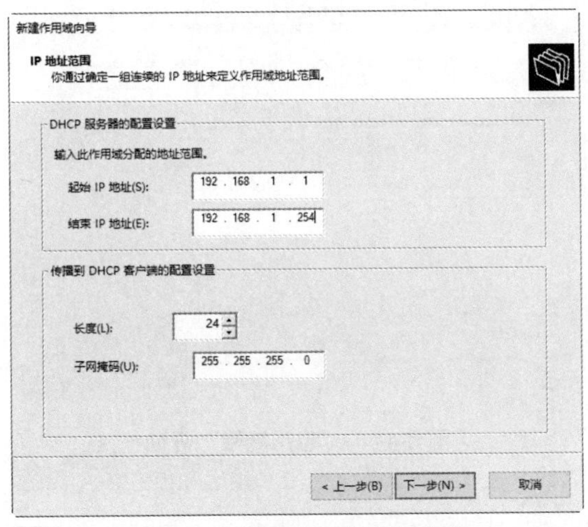

图 6-9　“IP 地址范围”界面

（5）单击“下一步”按钮，弹出“添加排除和延迟”界面，如果要保留部分 IP 地址，则可以在“起始 IP 地址”和“结束 IP 地址”文本框中输入地址的起止范围，然后单击“添加”按钮将其添加到“排除的地址范围”列表中，如图 6-10 所示。

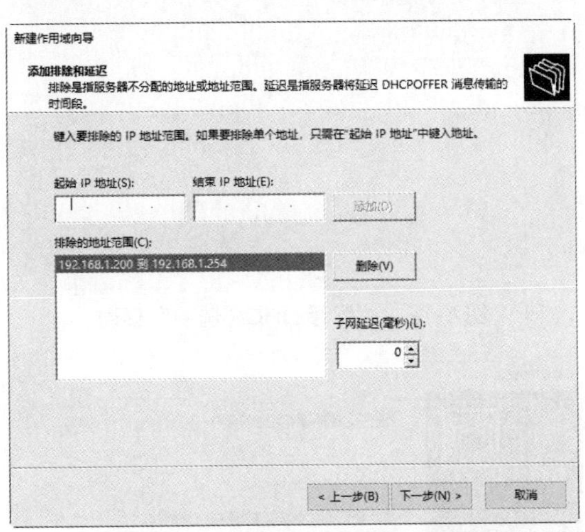

图 6-10　“添加排除和延迟”界面

（6）单击“下一步”按钮，弹出“租用期限”界面，租用期限默认为 8 天，如图 6-11 所示。由于 DHCP 在分配 IP 地址时会产生大量的广播数据包，租期太短会造成频繁广播，降低网络效率，因此最好设置相对较长的租期。

（7）单击“下一步”按钮，弹出“配置 DHCP 选项”界面，选择“否，我想稍后配置这些选项”单选按钮，稍后可以对 DNS 服务器、WINS 服务器和默认网关等参数进行设置，如图 6-12 所示。

（8）单击“下一步”按钮，再单击“完成”按钮，返回“DHCP”对话框，如图 6-13 所示。

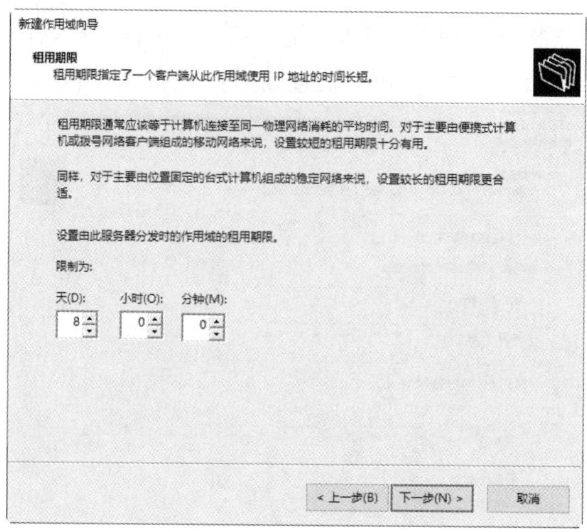

图 6-11 “租用期限”界面

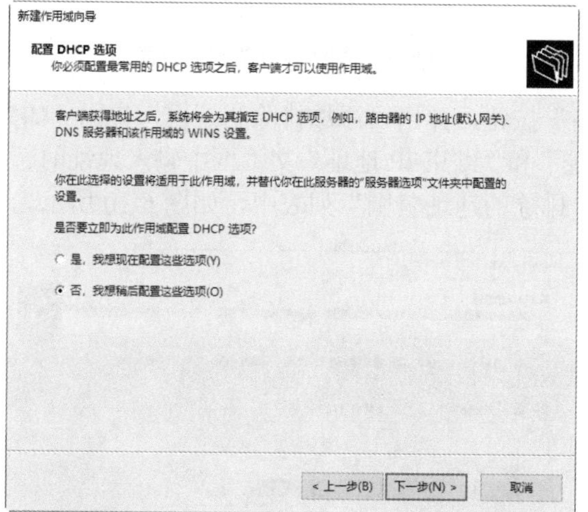

图 6-12 “配置 DHCP 选项”界面

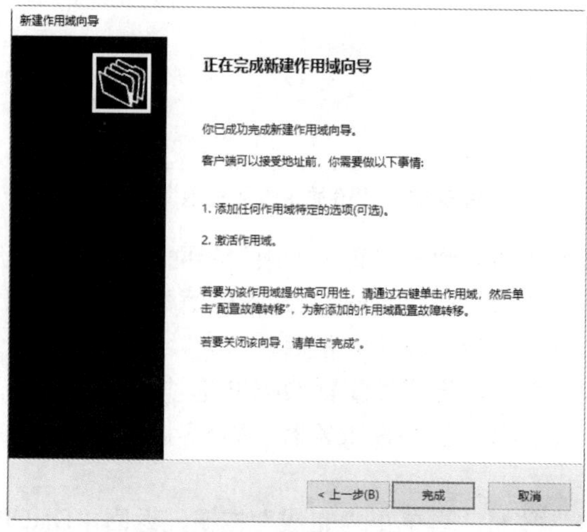

图 6-13 单击“完成”按钮

（9）选择左侧窗格中创建的“作用域[192.168.1.0]Server”，右击并在弹出的快捷菜单中选择“激活”命令，如图 6-14 所示。

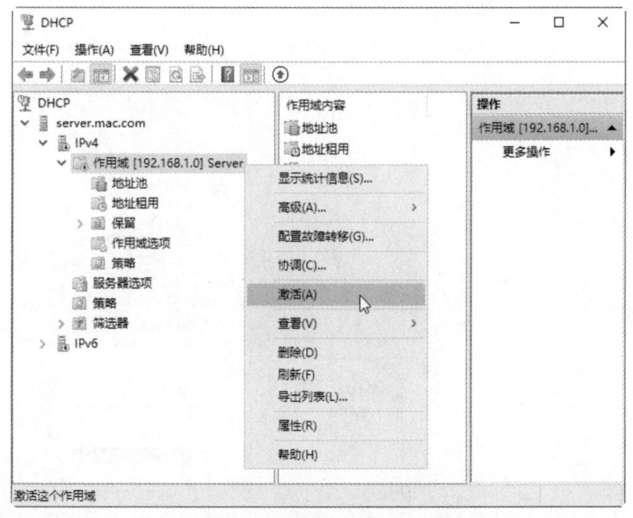

图 6-14 选择“激活”命令

（10）展开“作用域[192.168.1.0] Server”，选择“作用域选项”，右击并在弹出的快捷菜单中选择“配置选项”命令，如图 6-15 所示。

（11）弹出“作用域选项”对话框，选择“003 路由器”复选框进行网关设置，在“服务器名称”文本框输入本机服务器名称，在“IP 地址”文本框中输入本机服务器的网关，单击“添加”按钮，如图 6-16 所示。

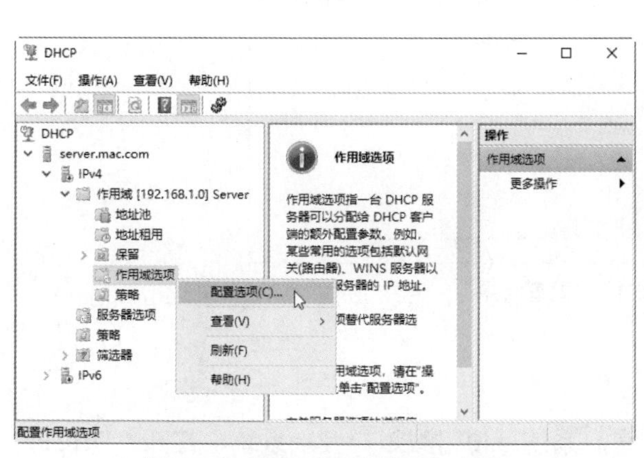

图 6-15 选择“配置选项”命令

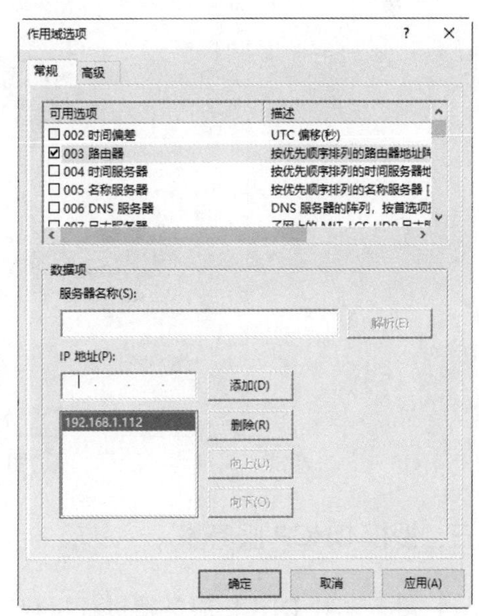

图 6-16 “作用域选项”对话框

（12）单击“应用”按钮，返回“DHCP”对话框，如图 6-17 所示。

（13）选择“作用域选项”，右击并在弹出的快捷菜单中选择“配置选项”命令。

（14）弹出“作用域选项”对话框，选择“006DNS 服务器”复选框进行 DNS 地址设置，在“服务器名称”文本框中输入 DNS 服务器名称，在“IP 地址”文本框中输入 DNS 服务器的地址，单击“添加”按钮，如图 6-18 所示。

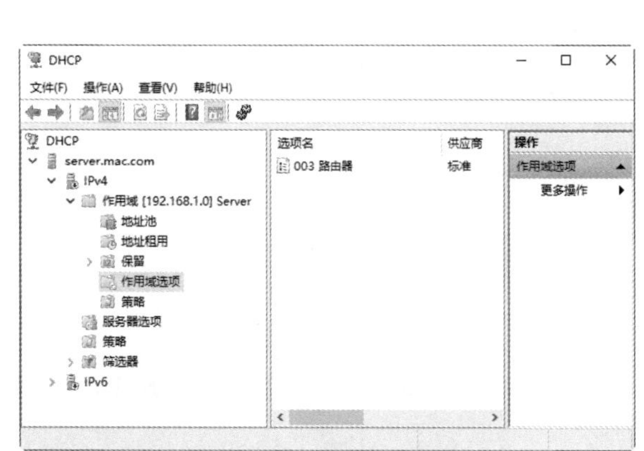

图 6-17　配置的路由器

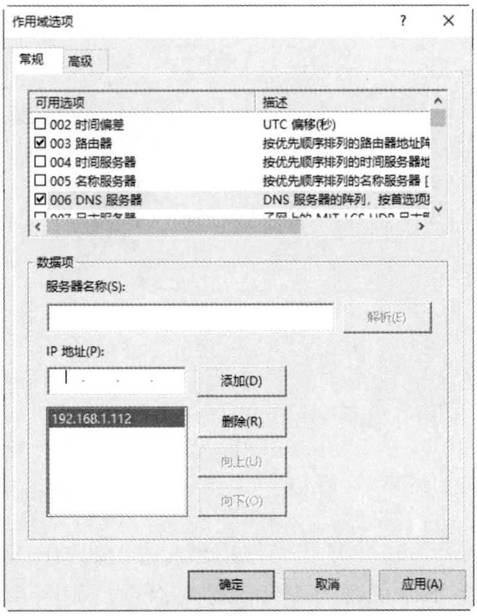

图 6-18　配置 DNS 服务器

（15）单击“应用”按钮，再单击“确定”按钮，返回“DHCP”对话框，最终配置结果如图 6-19 所示。

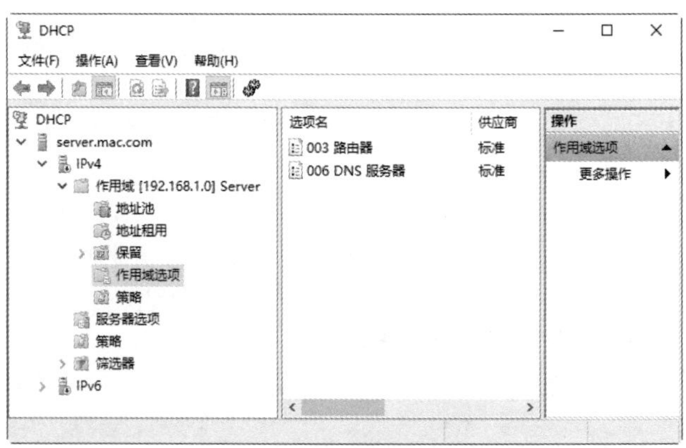

图 6-19　配置结果

三、授权 DHCP 服务器

接下来对 DHCP 服务器进行授权，重启系统后使用域账户登录系统，打开“DHCP”对话框，选择要授权的 DHCP 服务器，右击并在弹出的快捷菜单中选择“授权”命令。如图 6-20 所示，授权后的 DHCP 服务器图标上出现了一个“√”符号，如图 6-21 所示。

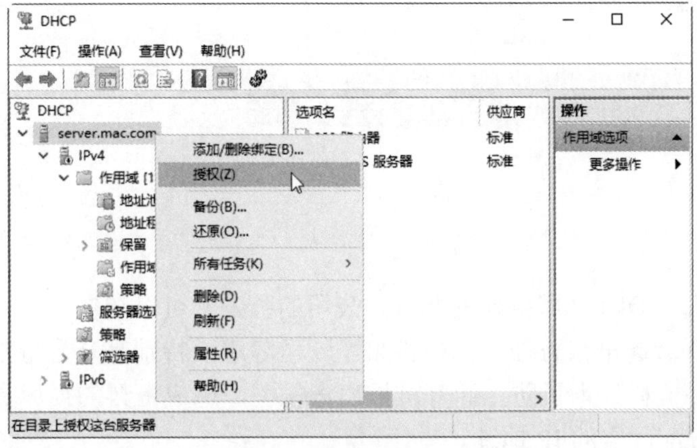

图 6-20　选择“授权”命令

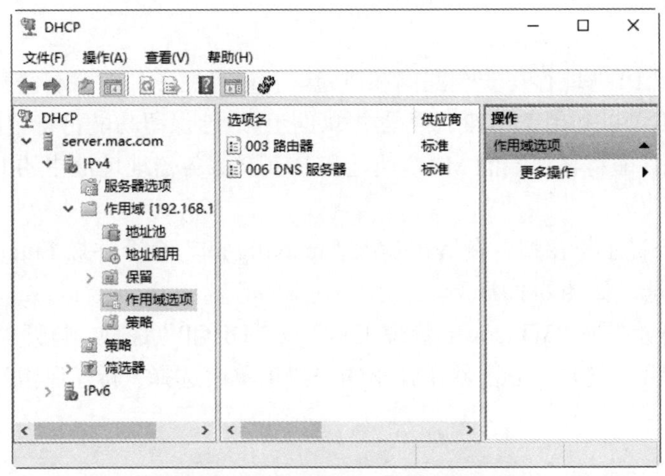

图 6-21　授权后的 DHCP 服务器

四、配置 DHCP 客户端和测试

完成 DHCP 服务器的安装和配置后，即可执行 DHCP 服务，接下来我们通过设置客户端，使客户端能够自动获取 IP 地址、DNS 服务器地址等。

（1）打开“Internet 协议版本 4（TCP/IPv4）属性”对话框，选择“自动获得 IP 地址”和“自动获得 DNS 服务器地址”单选按钮，如图 6-22 所示。

（2）单击“确定”按钮，关闭对话框。

（3）按 WIN+R 快捷键，打开“运行”对话框，输入“cmd”命令，按 Enter 键，打开命令提示符窗口，在其中输入“ipconfig/all”命令并按 Enter 键，可以看到客户端的所有 IP 地址。

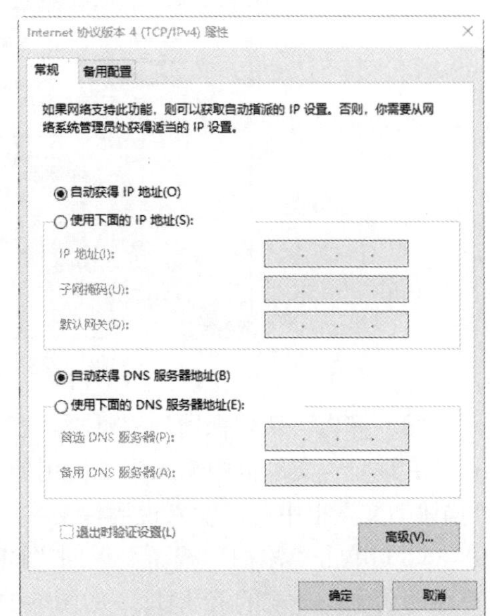

图 6-22　自动获得 IP 地址

任务 3 保留 IP 地址给客户端

任务引入

小明已经完成了 DHCP 服务器的配置，公司的员工都可以在自己的计算机上自动获得 IP 地址，虽然这样看起来很方便，但也带来了安全隐患，特别是几台特定的计算机上保存有公司的重要文件资料。为了防止计算机被病毒侵害，造成资料的损坏和泄露，小明需要为这几台计算机分配固定的 IP 地址。

知识准备

由于自动获取 IP 地址存在安全漏洞和风险，病毒有机会利用漏洞侵害计算机，造成网络瘫痪，因此我们可以利用 DHCP 服务器提供的 IP 地址保留功能将特定的 IP 地址分配给特定的客户端使用，即将客户端的 MAC 地址和 DHCP 服务器地址池中的 IP 地址进行绑定，具体操作步骤如下。

（1）打开命令提示符窗口，在其中输入“ipconfig/all”命令并按 Enter 键，可以看到客户端的所有 IP 地址，如图 6-1 所示。

（2）选择“开始”→“Windows 管理工具”→“DHCP”选项，打开“DHCP”对话框。

（3）选择“保留”选项，右击并在弹出的快捷菜单中选择“新建保留”命令，如图 6-23 所示。

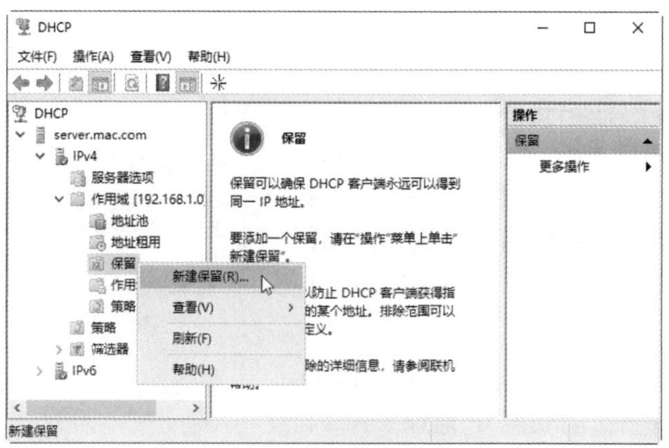

图 6-23 选择“新建保留”命令

（4）弹出“新建保留”对话框，在“保留名称”文本框中输入客户端计算机的名称，在“IP 地址”文本框中输入未被使用的 IP 地址，在“MAC 地址”文本框中输入物理地址，“描述”文本框中可以输入说明性文字，如图 6-24 所示。

（5）单击“添加”按钮，返回“DHCP”对话框，此时“保留”窗格中已经出现了客户端的名称与分配的 IP 地址，如图 6-25 所示。

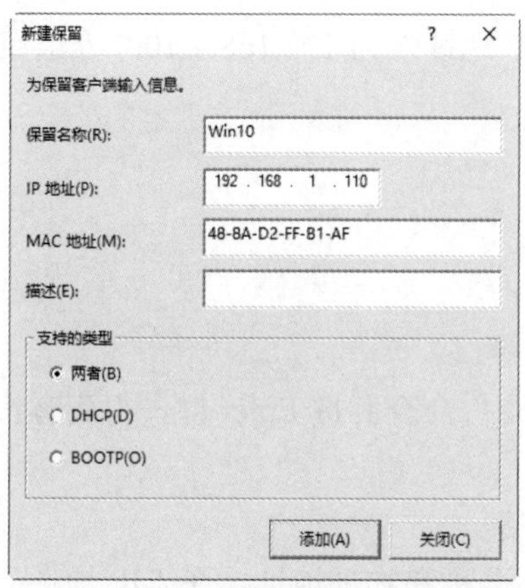

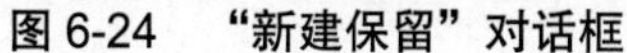
图 6-24 “新建保留”对话框

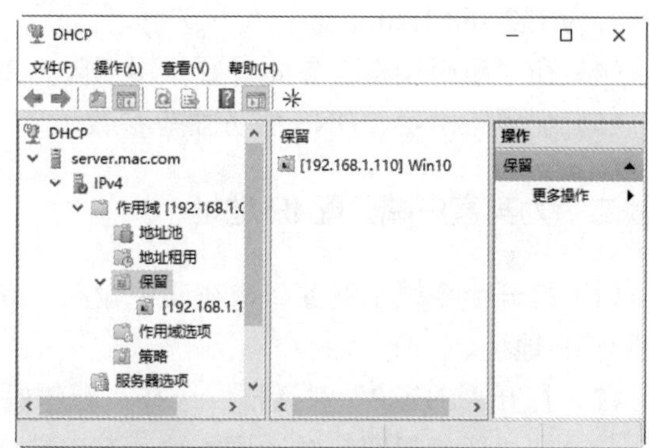

图 6-25 “DACP”对话框

（6）登录刚刚配置好的客户端，打开命令提示符窗口，在其中依次输入“ipconfig/release”“ipconfig/renew”“ipconfig/all”命令并按 Enter 键，可以看到客户端获取了 DHCP 服务器保留的地址。

▶项目总结

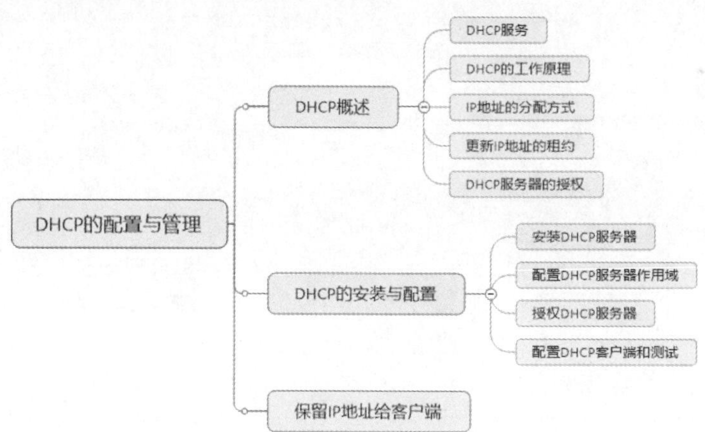

▶项目实战

实战一　配置 DHCP 服务器

安装 DHCP 服务器，要求 IP 地址的取值范围为 192.168.1.100～192.168.1.200，IP 地址租期为 10 天。

（1）打开“服务器管理器”对话框，安装 DHCP 服务器。

（2）打开“DHCP”对话框，选择“新建作用域”命令，输入作用域的名称。

（3）在“IP 地址范围”界面输入作用域的“起始 IP 地址”为 192.168.1.100，“结束 IP 地址”为 192.168.1.200。

（4）在“租用期限”界面设置租用期限为 10 天。

（5）配置路由器、DNS 服务器等参数。

实战二　为某客户端分配 IP 地址

（1）打开命令提示符窗口，在其中输入“ipconfig/all”命令并按 Enter 键，得到客户端的所有 IP 地址。

（2）打开“DHCP”对话框，选择“新建保留”命令。

（3）在“新建保留”对话框中输入客户端计算机的名称和物理地址，在“IP 地址”文本框中输入未被使用的 IP 地址。

（4）登录刚刚配置好的客户端，重新获取 IP 地址。

Web 的配置与管理

思政目标

- 培养正确的职业操守，注重网络环境的净化
- 坚守道德底线，树立和增强职业修养意识

技能目标

- 了解 Web 服务器的相关概念
- 掌握 Web 服务器的配置方法
- 掌握创建 Web 站点和虚拟目录的方法
- 掌握在同一服务器上创建不同站点的方法

项目导读

Web 服务器是可以向发出请求的浏览器提供文档的程序，当浏览器连接到服务器上并请求文件时，服务器将处理该请求并将文件发送到该浏览器，附带的信息会告知浏览器如何查看该文件，服务器使用 HTTP（超文本传输协议）进行信息交流。本章我们来学习 Web 服务器的相关知识，了解如何配置 Web 服务器，并搭建站点。

任务 1 Web 服务

任务引入

为了方便公司员工及时了解公司内部信息，领导安排小明配置一台 Web 服务器来搭建公司的网站。

知识准备

一、Web 服务器概述

WWW 是 World Wide Web（环球信息网）的缩写，也可以简称为 Web，中文名称为“万维网”。通过万维网，人们可以便捷地获取丰富的信息资料，而万维网的信息是由 Web 服务器提供的。

Web 服务器是指驻留于 Internet 上的特定计算机，可以处理浏览器等 Web 客户端的请求并提供相应的文档，也可以存放网站文件和数据文件，供网络用户浏览和下载。目前主流的 Web 服务器有三个：Apache、Nginx、IIS，最常用的是 Apache 和ⅡS。服务器是一种被动程序，当 Internet 上运行在其他计算机中的浏览器发出请求时，服务器可以响应或拒绝请求。

Web 服务器采用的是浏览器（客户端）/服务器结构，浏览器是为用户提供本地服务的程序，利用 URL 向服务器请求相关的页面和文档，然后再复制显示服务器传送过来的 Web 资源，Web 资源通常包括网页、图片、HTML 文件、视频和音频格式的文件等内容。

二、HTTP 协议

Web 服务器使用 HTTP（超文本传输协议）进行信息交流，HTTP 是 Hyper Text Transfer Protocol（超文本传输协议）的缩写，是用于从 Web 服务器传输超文本到本地浏览器的传送协议。HTTP 可以使浏览器更加高效，减少网络传输，不仅能保证计算机正确快速地传输超文本文档，也可以保证数据在传输的过程中不会丢失和损坏，确保信息的完整性。

HTTP 工作于客户端/服务器模式，主要特点如下。

（1）简单快速：客户端向服务器请求服务时，只需传送请求方法和路径。常用的请求方法有 GET、HEAD 和 POST，每种方法规定了客户端与服务器联系的类型不同。

（2）灵活：HTTP 允许传输任意类型的数据对象。正在传输的类型由 Content-Type 加以标记。

（3）无连接：无连接的含义是限制每次连接只处理一个请求。服务器处理完客户端的请求，并收到客户端的应答后，即断开连接。采用这种方式可以节省传输时间。

（4）无状态：无状态是指协议对于事务处理没有记忆能力。

URL 是 Internet 上用来描述信息资源的字符串，主要用在各种 WWW 客户程序和服务器程序上，URL 包含用于查找某个资源的信息，格式为 http://host[“:”端口][绝对定位地址]。当用户在浏览器地址栏中输入 www.mac.com 后，URL 将其自动翻译成 http://www.mac.com。

HTTP 工作在 TCP/IP 的应用层，作用原理包括以下几个步骤。

（1）连接：浏览器与 Web 服务器建立 TCP 连接，打开一个名为 socket 的虚拟文件，该文件的创建表示连接成功。

（2）请求：浏览器向 Web 服务器提交 HTTP 报文，HTTP 请求一般是 GET 或 POST 命令。

（3）回应：Web 服务器收到请求后进行处理，将处理结果传递给浏览器。

（4）关闭：浏览器与 Web 服务器关闭连接，浏览器显示文档。

任务 2 ▶ 添加 Web 服务器

任务引入

小明了解 Web 服务的相关概念后，准备为公司配置 Web 服务器，创建内部网站来发布消息。

知识准备

一、配置 Web 服务器

在安装 Web 服务器之前，先将服务器的 IP 地址设置为静态，同时需要在 DNS 服务器上设置一个域名，这里我们在 mac.com 域中设置 Web 服务器局域网地址为 192.168.0.112，在“DNS 管理器”对话框中设置 server.mac.com 的别名为 www.mac.com，如图 7-1 所示，操作步骤如下。

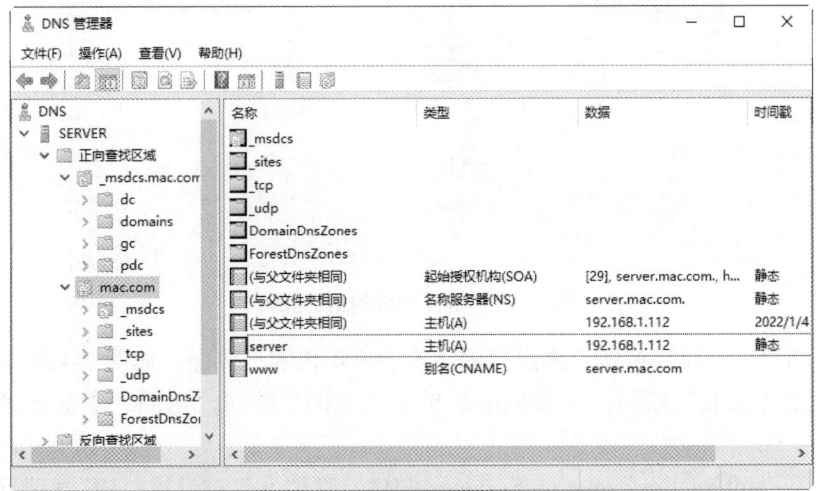

图 7-1 设置域的别名

（1）打开“服务器管理器”对话框，选择“添加角色和功能”选项，打开“添加角色和功能向导”对话框。

（2）保持默认设置，继续单击“下一步”按钮，直到弹出“选择服务器角色”界面。

（3）选择“Web 服务器（IIS）”复选框，添加 Web 服务器角色，如图 7-2 所示。

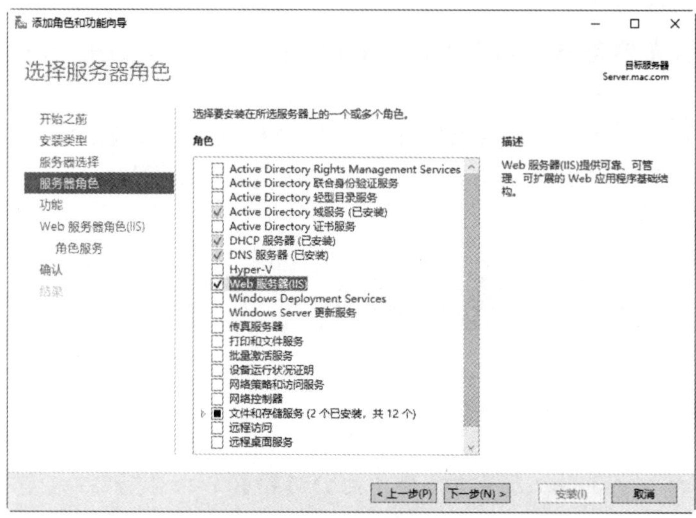

图 7-2　添加 Web 服务器角色

（4）继续单击“下一步”按钮，直到弹出“选择角色服务”界面，勾选要安装的角色服务，如图 7-3 所示。

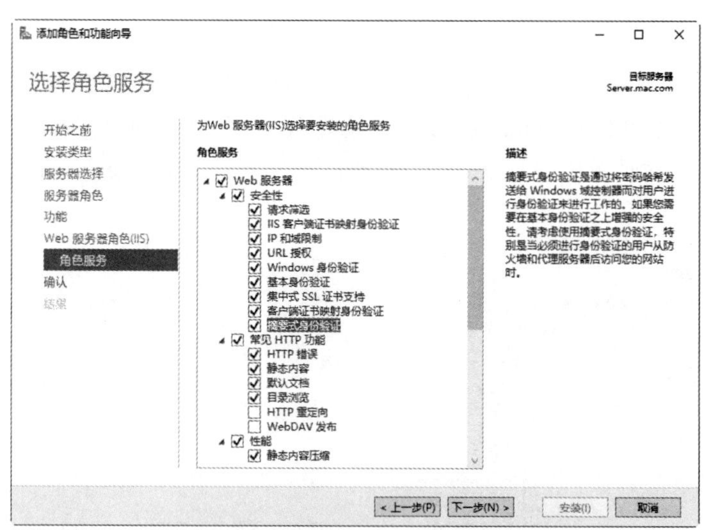

图 7-3　勾选要安装的角色服务

（5）单击“下一步”按钮，弹出“确认安装所选内容”界面，如图 7-4 所示。

（6）单击“安装”按钮，安装完成后单击“关闭”按钮，返回“服务器管理器”对话框。

（7）打开“Internet Information Services（IIS）管理器”对话框，IIS 管理器的主页如图 7-5 所示。

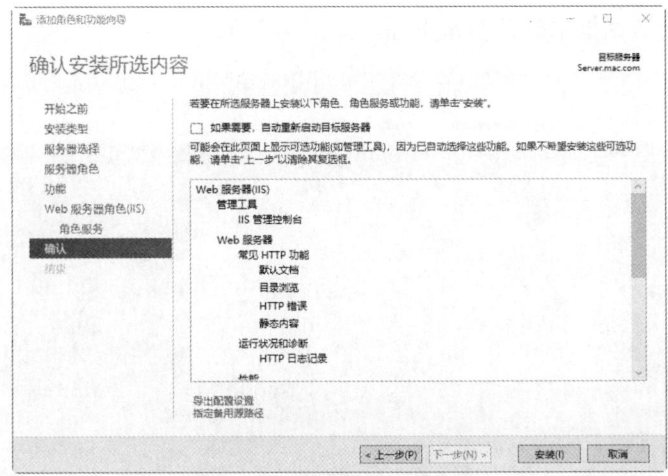

图 7-4　确认安装所选内容

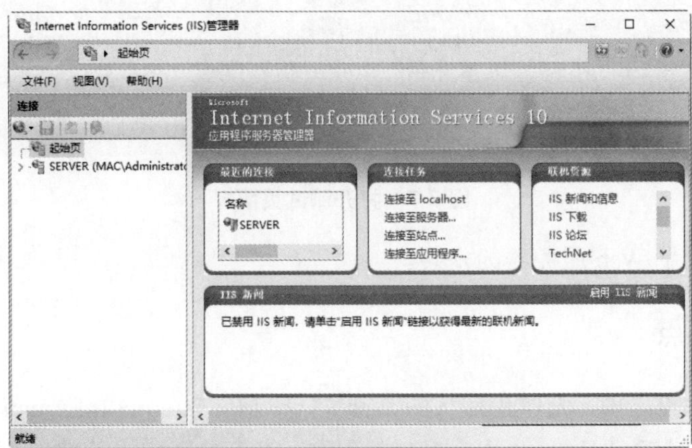

图 7-5　IIS 管理器的主页

（8）选择左侧“网站”列表下的“Default Web Site”选项，右击并在弹出的快捷菜单中选择“浏览”命令，如图 7-6 所示。

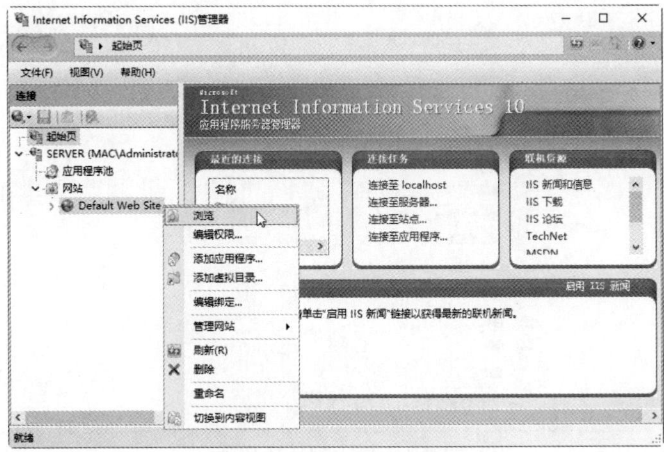

图 7-6　选择“浏览”选项

（9）在弹出的对话框中打开测试页面，如图 7-7 所示。

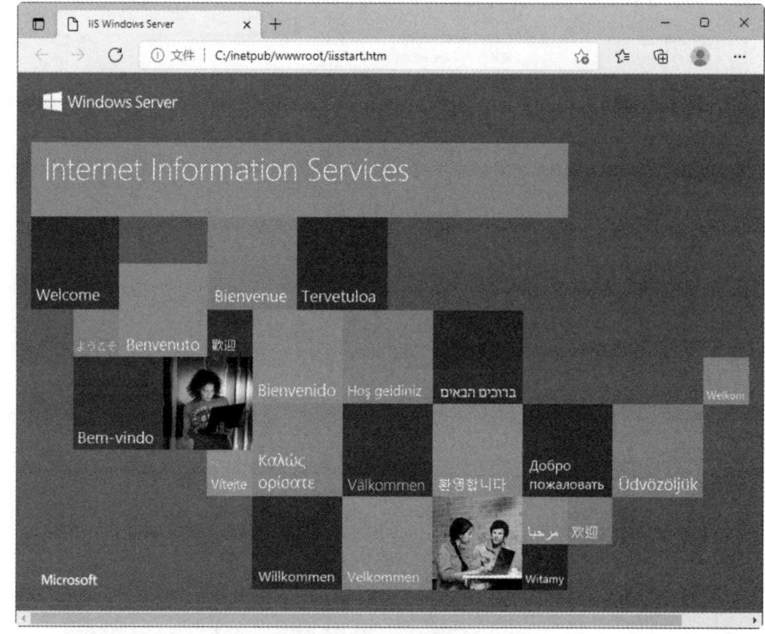

图 7-7　打开测试页面

至此我们完成了 Web 服务器的安装。

二、创建 Web 站点

在创建新的站点之前，先停止默认的 Web 站点，在“Internet Information Services（IIS）管理器”对话框中选择“Default Web Site”选项，右击并在弹出的快捷菜单中选择“管理网站”→“停止”命令，如图 7-8 所示。

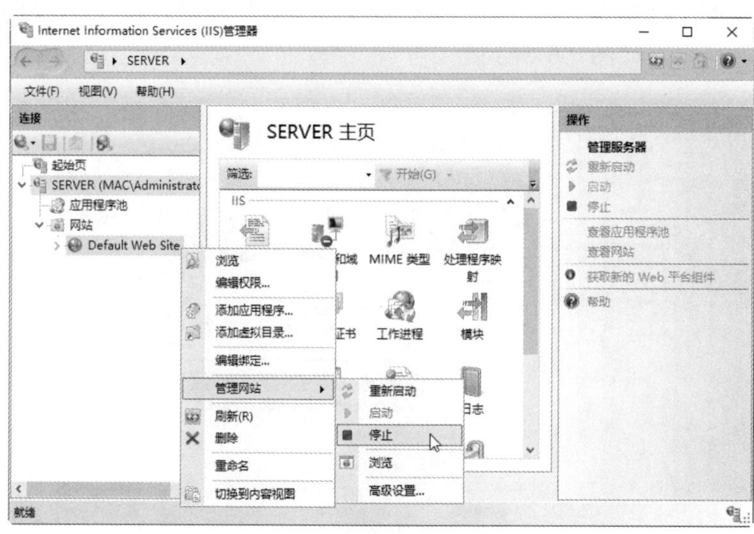

图 7-8　停止默认的站点

接下来通过新建网站的方式，创建 Web 站点，操作步骤如下。

（1）选择左侧列表中的“网站”选项，右击并在弹出的快捷菜单中选择“添加网站”命令，如图 7-9 所示。

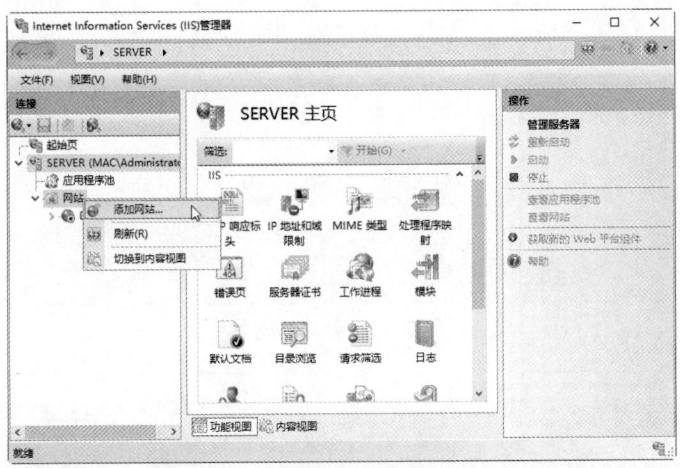

图 7-9 选择“添加网站”命令

（2）弹出“添加网站”对话框，输入网站名称，单击“物理路径”右侧的“…”按钮选择网站的物理路径，选择 IP 地址，使用默认的 80 端口，如图 7-10 所示。

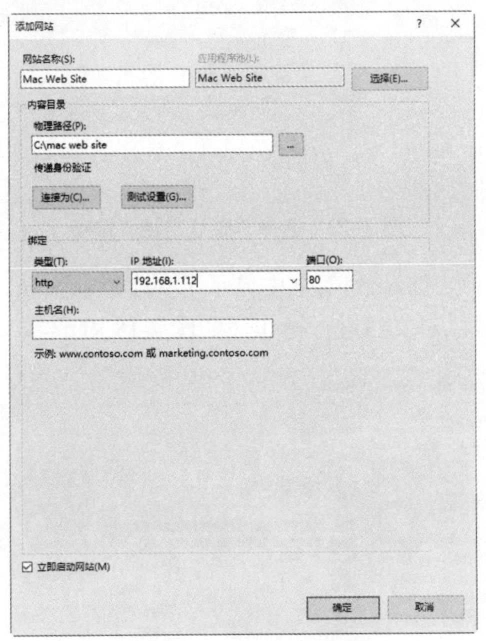

图 7-10 设置网站参数

（3）单击“确定”按钮，返回“Internet Information Services（IIS）管理器”对话框，可以看到新建的网站，如图 7-11 所示。

（4）在左侧窗格中选择“Mac Web Site”选项，双击中间窗格中的“默认文档”选项，如图 7-12 所示。

图 7-11　新建的网站

图 7-12　选择“默认文档”选项

（5）弹出“默认文档”窗格，列表框中显示了多个默认文档，选择其中一个默认文档，在右侧“操作”窗格中可以对文档进行操作，如图 7-13 所示。

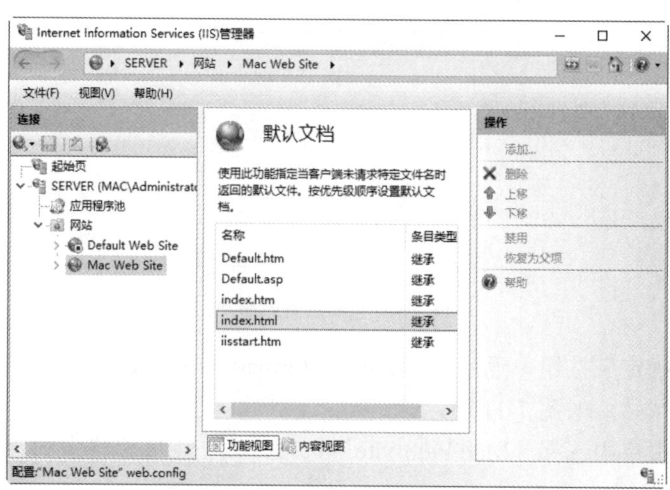

图 7-13　“默认文档”窗格

（6）选择“Mac Web Site”选项，双击右侧窗格中的“浏览 192.168.112:80（http）”选项进入页面，如图 7-14 所示。

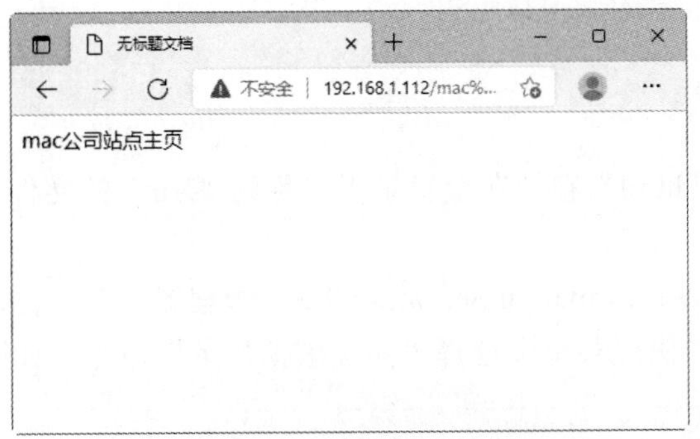

图 7-14　进入默认页面

（7）在客户端中测试网站页面是否可以访问，在浏览器的地址栏中输入 http://192.168.1.112，按 Enter 键显示页面内容，如图 7-15 所示。

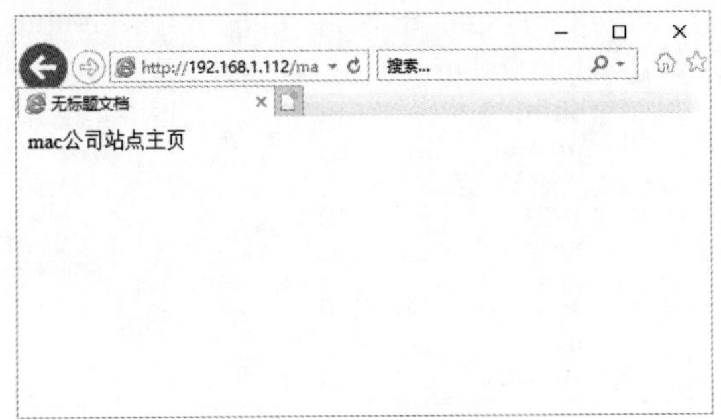

图 7-15　访问网站页面

任务 3 ▸ 创建 Web 站点虚拟目录

任务引入

随着公司发布内容的不断增多，为了便于管理，小明将网页内容分类放在站点的子目录下，但是有些资料具有机密性，为了保护信息安全，小明决定对重要的资料设置虚拟目录。

知识准备

一、虚拟目录概述

虚拟目录是指将服务器上的其他目录以映射的方式虚拟到站点下，不显示在目录列表中，虚拟目录由别名和其对应的物理路径组成。要访问虚拟目录，用户需要确定虚拟目录的别名，然后在浏览器中输入 URL，对于 http://www.服务，还可以在 HTML 页面中创建链接。虚拟目录可以将每个目录定位在本地驱动器或者其他 Web 主机上，Web 服务器可以拥有一个主目录和任意数量的虚拟目录。

二、创建虚拟目录

网页文件“virtual.html”存放在根目录下名称为“Vir”的文件夹中，接下来创建虚拟目录，操作步骤如下。

（1）打开“Internet Information Services（IIS）管理器”对话框，选择“Mac Web Site”选项，右击并在弹出的快捷菜单中选择“添加虚拟目录”命令，如图 7-16 所示。

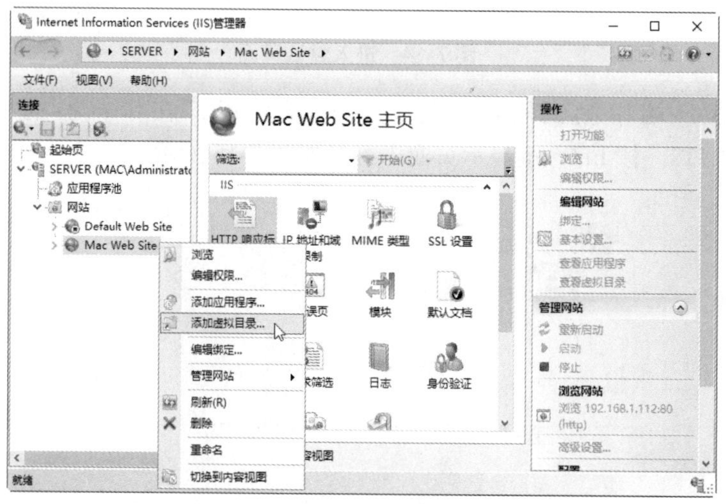

图 7-16　选择“添加虚拟目录”命令

（2）弹出“添加虚拟目录”对话框，在“别名”文本框中输入“Vir”，单击“物理路径”右侧的“…”按钮选择虚拟目录的物理路径，如图 7-17 所示。

（3）单击“连接为”选项，弹出“连接为”对话框，选择“特定用户”单选按钮，如图 7-18 所示。

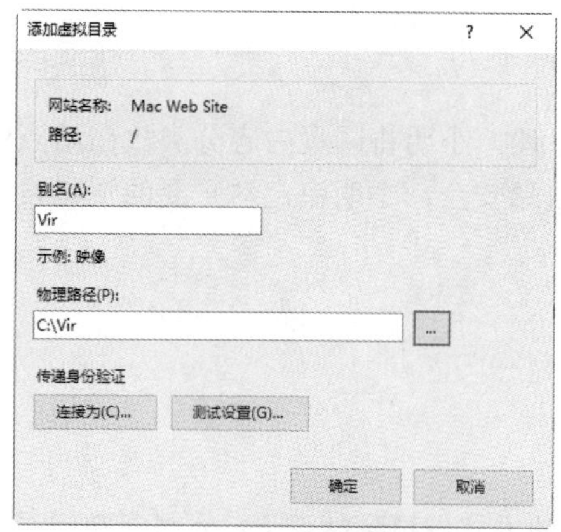

图 7-17　“添加虚拟目录”对话框

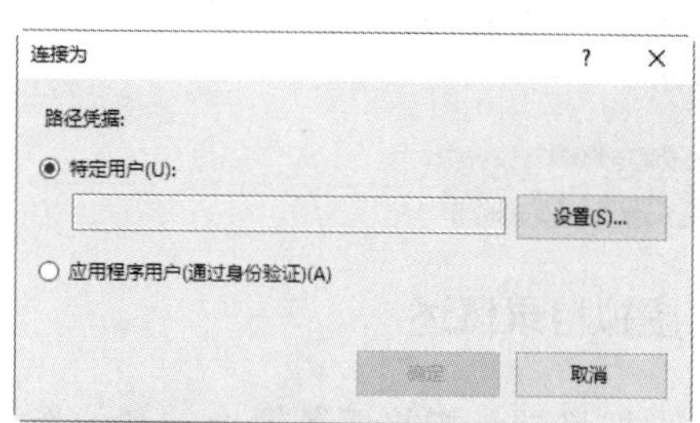

图 7-18　“连接为”对话框

（4）单击“设置”按钮，弹出“设置凭据”对话框，这里我们输入管理员账号和密码，如图 7-19 所示。

（5）单击“确定”按钮保存设置，继续单击“确定”按钮，返回“添加虚拟目录”对话框。

（6）单击“测试设置”按钮，弹出“测试连接”对话框，查看连接是否成功，如图 7-20 所示。

图 7-19 “设置凭据”对话框

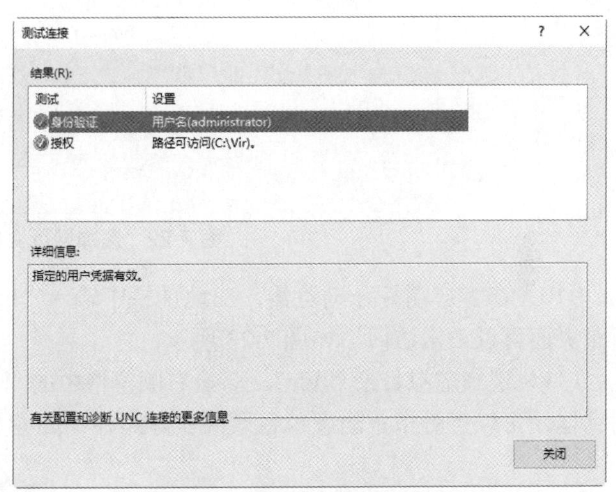

图 7-20 “测试连接”对话框

（7）单击“关闭”按钮，再单击“确定”按钮，返回“Internet Information Services（IIS）管理器”对话框。

（8）选择新添加的虚拟目录“Vir”，双击中间窗格中的“默认文档”图标，打开“默认文档”窗格，如图 7-21 所示。

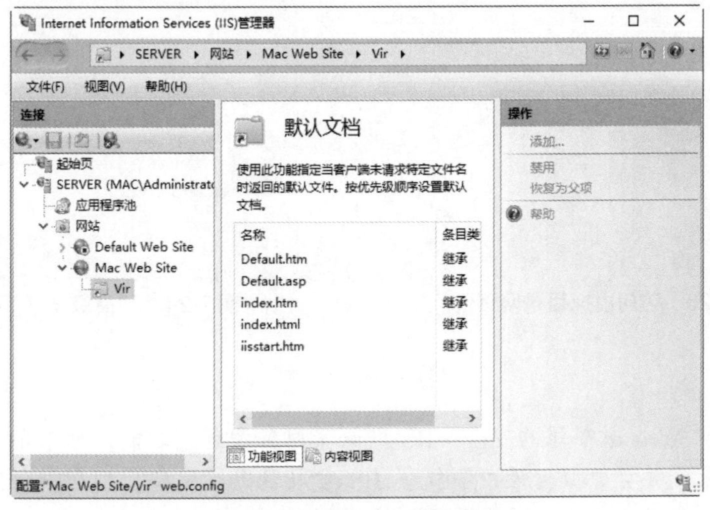

图 7-21 “默认文档”窗格

（9）单击右侧窗格中的“添加”按钮，弹出“添加默认文档”对话框，输入网页文件的名称，添加网页文件，如图 7-22 所示。

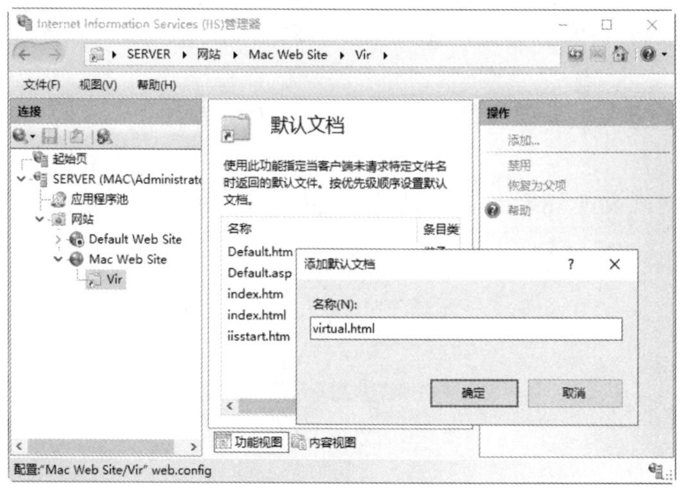

图 7-22　添加网页文件

（10）在客户端打开浏览器，在地址栏中输入“http://192.168.1.112/Vir/”，经测试虚拟目录页面可以正常访问，如图 7-23 所示。

（11）选择虚拟目录“Vir”，双击右侧窗格中的“高级设置”选项，打开“高级设置”对话框，可以查看指定的虚拟目录的实际路径，如图 7-24 所示。

图 7-23　访问虚拟目录网页

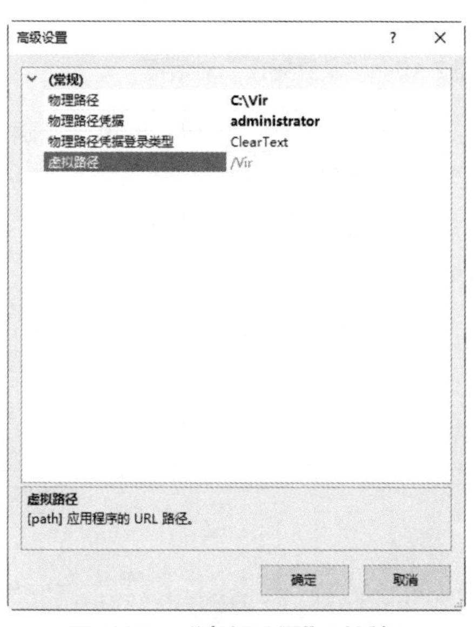

图 7-24　“高级设置”对话框

注意

为了保护 Web 服务器的安全，IIS 默认禁用目录浏览功能，如果直接使用浏览器访问虚拟目录，并且虚拟目录中不包含 IIS 支持的默认文档，则会出现访问错误。如果要浏览虚拟目录中的内容，可以启用目录浏览或者为虚拟目录添加默认文档，一般采用第二种方法。

任务 4 ▶ 创建不同的 Web 站点

任务引入

应公司要求，小明需要再创建一个网站，为了节省资源，他决定将新的网站创建在同一台 Web 服务器上。

知识准备

网络上的每一个 Web 站点都有一个唯一的身份标识，这样才能保证客户端或浏览器能够准确地进行访问，如果要在同一台 Web 服务器上创建多个站点，一般有以下三种实现途径。

（1）端口不同：Web 站点的默认端口一般为 80，只要改变端口即可在同一台服务器上新建不同的站点。

（2）IP 地址不同：一般情况下一个网卡只设置一个 IP 地址，如果为网卡绑定多个 IP 地址，每个地址对应一个 Web 站点，即可创建多个站点。

（3）主机名不同：在保证端口和 IP 地址一致的情况下，可以添加不同的主机名和别名来区分不同的站点。

下面的内容主要讲解如何利用不同端口和不同主机名来创建 Web 站点。

一、创建端口不同的 Web 站点

接下来我们通过设置两个不同的端口来创建两个不同的站点，操作步骤如下。

（1）在“Internet Information Services（IIS）管理器”对话框中，选择左侧列表中的“网站”选项，右击并在弹出的快捷菜单中选择“添加网站”命令。

（2）弹出“添加网站”对话框，输入网站名称，单击“物理路径”右侧的“…”按钮选择网站的物理路径，选择 IP 地址，设置端口为 8080，如图 7-25 所示。

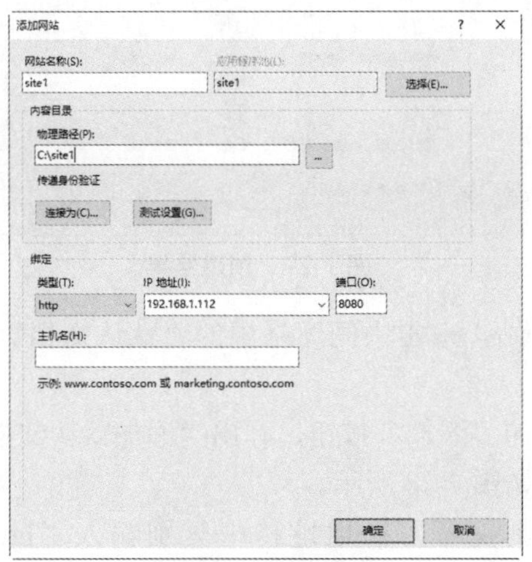

图 7-25 设置站点 1

（3）单击“确定”按钮，返回“Internet Information Services（IIS）管理器”对话框，使用同样的方法设置第二个站点，设置端口为 8070，如图 7-26 所示。

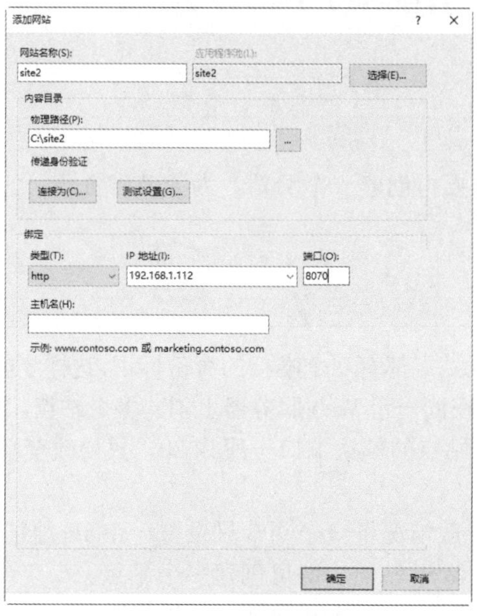

图 7-26　设置站点 2

（4）单击“确定”按钮，返回“Internet Information Services（IIS）管理器”对话框，创建站点结果如图 7-27 所示。

图 7-27　创建结果

（5）选择新创建的网站，双击中间窗格中的“默认文档”图标，打开“默认文档”窗格。

（6）单击右侧窗格中的“添加”按钮，弹出“添加默认文档”对话框，输入网页文件的名称，添加网页文件，如图 7-28 所示。

（7）在客户端打开浏览器，在地址栏中分别输入“http://192.168.1.112:8080”和“http://192.168.1.112:8070”，测试网站页面可以正常访问，如图 7-29 所示。

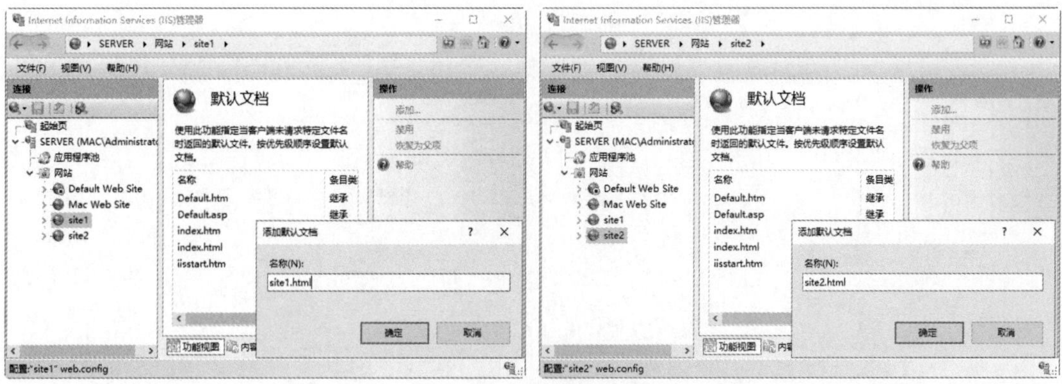

图 7-28　添加网页文件

图 7-29　测试网站页面

二、利用主机名创建不同的 Web 站点

利用主机名创建不同站点需要在 DNS 服务器上添加别名，并确保能够在 Web 服务器上获得正确的解析结果。以 192.168.1.112 为例，已经有一个别名 www.mac.com，再新增两个别名创建两个网站，操作步骤如下。

（1）在“DNS 管理器”对话框中新增两个别名，分别是 www1.mac.com 和 www2.mac.com，如图 7-30 所示。

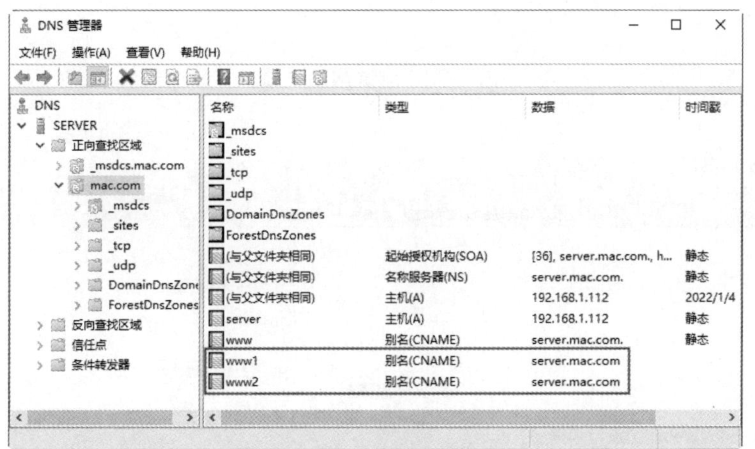

图 7-30　新增两个别名

（2）创建两个网站目录，网站的物理路径分别为“C:\www1”和“C:\www2”，如图 7-31 所示。

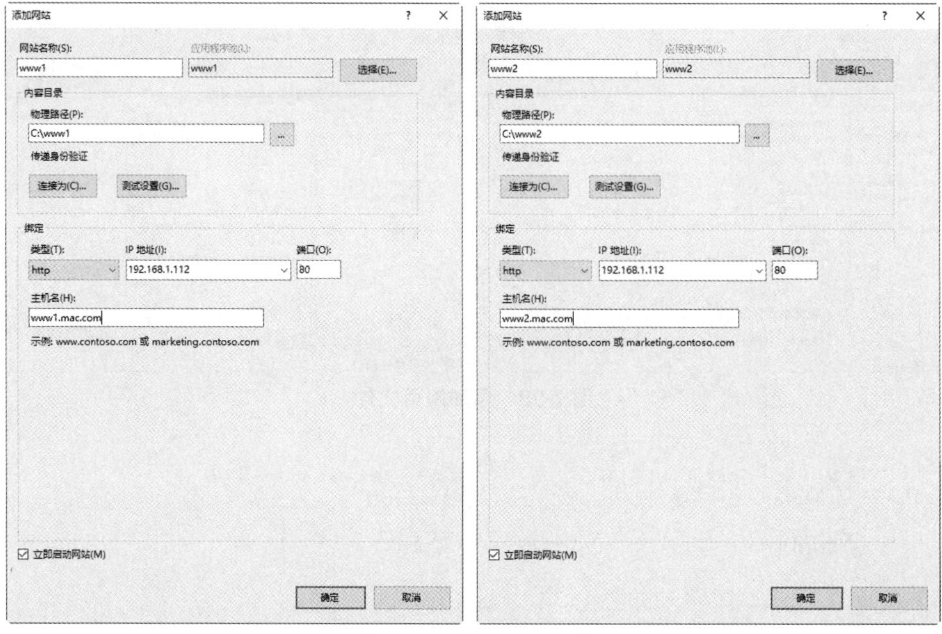

图 7-31　创建两个网站

（3）选择新创建的网站，双击中间窗格中的“默认文档”图标，打开“默认文档”窗格，添加网页文件，文件名分别为“www1.html”和“www2.html”。

（4）在客户端打开浏览器，分别在地址栏中输入“http://www1.mac.com/”和“http://www2.mac.com/”，经测试网站页面可以正常访问，如图 7-32 所示。

图 7-32　测试网站页面

▶项目总结

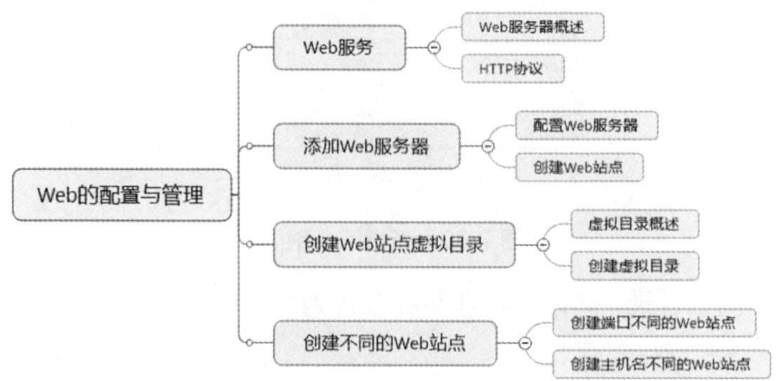

▶项目实战

实战一 为公司网站添加虚拟目录

公司网站的根目录下存放有网页文件 Files，将其设置为虚拟目录，并且只允许特定用户 user1 访问。

（1）打开“Internet Information Services（IIS）管理器”对话框，添加虚拟目录。

（2）弹出“添加虚拟目录”对话框，设置“别名”和物理路径。

（3）单击“连接为”选项，弹出“连接为”对话框，选择“特定用户”单选按钮，单击“设置”按钮，输入用户 user1 账号和密码。

（4）选择新添加的虚拟目录，添加默认文档。

（5）在客户端打开浏览器，在地址栏中输入网址，经测试虚拟目录页面可以正常访问。

实战二 创建 IP 地址不同的两个站点

在公司的 Web 服务器 Server1 上添加两个 IP 地址不同的 Web 站点 Web Site1 和 Web Site2，其中 192.168.1.112 为本服务器的 IP 地址，需要再添加一个站点的 IP 地址 192.168.1.113，默认端口为 80。

（1）打开“Internet Information Services（IIS）管理器”对话框，停止默认站点“Default Web Site”，添加新的网站，网站名称为“Web Site1”，IP 地址选择 192.168.1.112，TCP 端口保持默认设置，设置物理路径，添加默认目录，完成站点“Web Site1”的创建。

（2）单击“开始”→“设置”→“控制面板”选项，打开“Internet 协议版本 4（TCP/IPv4）属性”对话框，单击“高级”按钮打开“高级 TCP /IP 设置”面板，单击添加按钮，添加新的 IP 地址 192.168.1.113。

（3）按前面的方法设置“Web Site2”站点，IP 地址设置为 192.168.1.113，端口保持默认设置，设置物理路径，添加默认目录，完成站点“Web Site2”的创建。

（4）分别在浏览器地址栏中输入 http：//192.168.1.112/和 http：//192.168.1.113，测试网页效果。

FTP 的配置与管理

思政目标

- 充分发挥创造力，主动拓展自己的知识，避免思维局限性
- 逐步培养勤于思考、努力钻研的学习习惯

技能目标

- 了解 FTP 服务器的相关概念
- 掌握 FTP 服务器的安装方法
- 掌握创建 FTP 站点和管理站点的方法

项目导读

文件传输是信息共享的一个重要内容，但是由于连接到 Internet 的计算机上运行的操作系统各不相同，为了在不同的操作系统之间共享文件，需要建立一个统一的文件传输协议，即 FTP。FTP 服务器是在 Internet 上提供文件存储和访问服务的计算机，它依照 FTP 来提供服务。本章主要介绍 FTP 服务器的配置和管理，以及如何架设 FTP 站点来实现文件传输。

任务 1 ▶ FTP 概述

任务引入

为了方便公司员工共享文件资源，以及及时上传资料，小明需要创建一个文件系统，安装 FTP 服务器来实现文件资源的共享。

知识准备

一、FTP 服务器

FTP 服务器依照文件传输协议（File Transfer Protocol）在客户端和服务器之间传输文件。用户通过支持 FTP 的客户端程序，连接到在远程主机上的 FTP 服务器程序。用户通过客户端程序向服务器程序发出命令，服务器程序执行用户发出的命令，并将执行的结果返回客户端程序。

利用 FTP 服务器可以实现文件的上传和下载功能，“上传”文件就是将文件从用户的计算机拷贝到远程主机，“下载”文件就是从远程主机拷贝文件到用户的计算机。上传或下载文件必须登录远程主机获得相应的权限，但是 Internet 上的 FTP 主机数以亿计，不可能满足每个用户在每个远程主机上都拥有登录账户，这就需要用到匿名 FTP。通过匿名 FTP，用户可以连接到远程主机，不需要成为注册用户就可以下载文件。但匿名 FTP 不适用于所有的远程主机，只适用于提供了匿名 FTP 服务的主机。大部分提供匿名 FTP 服务的远程主机只允许用户下载文件，不允许用户上传文件。

二、FTP 服务器的工作模式

FTP 使用两个端口，一个数据端口和一个命令端口（也叫作控制端口），或者说是 20（数据端口）和 21（命令端口），主要有两种工作模式：主动模式和被动模式。

在主动模式中，客户端将任意一个大于 1024 的端口 N 连接到 FTP 服务器的命令端口，即 21 端口，然后客户端开始监听端口 N+1，并向 FTP 服务器发送 FTP 命令“portN+1”，服务器会主动从自己的数据端口（20 端口）连接到客户端指定的数据端口 N+1。

在被动模式中，命令连接和数据连接都由客户端发起，客户端打开任意两个大于 1024 的端口，第一个端口连接 FTP 服务器的命令端口，但与主动模式不同的是，客户端不会发送 PORT 命令而是发送 PASV 命令，服务器会开启一个任意大于 1024 的端口，并发送命令给客户端。然后客户端连接 FTP 服务器的这个端口，FTP 服务器通过该端口来传送数据。

三、FTP服务器的功能

除具有文件传输的功能外，FTP 服务器还具有以下功能。

（1）提供对本地计算机和远程计算机的目录操作功能。用户可以在本地或远程计算机上建立或删除目录，改变当前工作目录、打印目录和文件列表等。

（2）管理用户的身份权限。用户的身份包括用户（users）、访客（guest）、匿名用户（anonymous），其中用户的权限最高。由于匿名用户没有安全验证，因此不允许访问过多的资源。

（3）隔离用户目录。将用户限制在自己的目录中，防止该用户查看或修改其他用户的内容，用户在其目录中可以创建、修改或删除文件。

任务2 ▸ 安装FTP服务器

任务引入

小明已经对 FTP 服务器的相关概念和工作原理有了深入的了解，接下来计划开始构建 FTP 服务器。

知识准备

安装 FTP 服务器的操作步骤如下。

（1）打开“服务器管理器”对话框，单击右侧窗格中的“添加角色和功能”选项。

（2）弹出“添加角色和功能向导”对话框，继续单击“下一步”按钮，保持默认设置，直到弹出“选择服务器角色”界面，如图 8-1 所示。

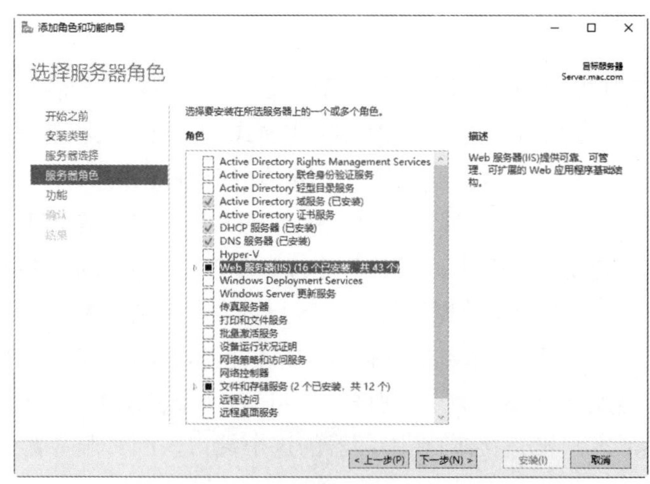

图 8-1 “选择服务器角色”界面

（3）选择“Web 服务器（IIS）”复选框，添加 FTP 组件，如图 8-2 所示。

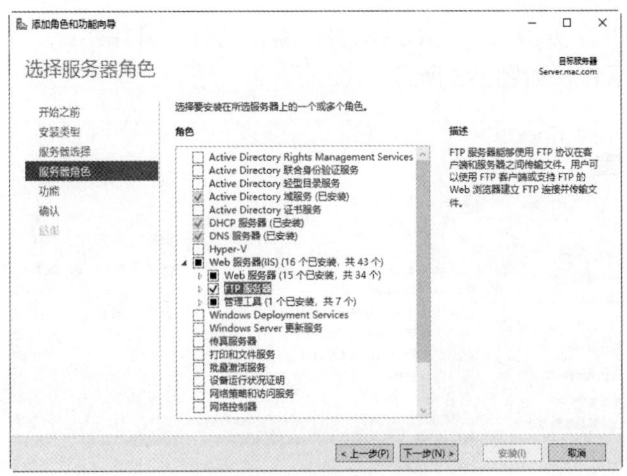

图 8-2 添加 FTP 组件

（4）继续单击“下一步”按钮，弹出“确认安装所选内容”界面，如图 8-3 所示。

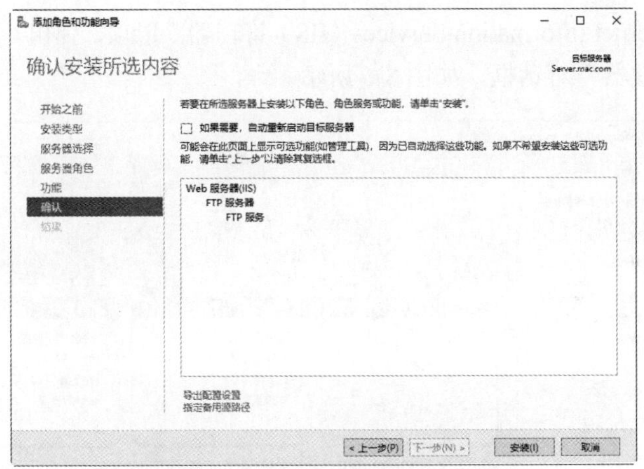

图 8-3 “确认安装所选内容”界面

（5）单击“安装”按钮开始安装，安装完成后单击“关闭”按钮，如图 8-4 所示。

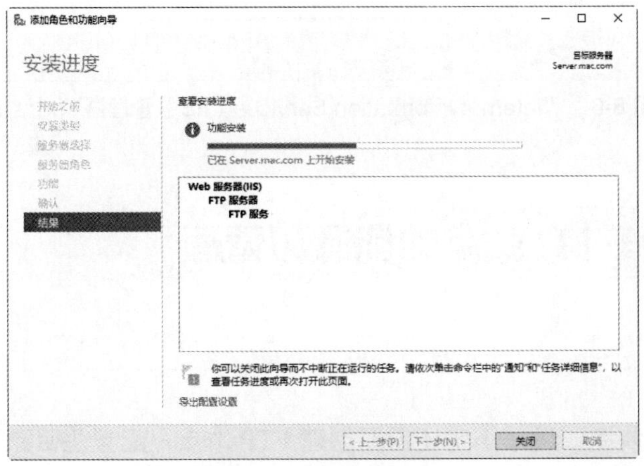

图 8-4 等待安装完成

（6）安装完 FTP 服务器后，手动启动服务器，选择“开始”→“Windows 管理工具”选项，弹出组件对话框，如图 8-5 所示。

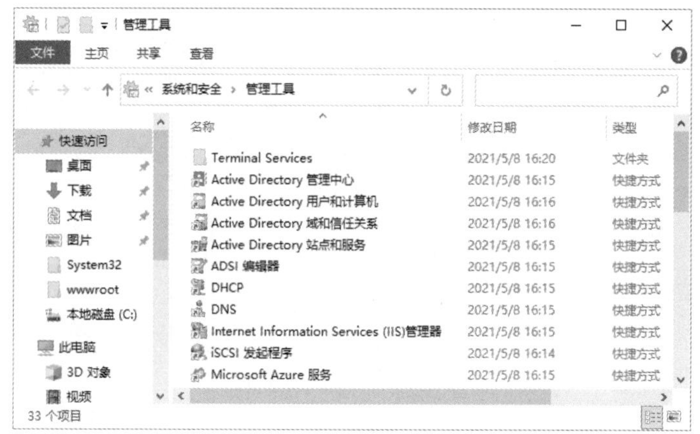

图 8-5　组件对话框

（7）双击“Internet Information Services（IIS）管理器”选项，弹出“Internet Information Services（IIS）管理器”对话框，如图 8-6 所示。

图 8-6　“Internet Information Services（IIS）管理器”对话框

任务 3 ▶ FTP 站点的配置和管理

任务引入

FTP 服务器安装完成后，小明还需要创建 FTP 站点，配置主目录，设置用户的访问权限。

知识准备

一、创建 FTP 站点

创建 FTP 站点的操作步骤如下。

（1）在“Internet Information Services（IIS）管理器”对话框中，选择左侧窗格中的“SERVER”选项，右击并在弹出的快捷菜单中选择“添加 FTP 站点”命令，如图 8-7 所示。

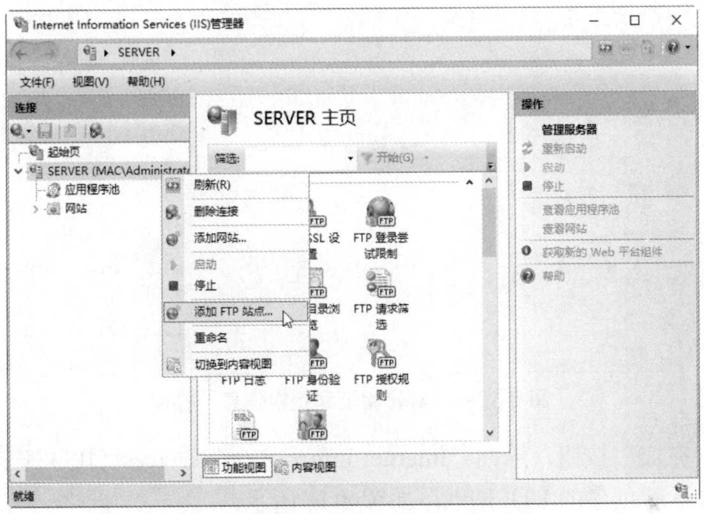

图 8-7 选择“添加 FTP 站点”命令

（2）弹出“添加 FTP 站点”对话框，在“站点信息”界面输入“FTP 站点名称”和“物理路径”，“FTP 站点名称”设置为“ftp_site”，“物理路径”设置为“C:\inetpub\ftproot”，如图 8-8 所示。

（3）单击“下一步”按钮，弹出“绑定和 SSL 设置”界面，“IP 地址”设置为“全部未分配”，选中“无 SSL（L）”单选按钮，如图 8-9 所示。

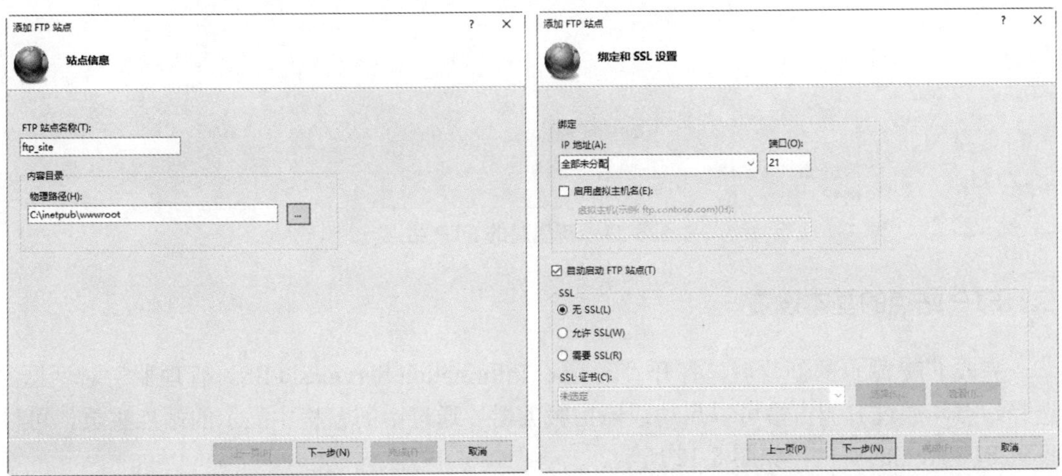

图 8-8 “站点信息”界面　　图 8-9 “绑定和 SSL 设置”界面

（4）单击“下一步”按钮，弹出“身份验证和授权信息”界面，选择“匿名”和“基本”复选框，“允许访问”设置为“所有用户”，“权限”设置为“读取”，如图 8-10 所示。

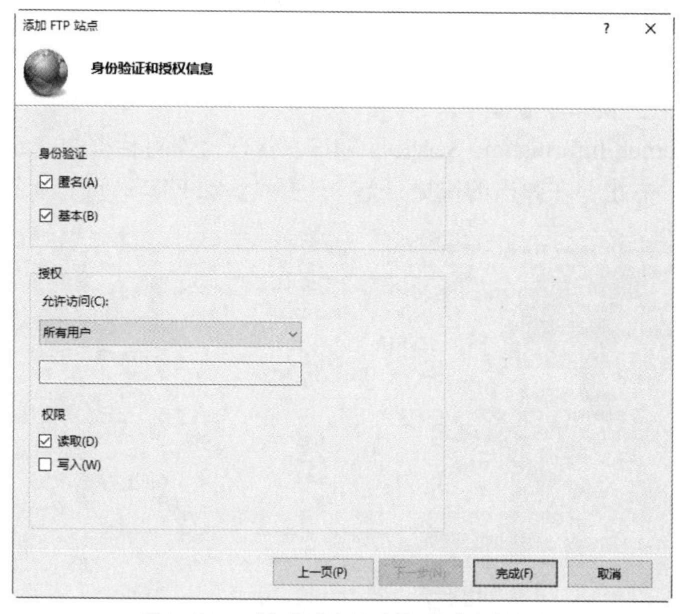

图 8-10 “身份验证和授权信息”界面

（5）单击“完成”按钮，返回“Internet Information Services（IIS）管理器”对话框，左侧列表中将显示新创建的 FTP 站点，如图 8-11 所示。

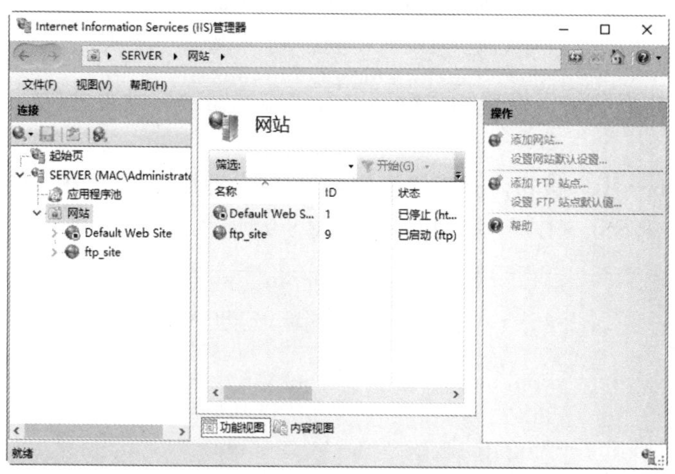

图 8-11 新创建的 FTP 站点

二、FTP 站点的基本设置

完成 FTP 站点的创建后，打开“Internet Information Services（IIS）管理器”对话框，选择站点，通过右侧窗格可以启动或停止服务器。通过中间窗格中显示的站点主页，可以设置 FTP 站点的属性，如图 8-12 所示。

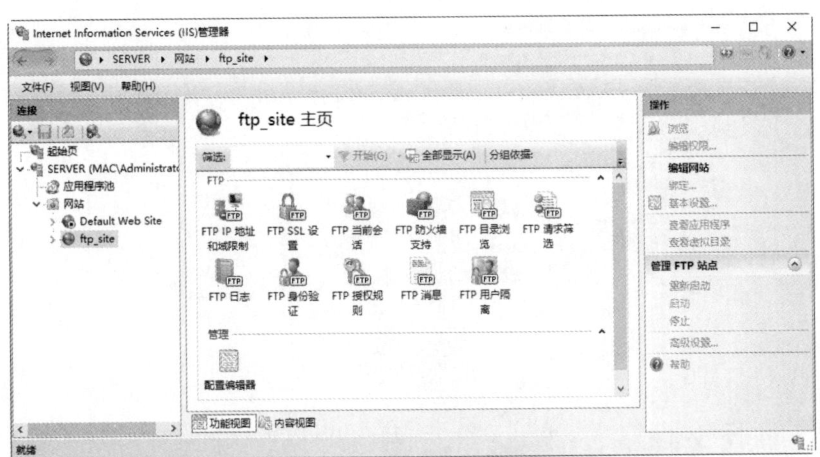

图 8-12 FTP 站点的属性

各功能选项说明如下。

- FTP IP 地址和域限制：添加要拒绝或允许访问的 IP 地址或 IP 地址范围。
- FTP SSL 设置：设置 FTP 服务器与客户端之间传输数据的加密方式。
- FTP 当前会话：监视 FTP 站点的当前会话。
- FTP 防火墙支持：FTP 客户端连接开启防火墙的 FTP 服务器时修改被动连接的设置。
- FTP 目录浏览：修改用于在 FTP 服务器上浏览目录的内容设置，指定列出目录的内容时使用的样式。目录样式包括 MS-DOS 或 UNIX，可以显示虚拟目录。
- FTP 请求筛选：为 FTP 站点定义请求筛选功能。通过此功能，Internet 服务提供商和应用服务提供商可以限制协议和内容行为。
- FTP 日志：配置服务器或站点级别的日志记录功能以及配置日志记录。
- FTP 身份验证：配置 FTP 客户端获得内容访问权限的身份验证方法。身份验证模式有两种类型：基本身份验证和匿名身份验证。
- FTP 授权规则：添加“允许”或“拒绝”的规则，这些规则用于控制用户对内容的访问。
- FTP 消息：用户连接到 FTP 站点时所发送的消息。
- FTP 用户隔离：可以定义 FTP 站点的用户隔离模式，可以为每个用户提供单独的 FTP 目录来上传个人资源。

案例——设置匿名身份登录

将前面创建的 FTP 站点设置为匿名身份登录，操作步骤如下。

（1）在“Internet Information Services（IIS）管理器”对话框中，选中左侧窗格中的“ftp_site”站点，双击中间窗格“ftp_site 主页”中的“FTP 身份验证”选项，如图 8-13 所示。

（2）在弹出的界面中可以看到中间窗格的“匿名身份验证”已启用，选择“匿名身份验证”选项，单击右侧“操作”窗格中的“编辑”选项，如图 8-14 所示。

（3）弹出“编辑匿名身份验证凭据”对话框，确认“用户名”为“IUSR”，单击“确定”按钮，如图 8-15 所示。

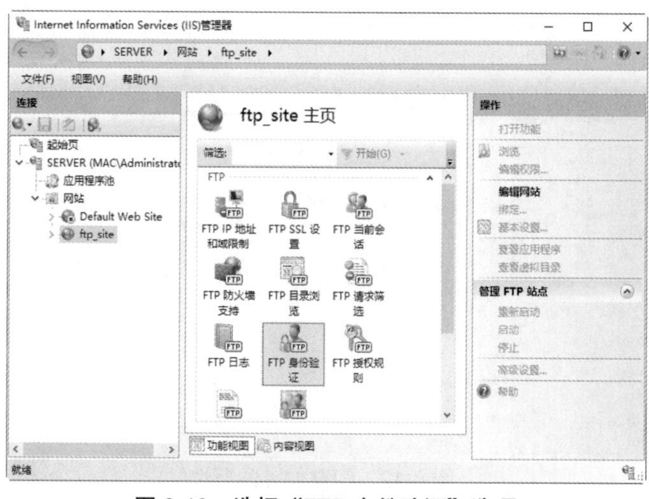

图 8-13　选择“FTP 身份验证”选项

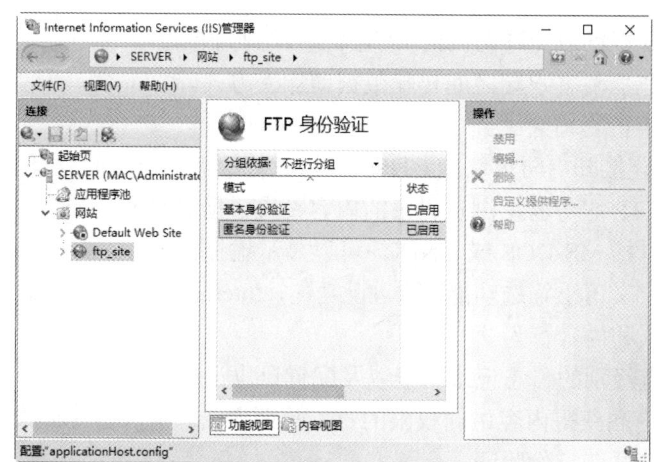

图 8-14　选择“匿名身份验证”选项

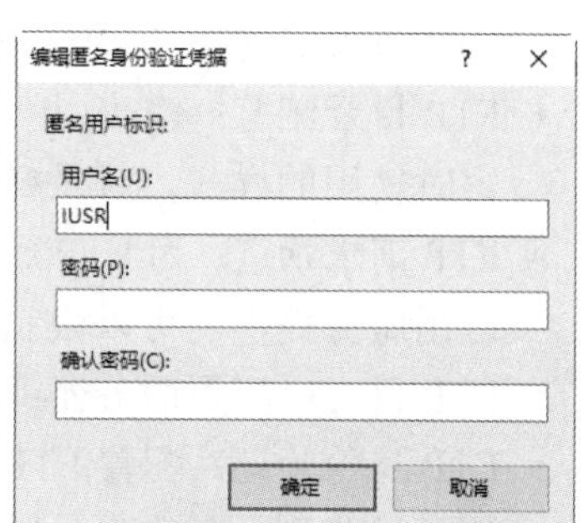

图 8-15　“编辑匿名身份验证凭据”对话框

（4）选择“ftp_site”站点，双击中间窗格中的“FTP 授权规则”选项，在弹出的界面中单击右侧“操作”窗格中的“添加允许规则”选项，如图 8-16 所示。

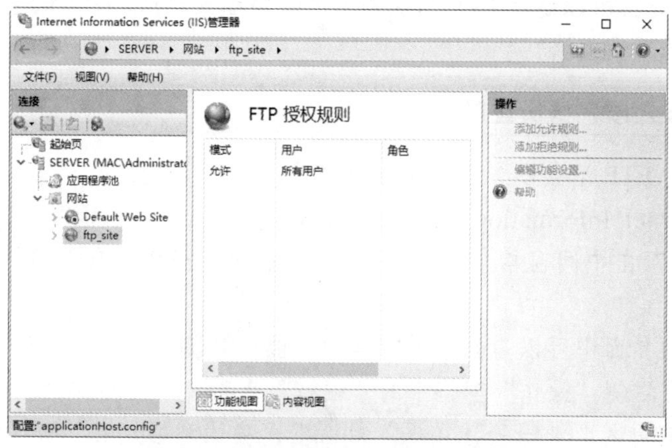

图 8-16　选择“添加允许规则”选项

（5）弹出“添加允许授权规则”对话框，选择“所有匿名用户”单选按钮，允许匿名用户访问站点，勾选“读取”复选框，单击“确定”按钮，如图 8-17 所示。

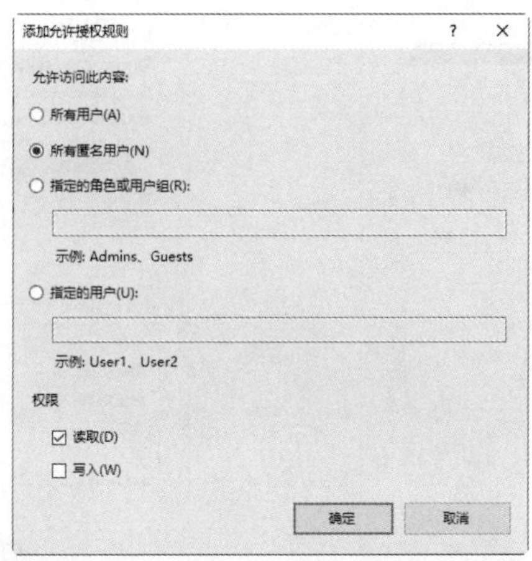

图 8-17 “添加允许授权规则”对话框

（6）选择“ftp_site”站点，右击并在弹出的快捷菜单中选择“编辑权限”命令，如图 8-18 所示。

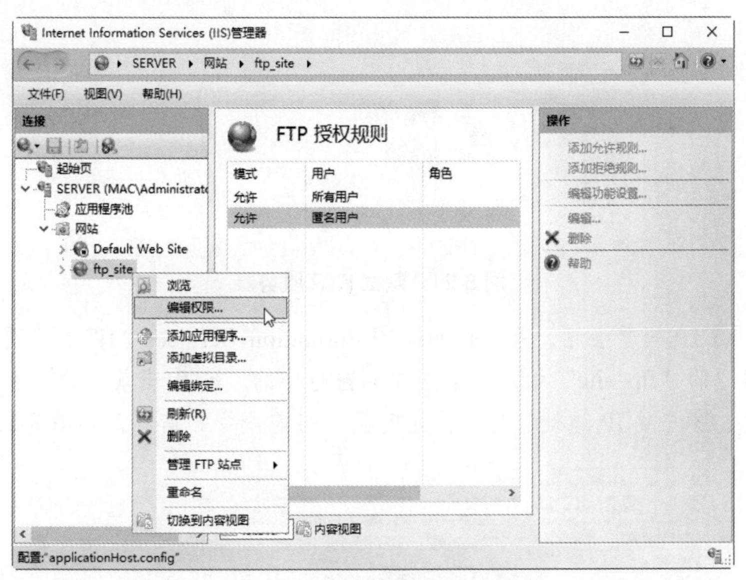

图 8-18 选择“编辑权限”命令

（7）弹出“wwwroot 属性”对话框，选择“安全”选项卡，如图 8-19 所示。

（8）单击“编辑”按钮，弹出“wwwroot 的权限”对话框，添加“IUSR”用户，并将其权限设置为读取和执行、列出文件夹内容、读取、写入，如图 8-20 所示。

（9）在 FTP 服务器的主目录中新建一个记事本文件用来测试。

（10）登录客户端，选择“开始”→“Windows 系统”→“文件资源管理器”选项，输入地址“ftp://192.168.1.112/”，按 Enter 键，访问服务器的主目录，说明 FTP 服务器连接成功，如图 8-21 所示。

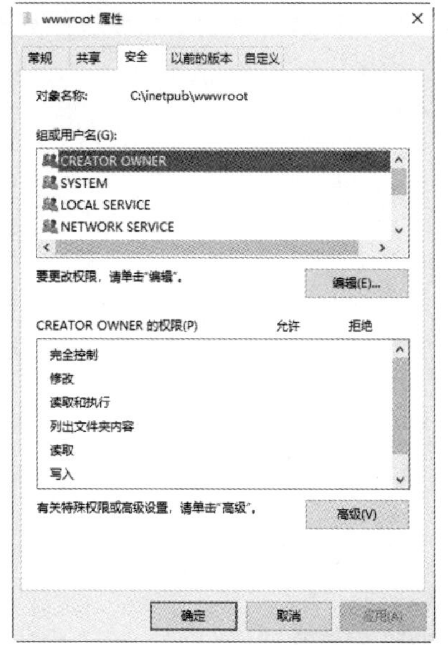

图 8-19 “wwwroot 属性”对话框

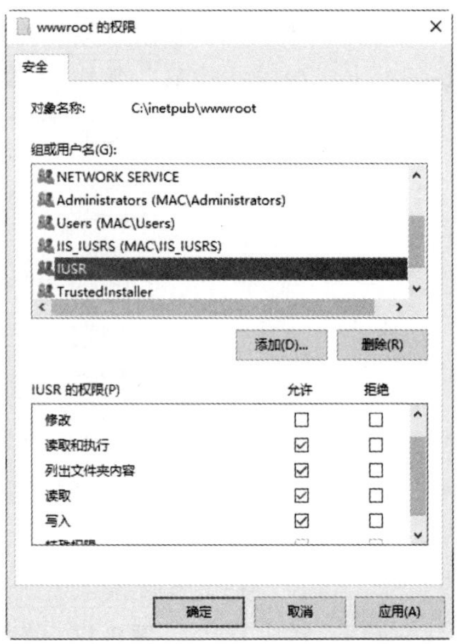

图 8-20 “wwwroot 的权限”对话框

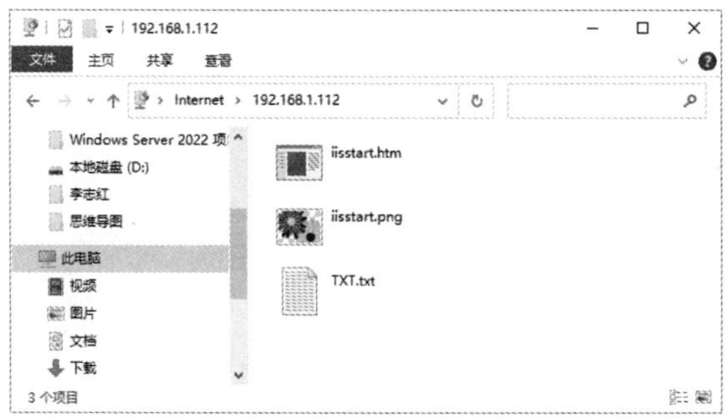

图 8-21 测试 FTP 服务器

（11）查看 FTP 当前会话，在“Internet Information Services（IIS）管理器”对话框中选择左侧窗格中的“ftp_site”站点，双击中间窗格中的“FTP 当前会话”选项，显示当前用户的用户名、客户端 IP 地址、会话开始时间、当前命令等信息，如图 8-22 所示。

图 8-22 查看 FTP 当前会话

（12）查看 FTP 站点日志，选择左侧窗格中的“ftp_site”站点，双击中间窗格中的“FTP 日志”选项，查看 FTP 日志信息，如图 8-23 所示。

图 8-23　查看 FTP 站点日志

注意

当 FTP 服务器工作异常时，用户可以利用日志文件进行分析，日志记录了客户端的连接信息，如连接时间、主机 IP 地址、端口、操作命令等。

任务 4 ▶ 配置 FTP 隔离用户

任务引入

为了保护文件资源的安全性，有些员工资料不方便与他人共享，小明需要为 FTP 服务器设置隔离用户，方便公司员工使用用户账户登录并查看属于自己的私人文件。

知识准备

虽然 FTP 服务器能够方便网络用户访问资源，但是如果没有一定的权限限制，允许用户随意删除、更改，将会为资源管理带来许多不便，创建 FTP 隔离用户可以有效保护公司共享资源的安全性。创建用户隔离模式的 FTP 站点，规划好目录结构，用户成功登录后只能进入自己的目录，不能查看和修改其他用户的目录。

在“Internet Information Services（IIS）管理器”对话框中选择左侧窗格中的“ftp_site”站点，双击中间窗格中的“FTP 用户隔离”选项，弹出“FTP 用户隔离”窗格，如图 8-24 所示。

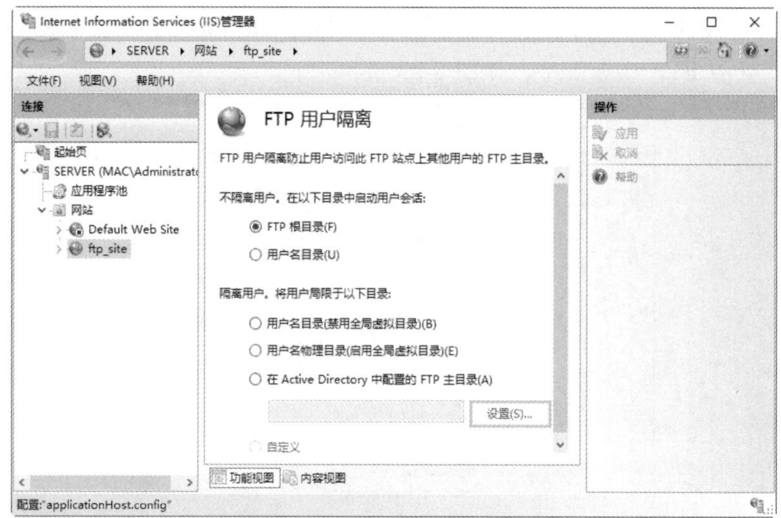

图 8-24 “FTP 用户隔离”窗格

用户可以在“FTP 用户隔离”窗格中设置 FTP 站点的用户隔离模式。FTP 站点可以为用户提供单独的 FTP 目录用于编辑个人内容。系统默认不隔离用户，所有用户被自动导向到 FTP 站点的根目录中。如果选择“用户名目录”，则所有用户会被导向到与当前登录用户同名的物理或虚拟目录；如果该目录不存在，则所有用户被导向到 FTP 站点的根目录中。

对于用户隔离，管理员要为每个用户账户创建属于各自的文件夹，该文件夹就是该用户的主目录。当用户登录 FTP 站点时，会被导向到其所属的目录，而且不可以切换到其他用户的目录。首先网络管理员必须在 FTP 服务器的根目录中创建一个物理或虚拟目录，本地用户账户命名为 localuser，然后为访问 FTP 站点的用户账户创建一个物理或虚拟目录。隔离用户的类型有 3 种。

（1）用户名目录（禁用全局虚拟目录）：将 FTP 用户自动导向到与 FTP 用户账户同名的物理或虚拟目录中。用户只能看到自身的 FTP 根位置，无法沿目录树向上导航。

（2）用户名物理目录（启用全局虚拟目录）：将 FTP 用户自动导向到与 FTP 用户账户同名的物理目录中。用户只能看到自身的 FTP 根位置，无法沿目录树向上导航。

（3）在 Active Directory 中配置的 FTP 主目录：用户必须使用域账户连接指定的 FTP 站点，同时必须在 Active Directory 的用户账户内指定其专用的主目录。使用 Active Directory 隔离用户的主目录不一定创建在 FTP 站点的主目录下，也可以创建在本地的其他文件夹下。

提示

虚拟目录在访问时不可见，但是直接输入虚拟目录时可以进入。若要使虚拟目录在主目录下可见，可以在主目录下创建一个与虚拟目录同名的实际目录。

案例——创建 FTP 隔离用户

公司有一台服务器 Server1 没有域控制器，现在要为新员工设置用户账户，使两个用户账户能够同时访问公司的公共文件，IP 地址为 192.168.1.126，操作步骤如下。

（1）选择“开始”→“Windows 管理工具”→“计算机管理”选项，打开“计算机管理”对话框，添加用户 user1 和 user2，如图 8-25 所示。

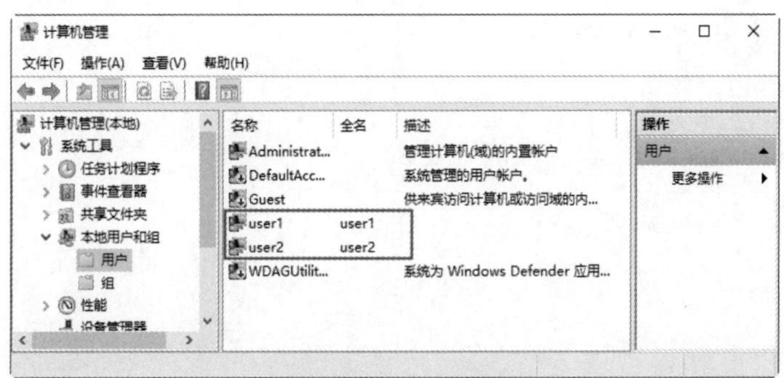

图 8-25　添加新用户

（2）在 C 盘中新建一个文件夹 ftproot 作为站点的主目录，在 FTP 站点主目录中新建文件夹 localuser，在 localuser 文件夹中新建用户名文件夹 public、user1 和 user2，其中 public 文件夹用于匿名访问，user1 和 user2 需要通过用户名和密码进行访问。

（3）在三个文件夹中分别创建同名的记事本文件 public.txt、user1.txt、user2.txt。

（4）打开“Internet Information Services（IIS）管理器”对话框，新建一个 FTP 站点，在“站点信息”界面中设置 FTP 站点名称为“Ftpsite”，物理路径为“C:\ftproot”，如图 8-26 所示。

图 8-26　“站点信息”界面

（5）单击“下一步”按钮，弹出“绑定和 SSL 设置”界面，“IP 地址”设置为“全部未分配”，选中“无 SSL（L）”单选按钮，如图 8-27 所示。

（6）单击“下一步”按钮，弹出“身份验证和授权信息”界面，将“身份验证”设置为“匿名”和“基本”，“允许访问”设置为“所有用户”，“权限”设置为“读取”和“写入”，如图 8-28 所示。

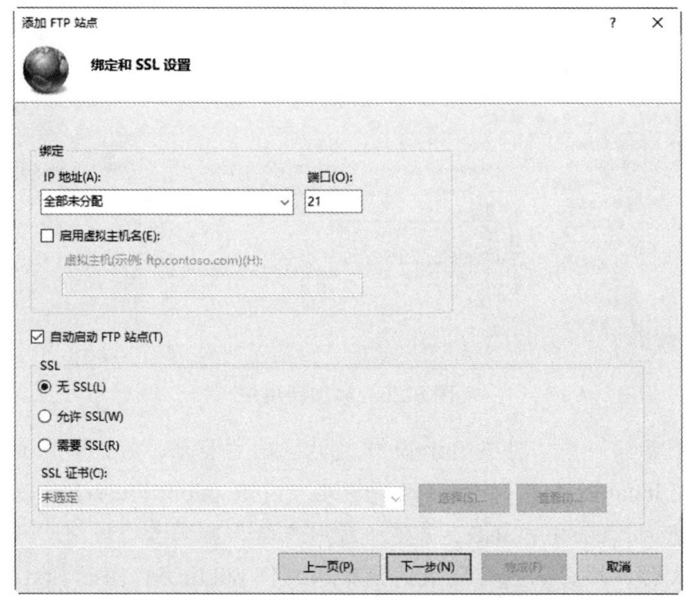

图 8-27 “绑定和 SSL 设置”界面

图 8-28 “身份验证和授权信息”界面

（7）单击“完成”按钮，返回“Internet Information Services（IIS）管理器”对话框。

（8）选择左侧窗格中新建的“Ftpsite”站点，双击中间窗格中的“FTP 用户隔离”选项，弹出“FTP 用户隔离”窗格，如图 8-29 所示。

（9）选择“用户名目录（禁用全局虚拟目录）”单选按钮，单击右侧“操作”窗格中的“应用”选项，如图 8-30 所示，完成隔离用户 FTP 的设置，结果如图 8-31 所示。

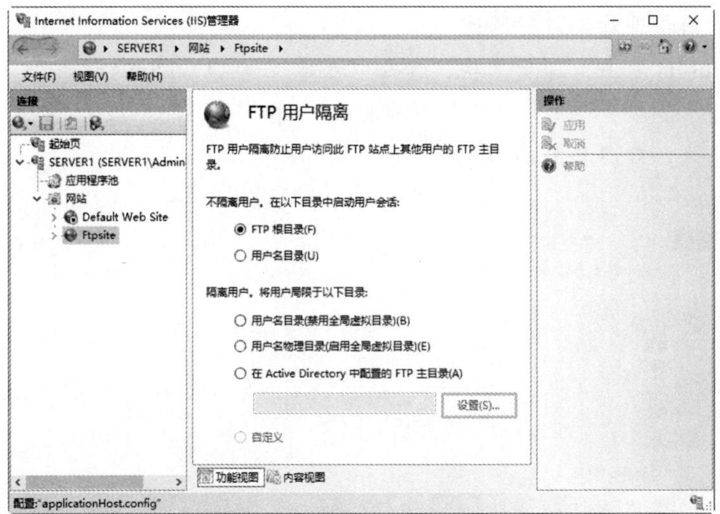

图 8-29 “FTP 用户隔离”窗格

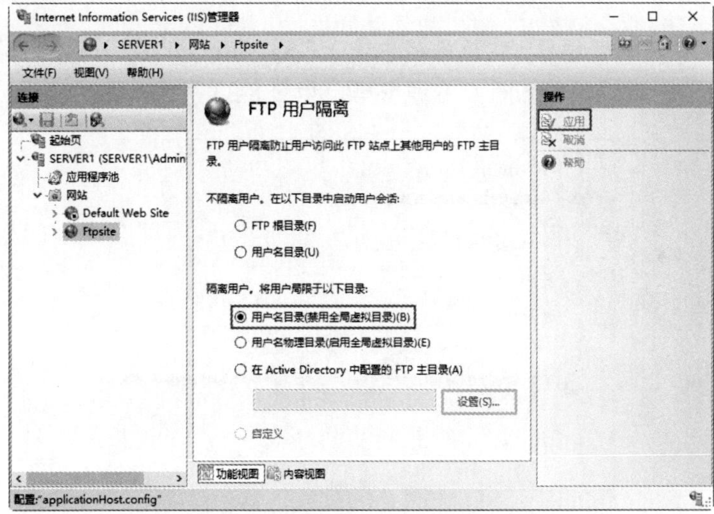

图 8-30 设置隔离用户 FTP

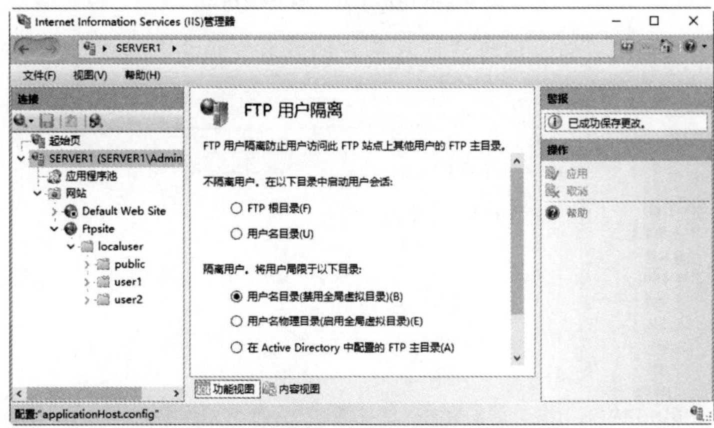

图 8-31 设置结果

接下来我们对设置结果进行测试。

（10）使用 user1 账户登录计算机，选择“开始”→“Windows 系统”→“文件资源管理器”选项，打开资源管理器，在地址栏中输入“ftp://192.168.1.126”后按 Enter 键，即可访问 public 文件夹，如图 8-32 所示。

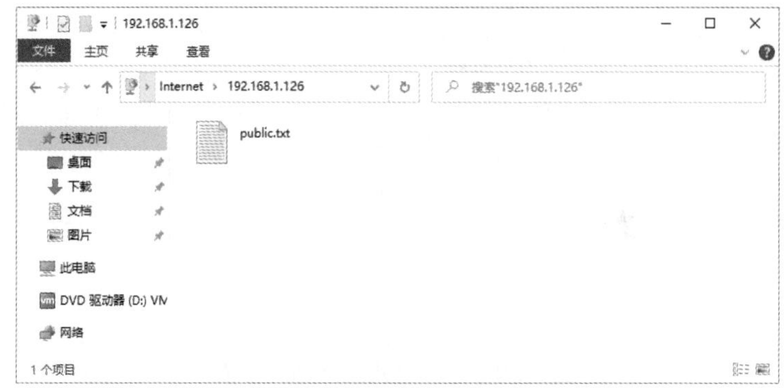

图 8-32 访问 public 文件夹

（11）返回文件资源管理器，在地址栏中输入“ftp://user1@192.168.1.126”，按 Enter 键，弹出“登录身份”对话框，输入用户名和密码，如图 8-33 所示。

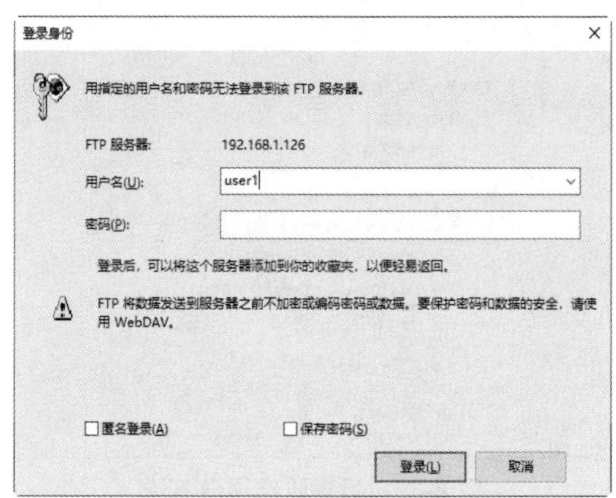

图 8-33 输入用户名和密码

（12）单击“登录”按钮，即可访问该用户的同名文件夹，结果如图 8-34 所示。

图 8-34 访问文件夹

（13）不同用户登录使用的目录不同，使用同样的方法输入用户名“user2”和密码来测试隔离用户 user2。

▶项目总结

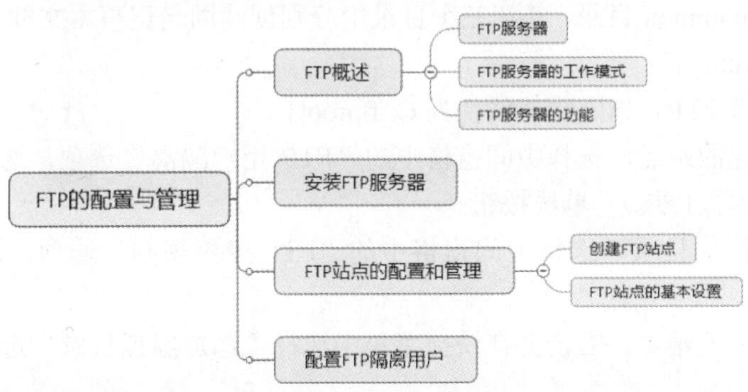

▶项目实战

实战一　设置 FTP 站点只允许特定用户访问

公司新建的一个 FTP 站点 ftp_sin，现在只允许 user1 和 user2 访问，并且 user1 只具有读取权限。

（1）在“Internet Information Services（IIS）管理器”对话框中，选中左侧窗格中的“ftp_sin”站点，双击中间窗格“ftp_sin 主页”中的“FTP 身份验证”选项。

（2）在中间窗格中禁用“匿名身份验证”。

（3）选中左侧窗格中的“ftp_sin”站点，双击中间窗格中的“FTP 授权规则”选项。

（4）在弹出的界面中添加用户 user1 和 user2，并设置访问权限，如图 8-35 所示。

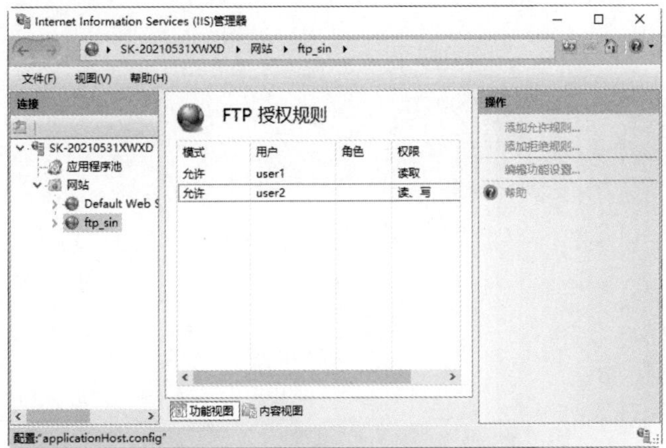

图 8-35　添加用户并设置访问权限

实战二　配置虚拟目录和隔离用户

为公司两个新员工设置个人目录 sub1 和 sub2，并将 common 目录设置为虚拟目录，两个用户都可以对 public 进行读取和上传。

（1）添加两个用户账户 sub1 和 sub2，并设置登录密码。

（2）创建 FTP 站点的主目录 C:\ftproot1，在主目录中建立 sim 目录，在 sim 目录中建立 sub1、sub2 和 common 目录，并在三个目录中分别创建同名记事本文件，在 sub1 和 sub2 中创建空目录 common。

（3）创建站点 FTP，指定物理路径为 C:\ftproot1。

（4）选择创建的站点，选择中间窗格中的“FTP 用户隔离”选项，选中“用户名物理目录（启用全局虚拟目录）”单选按钮。

（5）选择不同的目录，选择中间窗格中的“FTP 授权规则”选项，添加用户规则和权限。

（6）选择创建的站点，右击并在快捷菜单中选择“添加虚拟目录”选项，将 common 设置为虚拟目录。

（7）使用不同的用户登录，在文件资源管理器中输入地址，测试用户的访问权限。

项目九

网络管理

思政目标

- 及时关注行业动态，更新所学知识，与时俱进
- 在掌握技能的同时，培养融会贯通，严谨务实的优秀品质

技能目标

- 了解路由和 VPN 的相关概念。
- 掌握路由和 VPN 的配置方法。

项目导读

Windows Server 2022 的路由和远程访问服务相当于一个功能齐全的软件路由器，可以将远程的计算机连接到公司的内部网络，使用网络内部的各种服务。VPN 是最常用的远程访问技术，它可以利用公用网络在客户端和局域网之间建立安全的连接，方便远程办公的企业员工访问企业的内部资源。

任务1 路由的配置

任务引入

公司需要为居家远程办公的员工提供 Internet 服务，因为租用专线成本太高，小明决定创建一台代理服务器，配置路由器将公司的局域网与员工的家庭网络连接起来。

知识准备

一、路由概述

1. 路由器

路由器是一种网络设备，负责把数据从一个网络传输到另一个网络。路由器将计算机网络划分为逻辑上分开的子网，不同子网之间的用户通信必须通过路由器。路由器具有判断网络地址和选择 IP 路径的功能，分为本地路由器和远程路由器，本地路由器用来连接网络传输介质，如光纤、同轴电缆、双绞线；远程路由器用来连接远程传输介质，并要求配置相应的设备，如电话线要配置调制解调器，无线连接要通过发射机、无线接收机来实现。

2. 路由表

路由表指的是路由器或者其他互联网网络设备上存储的数据表，存储有到达特定网络终端的路径，由很多被称为路由条目的表项组成。不同的路由协议的路由表结构略有不同，一般包括网络 ID、转发地址、接口和跃点数等字段。

- 网络 ID：主路由的网络 ID 或网际网络地址。
- 转发地址：数据包转发的地址，对于主机或路由器直接连接的网络，转发地址可能是连接到网络的接口地址。
- 接口：将数据包转发到网络 ID 时所使用的网络接口。
- 跃点数：路由首选项的度量。路由器使用跃点数来决定存储在路由表中的路由，表示每条路径的传输成本或度量值。路由器总是选择度量值最小的路径转发数据包。

3. 静态路由和动态路由

路由器的主要工作是为经过的每个数据包寻找一条最佳的传输路径，并将该数据有效地传送到目的站点。路由器中保存有各种传输路径的相关数据——路由表，供选择路由时使用，因此路由表对于路由器确定数据包的传输路径至关重要。

静态路由是系统管理员在路由器中手动配置的路由条目，明确指定了数据包到达目的地必须经过的路径。静态路由的网络开销小，对设备的资源要求较低，不会对网络的改变做出反应。一般用于网络规模较小、拓扑结构相对固定的网络。

动态路由是路由器根据网络系统的运行情况而自动调整的路由条目。当网络拓扑结构发生变化时，路由器能够通过交换路由信息获知变化，重新计算数据传输的最佳路径并生成路由条目，不需要系统管理员的参与。由于路由器之间要频繁地交换路由信息，因此会增加路由器的资源消耗。

二、配置路由器

在 Windows Server 2022 虚拟机中加载两块虚拟网卡，配置好路由器和两台计算机的 IP 地址、默认网关等，利用 ping 命令来确认计算机和路由器之间可以正常通信，操作步骤如下。

（1）打开 VMware 中的 Windows Server 2022 虚拟机，单击“编辑虚拟机设置”选项，打开“虚拟机设置”对话框，如图 9-1 所示。

图 9-1 “虚拟机设置”对话框

（2）选择“硬件”选项卡，单击“添加”按钮，弹出“添加硬件向导”对话框，如图 9-2 所示。

（3）选择“网络适配器”选项，单击“完成”按钮，返回“虚拟机设置”对话框。

（4）设置新添加的网络适配器为“桥接模式”，单击“确定”按钮，如图 9-3 所示。

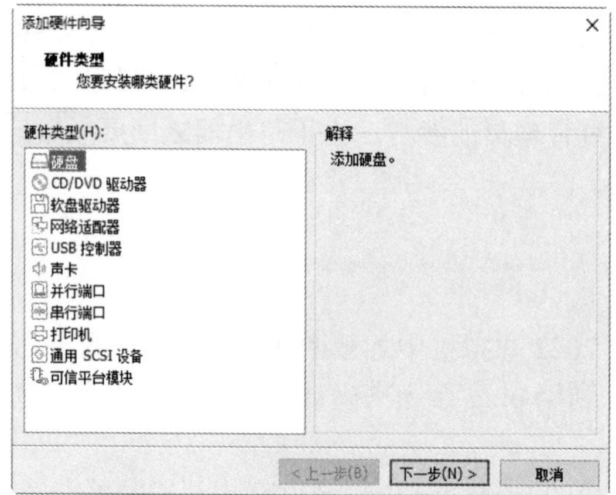

图 9-2 “添加硬件向导”对话框

图 9-3 添加网络适配器

（5）开启 Windows Server 2022 虚拟机，配置两块网卡的 IP 地址。

（6）打开“服务器管理器”对话框，单击“添加角色和功能”选项。

（7）弹出“添加角色和功能向导”对话框，继续单击“下一步”按钮，直到出现“选择服务器角色”界面，选中“远程访问”复选框，如图 9-4 所示。

（8）单击“下一步”按钮，直到出现“选择角色服务”界面，选中“DirectAccess 和 VPN（RAS）”和“路由”复选框，如图 9-5 所示。

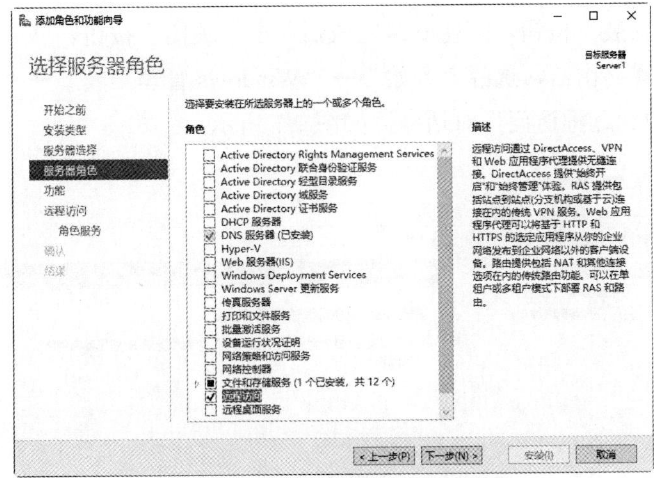

图 9-4　选中"远程访问"复选框

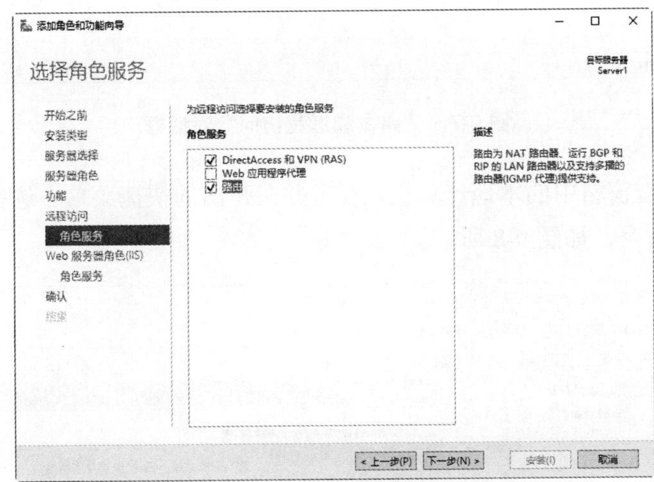

图 9-5　"选择角色服务"界面

（9）单击"下一步"按钮，弹出"确认安装所选内容"界面，如图 9-6 所示。

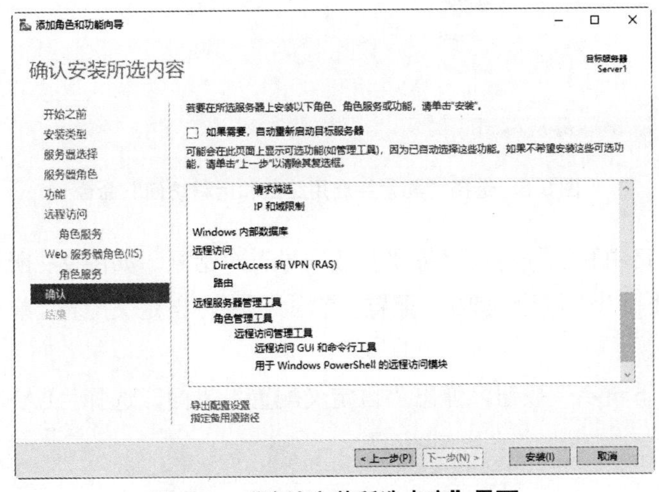

图 9-6　"确认安装所选内容"界面

（10）单击“安装”按钮，等待安装完成后单击“关闭”按钮。

（11）开始配置路由器，选择“开始”→“Windows 管理工具”→“路由和远程访问”选项，弹出“路由和远程访问”对话框，如图 9-7 所示。

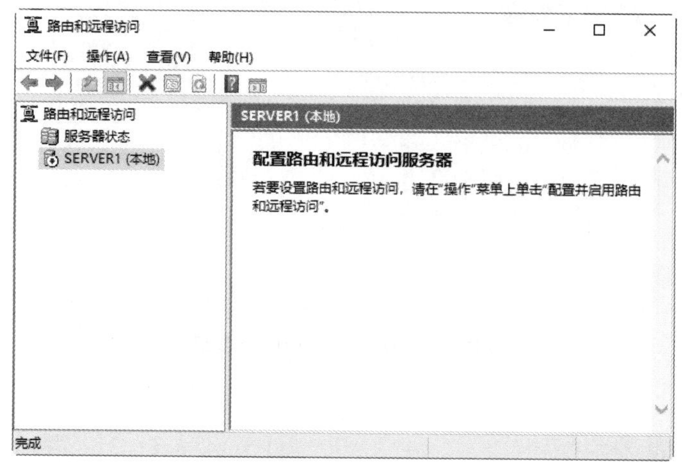

图 9-7 “路由和远程访问”对话框

（12）选择左侧窗格中的本地计算机，右击并在弹出的快捷菜单中选择“配置并启用路由和远程访问”命令，如图 9-8 所示。

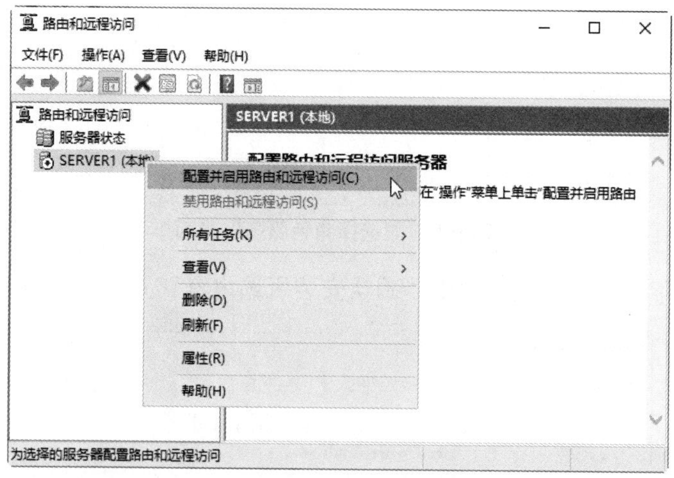

图 9-8 选择“配置并启用路由和远程访问”命令

（13）弹出“路由和远程访问服务器安装向导”对话框，如图 9-9 所示。

（14）单击“下一步”按钮，弹出“配置”界面，选择“自定义配置”单选按钮，如图 9-10 所示。

（15）单击“下一步”按钮，弹出“自定义配置”界面，选择“LAN 路由”复选框，如图 9-11 所示。

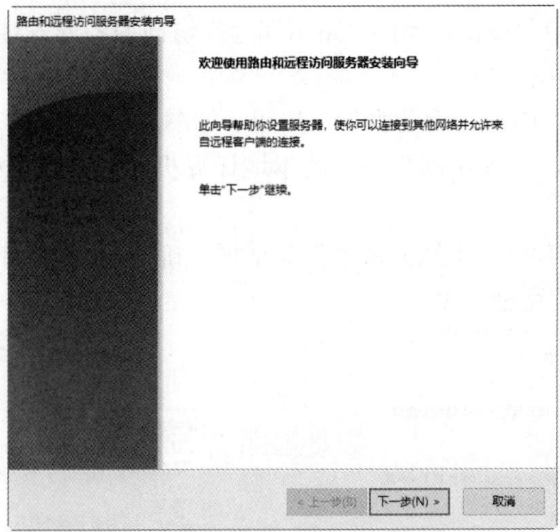

图 9-9 “路由和远程访问服务器安装向导”对话框

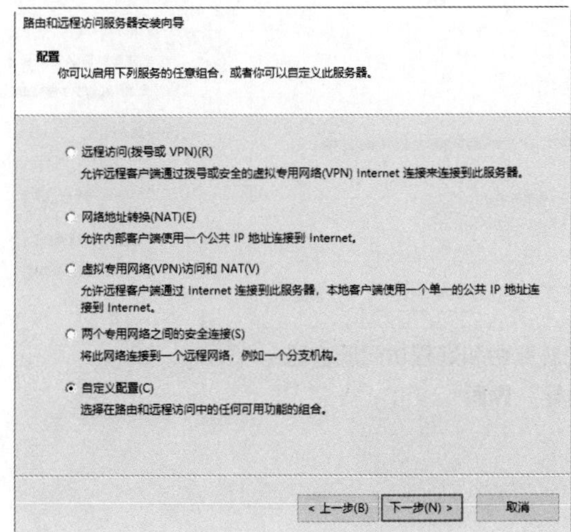

图 9-10 “配置”界面

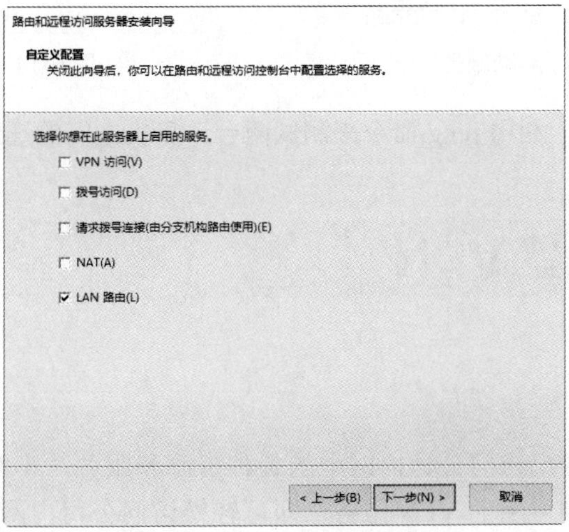

路由和远程访问服务器安装向导

自定义配置

关闭此向导后，你可以在路由和远程访问控制台中配置选择的服务。

选择你想在此服务器上启用的服务。

VPN 访问(V)

拨号访问(D)

请求拨号连接(由分支机构路由使用)(E)

NAT(A)

LAN 路由(L)

< 上一步(B) 下一步(N) > 取消

图 9-11 “自定义配置”界面

（16）单击“下一步”按钮，弹出“路由和远程访问服务器安装向导”界面，单击“完成”按钮，如图 9-12 所示。

（17）弹出提示框，单击“启动服务”按钮，如图 9-13 所示。

（18）配置完成后，选择左侧窗格中的本地计算机，右击并在弹出的快捷菜单中选择“属性”命令。

（19）弹出“SERVER1（本地）属性”对话框，确认已选中“IPv4 路由器”复选框，如图 9-14 所示，启用路由器功能。

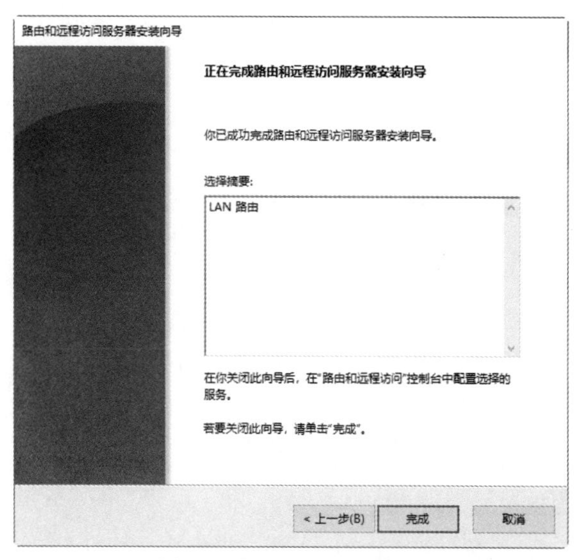

图 9-12　弹出“正在完成路由和远程访问服务器安装向导”界面

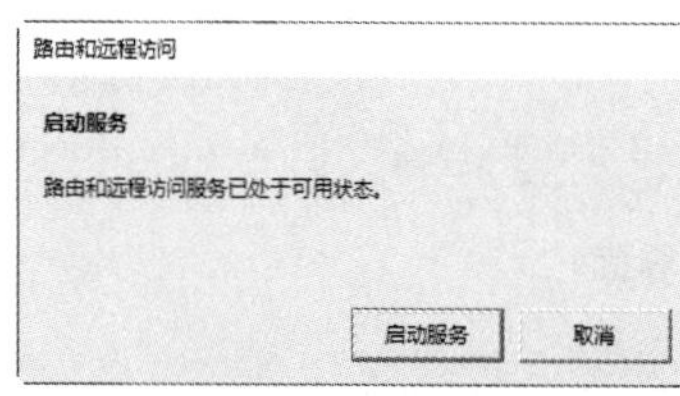

图 9-13　启动服务

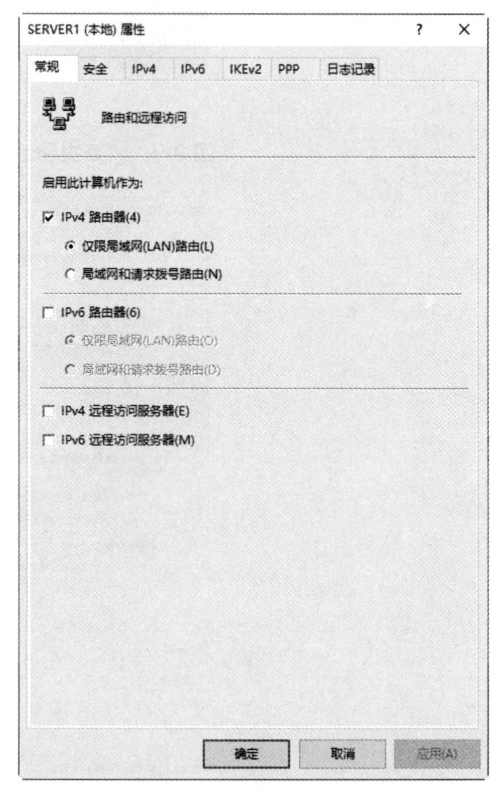

图 9-14　“属性”对话框

（20）完成配置后，利用 ping 命令来测试两台计算机之间的连通性。

任务 2 ▶ 配置 VPN

任务引入

为了方便员工和客户访问公司内网中的各种资源和服务，小明需要配置 VPN 服务，确保客户端只要连接到可用的 VPN 服务，即可轻松访问公司内网，使远程办公更加方便快捷。

知识准备

一、VPN 概述

VPN 是一种在公用网络或专用网络上创建的一种安全的 WAN（广域网）业务。通过 VPN 技术可以实现与远程工作人员、分公司和客户间的连接，提高与分公司、客户和合作伙伴开展业务的能力。员工在家办公可以通过公用网络远程访问公司内部网络的资源，因此 VPN 是公司内部网络的扩展，它代替了传统的拨号访问，不需要租用专门的线路，节省了昂贵的费用。

VPN 的部署模式从本质上描述了 VPN 通道的起点和终点，不同的 VPN 模式适用于不同的应用环境，VPN 部署模式有以下 3 种。

（1）端到端模式：是客户采用的典型模式，企业拥有完全的自主控制权，但是建立这种模式的 VPN 需要企业具备足够的资金和人才实力，一般只有大型企业才有条件采用，最常见的隧道协议是 IPSec 和 PPTP。

（2）供应商到企业模式：这是一种外包方式，客户不需要购买专门的隧道设备、软件，由 VPN 服务提供商提供设备来建立通道并验证，适合中、小型企业组建 VPN 网络。最常见的隧道协议有 L2TP、L2F 和 PPTP。

（3）内部供应商模式：这也是一种外包方式，在该模式中 VPN 服务提供商保持对整个 VPN 设施的控制，可以全权交给 NSP 来维护，非常适合小型企业用户。

隧道技术是一种通过使用互联网的基础设施在网络之间传递数据的方式，是实现 VPN 最典型和应用最广泛的技术。数据在 VPN 隧道中传输时要经过封装、传输和解封过程，这主要是借助隧道协议实现的。常用的有 PPTP、L2TP 和 L2F。

（3）PPTP（点到点隧道协议）：PPTP 是 PPP 的一种扩展，增强了 PPP 的身份验证、数据压缩和加密机制。它提供了一种在互联网上建立多协议的安全虚拟专用网的通信方式。

（4）L2F（转发协议）：L2F 可以在 ATM、帧中继和 IP 网上建立多协议的安全虚拟专用网的通信。

（5）L2TP（第二层隧道协议）：结合了 L2F 和 PPTP 的优点，可以对多协议通信进行加密，然后通过任何支持点对点数据传输的介质发送。

二、配置 VPN

我们在 Windows Server 2022 的虚拟机上配置 VPN 服务器，然后在 Windows10 客户端发起 VPN 连接，在配置 VPN 服务器之前需要先安装“网络策略和访问”服务，安装过程不赘述，操作步骤如下。

（1）安装“网络策略和访问”服务后，打开“路由和远程访问”对话框，选择左侧窗格中的本地计算机，右击并在弹出的快捷菜单中选择“配置并启用路由和远程访问”命令。

（2）打开“路由和远程访问服务器安装向导”对话框，单击“下一步”按钮，弹出“配置”界面，选择“远程访问（拨号或 VPN）”单选按钮，如图 9-15 所示。

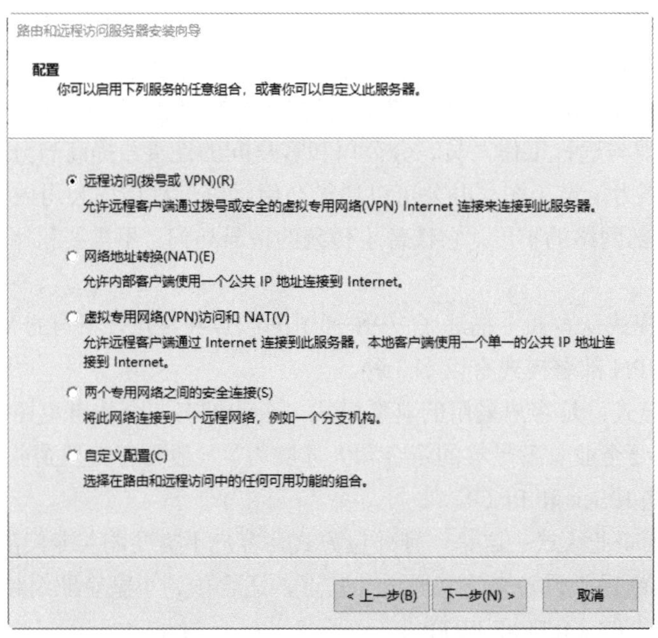

图 9-15　选择“远程访问（拨号或 VPN）”单选按钮

（3）单击“下一步”按钮，弹出“远程访问”界面，选择“VPN”复选框，如图 9-16 所示。

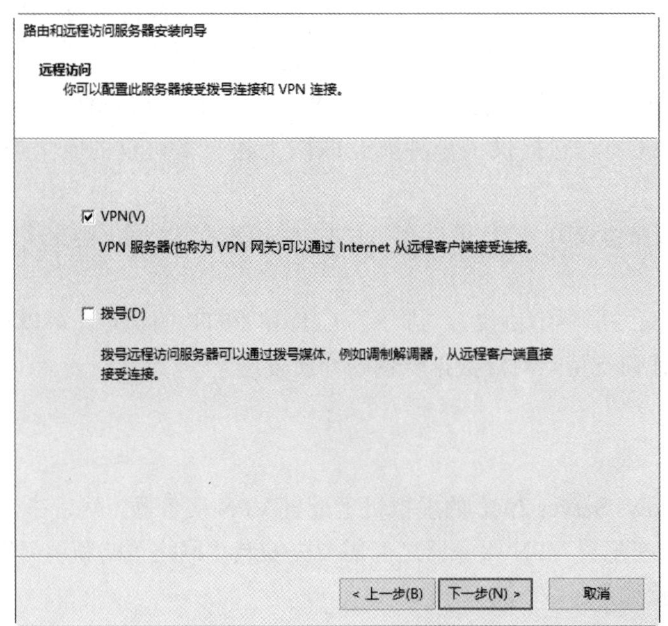

图 9-16　选择“VPN”复选框

击“下一步”按钮，弹出“VPN 连接”界面，选择外网卡，如图 9-17 所示。

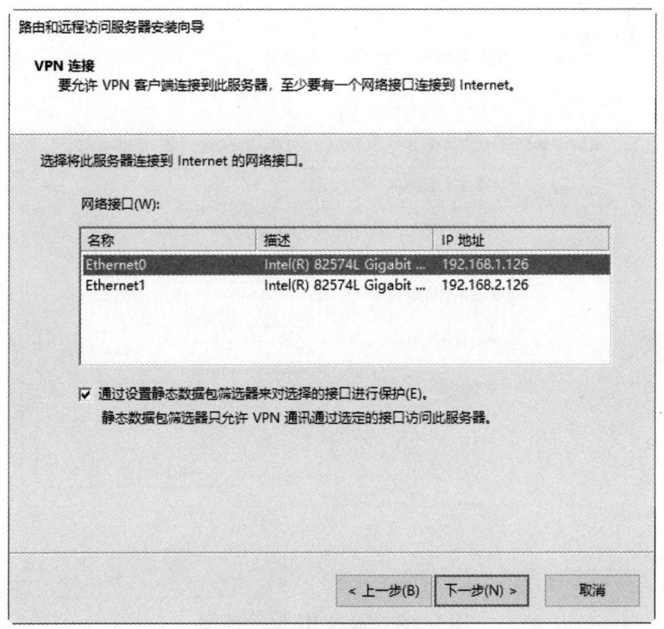

图 9-17　选择外网卡

（5）单击“下一步”按钮，弹出“IP 地址分配”界面，选择“来自一个指定的地址范围”单选按钮，如图 9-18 所示。

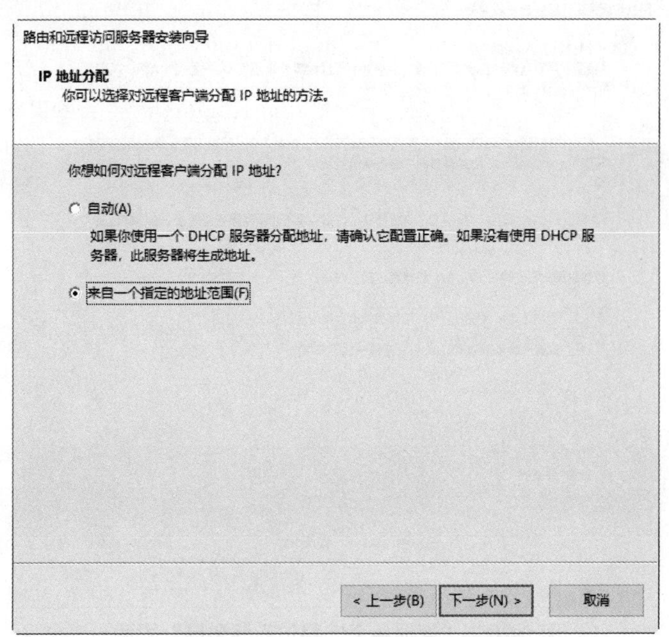

图 9-18　“IP 地址分配”界面

（6）单击“下一步”按钮，弹出“地址范围分配”界面，选择“新建”按钮，弹出“新建 IPv4 地址范围”对话框，输入分配给客户端的 IP 地址范围，单击“确定”按钮，如图 9-19 所示。

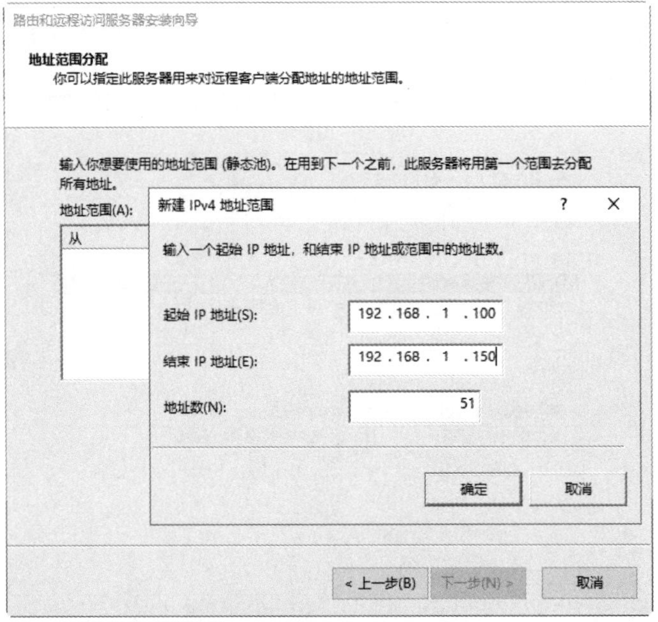

图 9-19　输入 IP 地址范围

（7）单击“下一步”按钮，弹出“管理多个远程访问服务器”界面，选择“否，使用路由和远程访问来对连接请求进行身份验证”单选按钮，如图 9-20 所示。

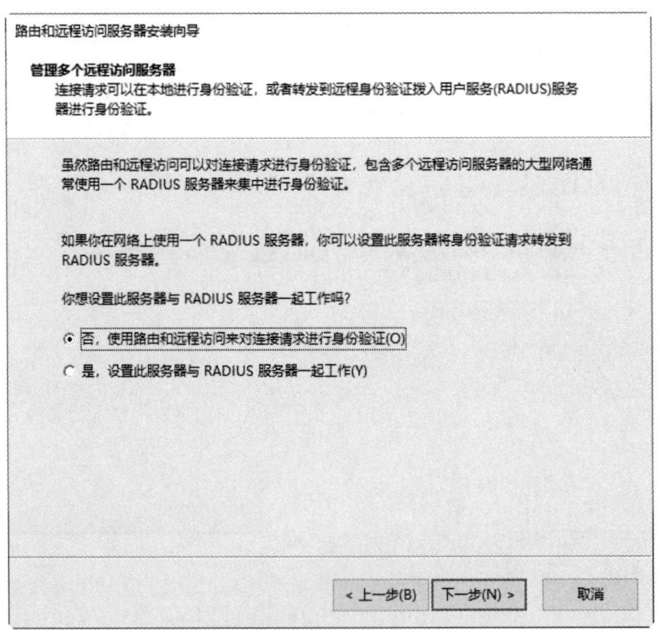

图 9-20　“管理多个远程访问服务器”界面

（8）单击“下一步”按钮，在弹出的对话框中单击“完成”按钮关闭对话框。

（9）在“计算机管理”对话框中的“本地用户和组”的“用户”目录中添加新用户“user”，
ser 用户并在弹出的快捷菜单中选择“属性”命令，弹出“user 属性”对话框，选择
卡，在“网络访问权限”栏中选择“允许访问”单选按钮，如图 9-21 所示。

（10）测试客户端，在 Windows 10 客户端中选择“开始”→“Windows 设置”→“网络和 Internet”选项，在打开的窗口中单击左侧的 VPN 连接，如图 9-22 所示。

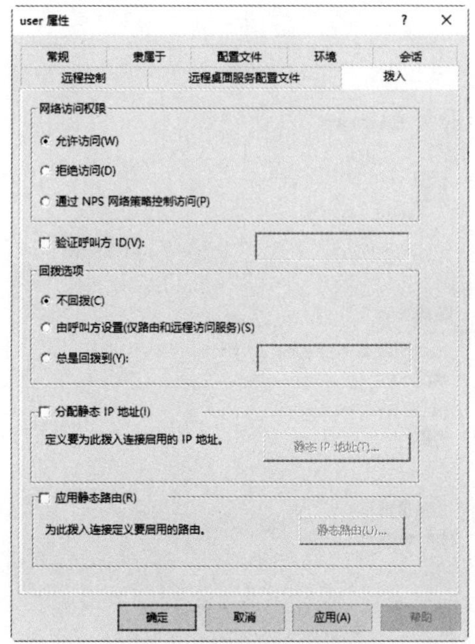

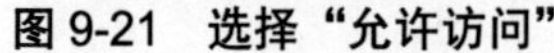

图 9-21　选择“允许访问”

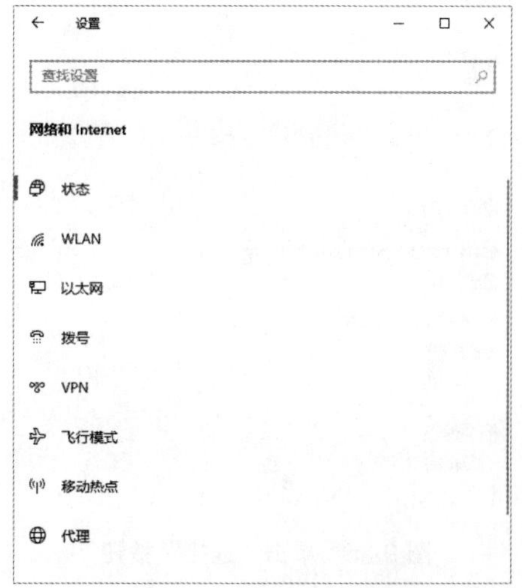

图 9-22　单击 VPN 连接

（11）在弹出的对话框中单击右侧的“添加 VPN 连接”选项，如图 9-23 所示。

（12）弹出“添加 VPN 连接”对话框，输入配置信息，单击“保存”按钮，如图 9-24 所示。

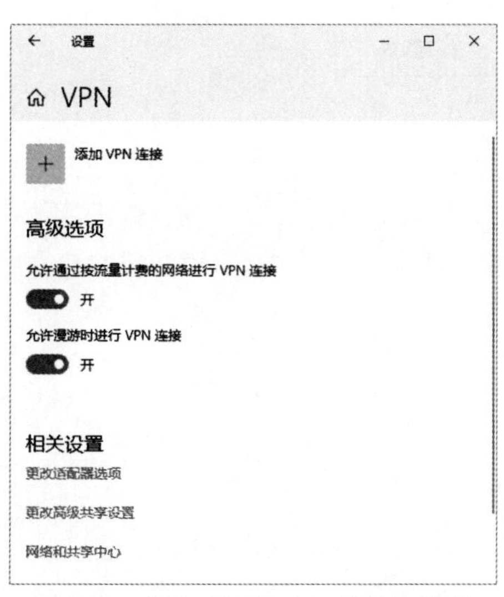

图 9-23　单击“添加 VPN 连接”选项

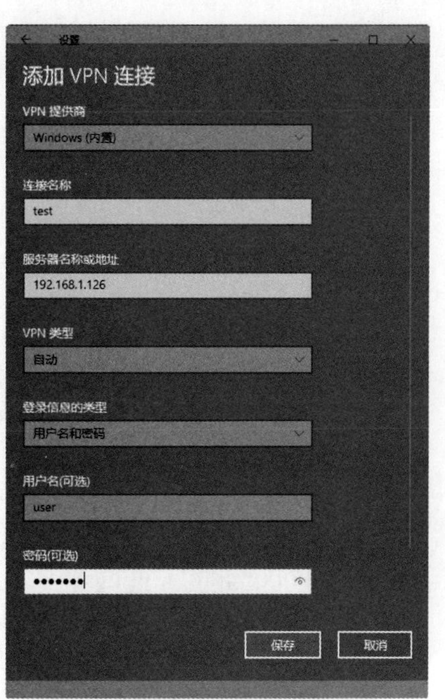

图 9-24　输入配置信息

（13）返回“设置”对话框，选择“test”选项，单击“连接”按钮，如图 9-25 所示。

（14）如图 9-26 所示表示连接成功。

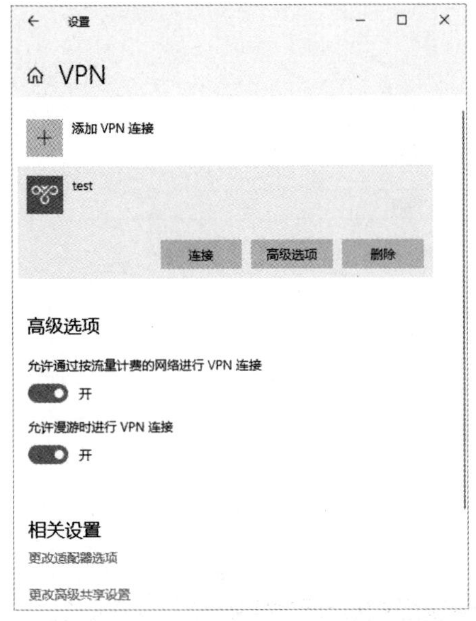

图 9-25　单击“连接”按钮

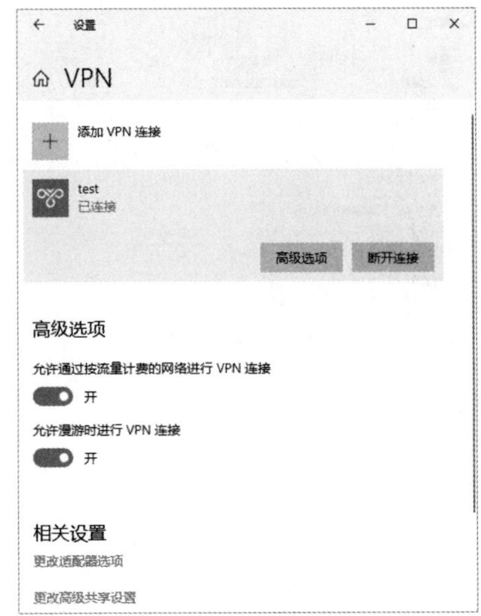

图 9-26　连接成功

（15）客户端连接 VPN 后即可访问内网 FTP。

项目总结

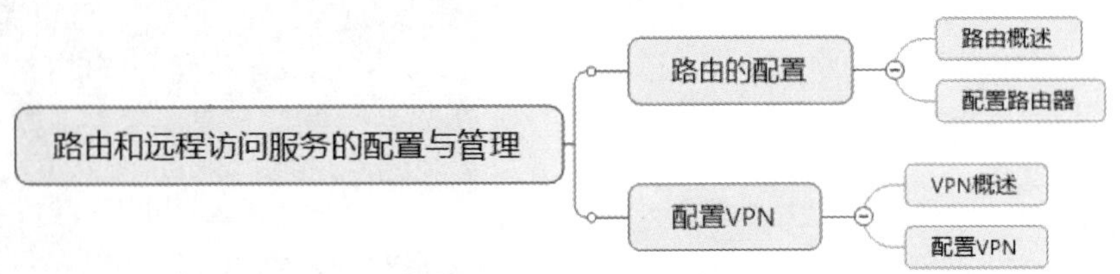

知识准备

一、VPN 概述

VPN 是一种在公用网络或专用网络上创建的一种安全的 WAN（广域网）业务。通过 VPN 技术可以实现与远程工作人员、分公司和客户间的连接，提高与分公司、客户和合作伙伴开展业务的能力。员工在家办公可以通过公用网络远程访问公司内部网络的资源，因此 VPN 是公司内部网络的扩展，它代替了传统的拨号访问，不需要租用专门的线路，节省了昂贵的费用。

VPN 的部署模式从本质上描述了 VPN 通道的起点和终点，不同的 VPN 模式适用于不同的应用环境，VPN 部署模式有以下 3 种。

（1）端到端模式：是客户采用的典型模式，企业拥有完全的自主控制权，但是建立这种模式的 VPN 需要企业具备足够的资金和人才实力，一般只有大型企业才有条件采用，最常见的隧道协议是 IPSec 和 PPTP。

（2）供应商到企业模式：这是一种外包方式，客户不需要购买专门的隧道设备、软件，由 VPN 服务提供商提供设备来建立通道并验证，适合中、小型企业组建 VPN 网络。最常见的隧道协议有 L2TP、L2F 和 PPTP。

（3）内部供应商模式：这也是一种外包方式，在该模式中 VPN 服务提供商保持对整个 VPN 设施的控制，可以全权交给 NSP 来维护，非常适合小型企业用户。

隧道技术是一种通过使用互联网的基础设施在网络之间传递数据的方式，是实现 VPN 最典型和应用最广泛的技术。数据在 VPN 隧道中传输时要经过封装、传输和解封过程，这主要是借助隧道协议实现的。常用的有 PPTP、L2TP 和 L2F。

（3）PPTP（点到点隧道协议）：PPTP 是 PPP 的一种扩展，增强了 PPP 的身份验证、数据压缩和加密机制。它提供了一种在互联网上建立多协议的安全虚拟专用网的通信方式。

（4）L2F（转发协议）：L2F 可以在 ATM、帧中继和 IP 网上建立多协议的安全虚拟专用网的通信。

（5）L2TP（第二层隧道协议）：结合了 L2F 和 PPTP 的优点，可以对多协议通信进行加密，然后通过任何支持点对点数据传输的介质发送。

二、配置 VPN

我们在 Windows Server 2022 的虚拟机上配置 VPN 服务器，然后在 Windows10 客户端发起 VPN 连接，在配置 VPN 服务器之前需要先安装“网络策略和访问”服务，安装过程不赘述，操作步骤如下。

（1）安装“网络策略和访问”服务后，打开“路由和远程访问”对话框，选择左侧窗格中的本地计算机，右击并在弹出的快捷菜单中选择“配置并启用路由和远程访问”命令。

（2）打开“路由和远程访问服务器安装向导”对话框，单击“下一步”按钮，弹出“配置”界面，选择“远程访问（拨号或 VPN）”单选按钮，如图 9-15 所示。

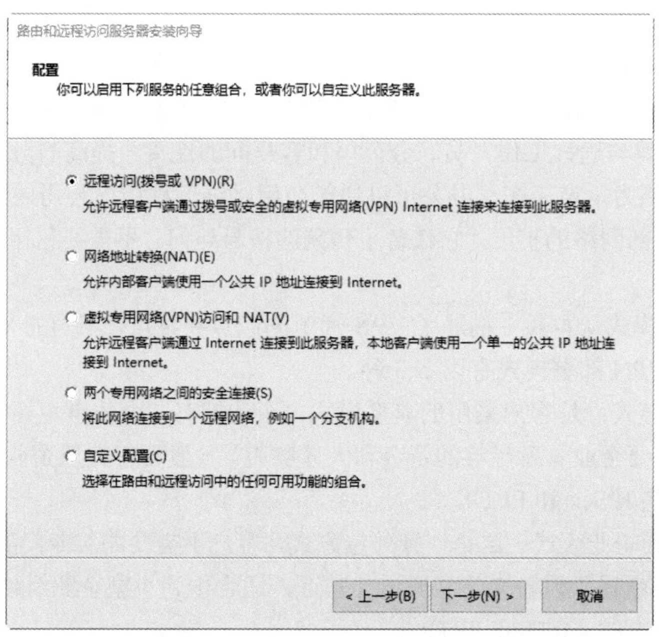

图 9-15　选择“远程访问（拨号或 VPN）”单选按钮

（3）单击“下一步”按钮，弹出“远程访问”界面，选择“VPN”复选框，如图 9-16 所示。

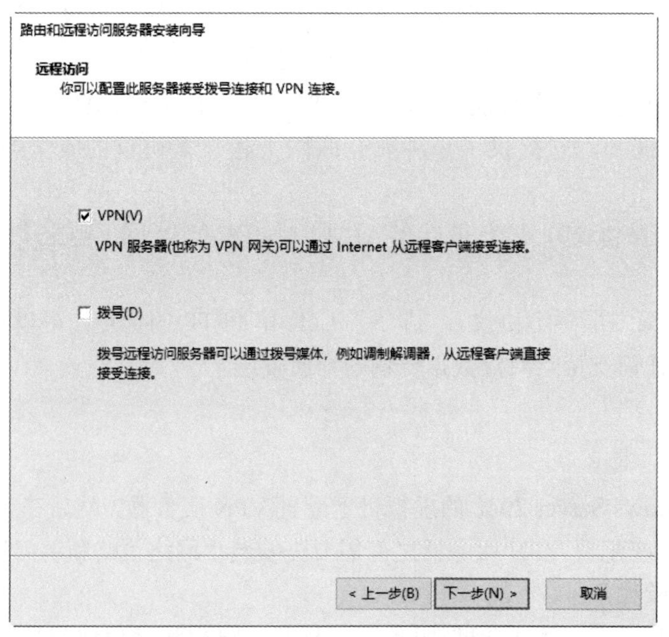

图 9-16　选择“VPN”复选框

（4）单击“下一步”按钮，弹出“VPN 连接”界面，选择外网卡，如图 9-17 所示。

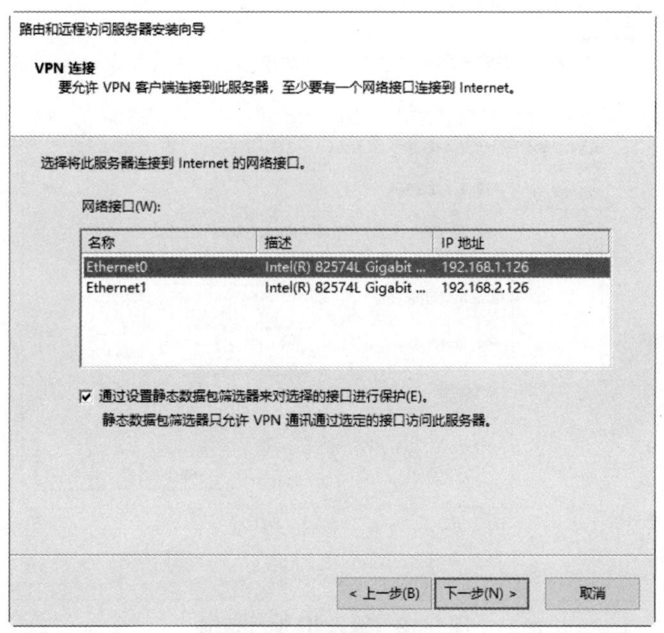

图 9-17 选择外网卡

（5）单击“下一步”按钮，弹出“IP 地址分配”界面，选择“来自一个指定的地址范围”单选按钮，如图 9-18 所示。

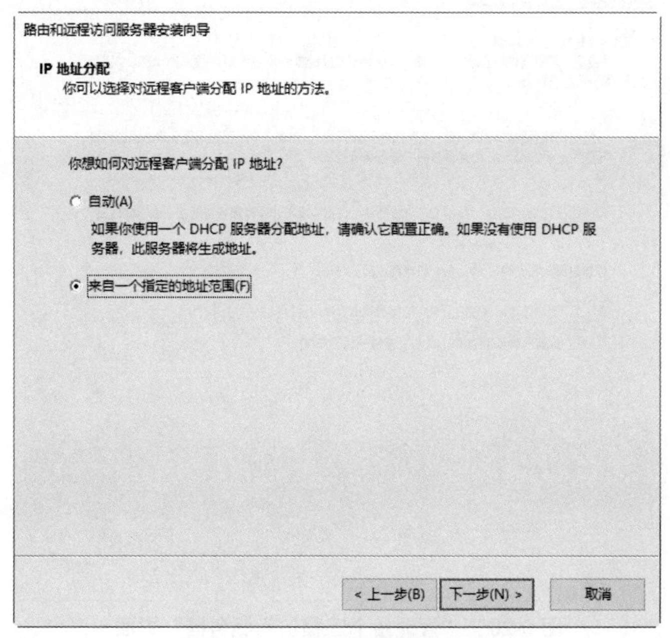

图 9-18 “IP 地址分配”界面

（6）单击“下一步”按钮，弹出“地址范围分配”界面，选择“新建”按钮，弹出“新建 IPv4 地址范围”对话框，输入分配给客户端的 IP 地址范围，单击“确定”按钮，如图 9-19 所示。

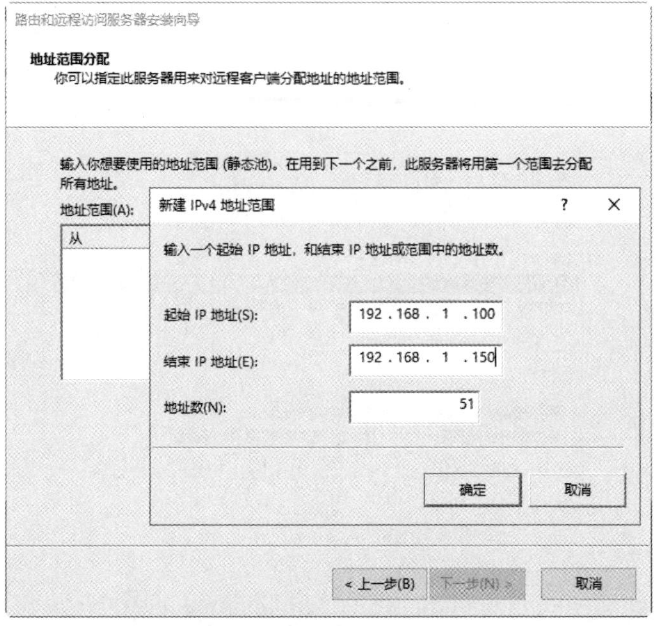

图 9-19　输入 IP 地址范围

（7）单击“下一步”按钮，弹出“管理多个远程访问服务器”界面，选择“否，使用路由和远程访问来对连接请求进行身份验证”单选按钮，如图 9-20 所示。

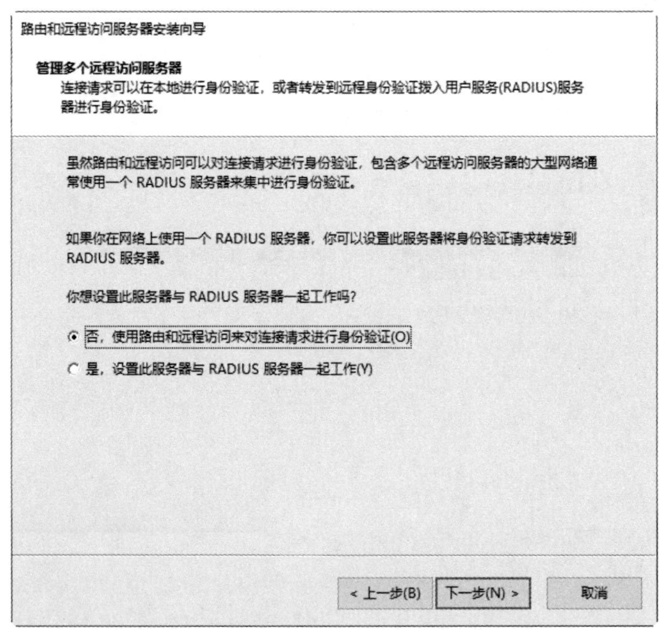

图 9-20　“管理多个远程访问服务器”界面

（8）单击“下一步”按钮，在弹出的对话框中单击“完成”按钮关闭对话框。

（9）在“计算机管理”对话框中的“本地用户和组”的“用户”目录中添加新用户“user”，右击 user 用户并在弹出的快捷菜单中选择“属性”命令，弹出“user 属性”对话框，选择“拨入”选项卡，在“网络访问权限”栏中选择“允许访问”单选按钮，如图 9-21 所示。

（10）测试客户端，在 Windows 10 客户端中选择“开始”→“Windows 设置”→“网络和 Internet”选项，在打开的窗口中单击左侧的 VPN 连接，如图 9-22 所示。

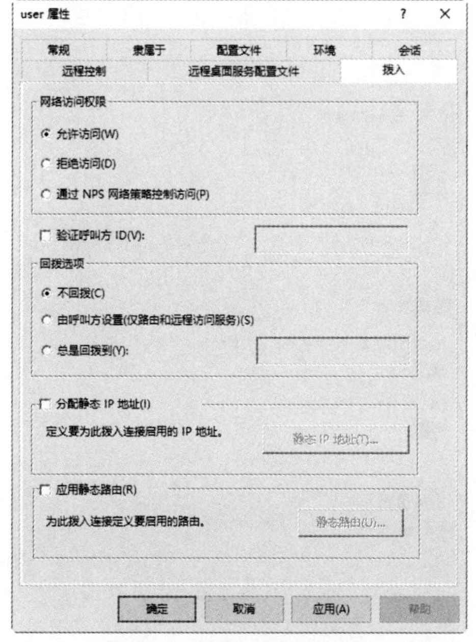

图 9-21　选择“允许访问”

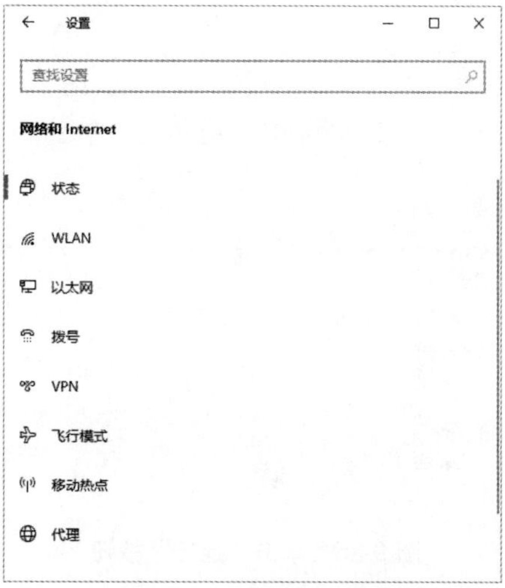

图 9-22　单击 VPN 连接

（11）在弹出的对话框中单击右侧的“添加 VPN 连接”选项，如图 9-23 所示。

（12）弹出“添加 VPN 连接”对话框，输入配置信息，单击“保存”按钮，如图 9-24 所示。

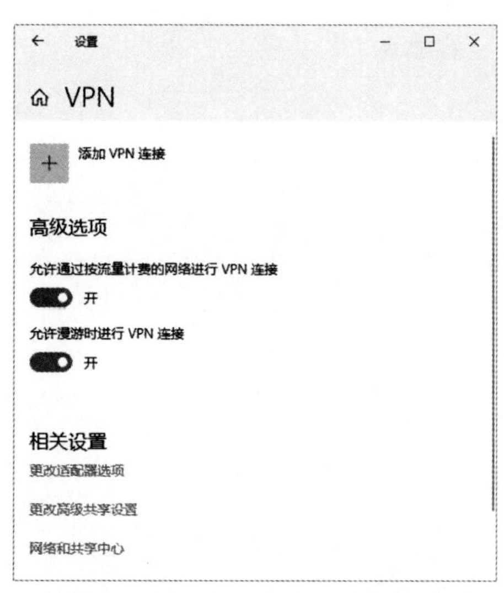

图 9-23　单击“添加 VPN 连接”选项

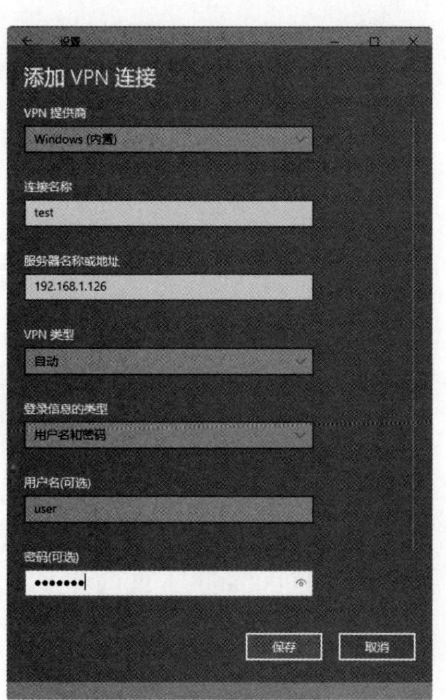

图 9-24　输入配置信息

（13）返回“设置”对话框，选择“test”选项，单击“连接”按钮，如图 9-25 所示。

（14）如图 9-26 所示表示连接成功。

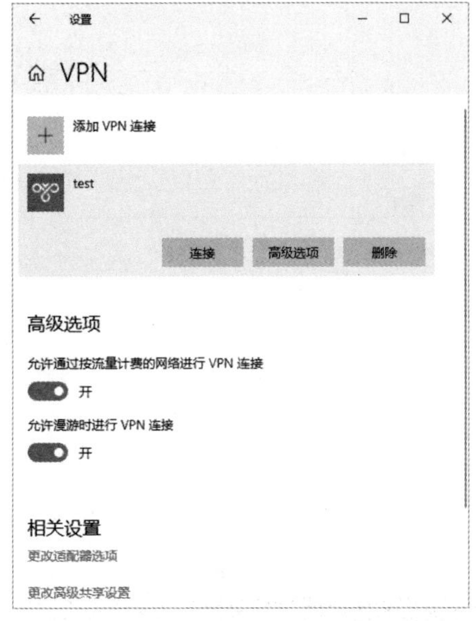

图 9-25　单击“连接”按钮

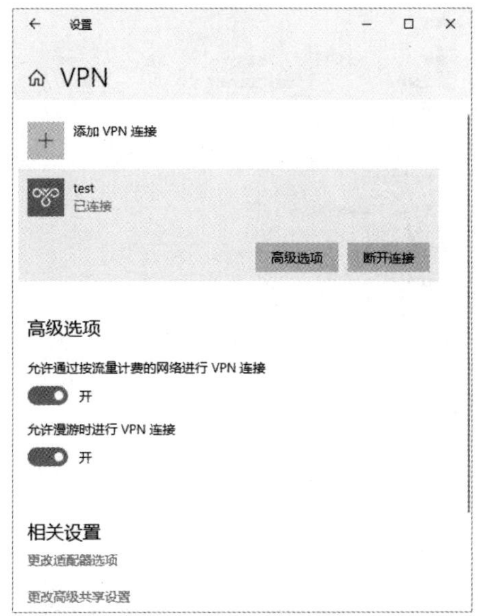

图 9-26　连接成功

（15）客户端连接 VPN 后即可访问内网 FTP。

项目总结

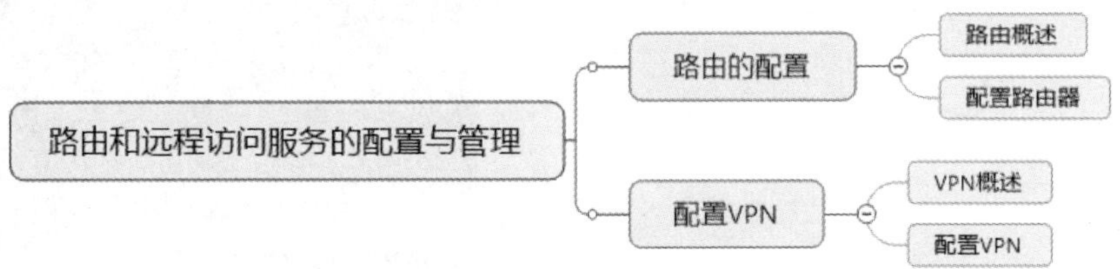